"十二五"职业教育国家规划教材
经全国职业教育教材审定委员会审定
高等职业院校精品教材系列

LED 封装与检测技术

谭 巧 等编著

電子工業出版社
Publishing House of Electronics Industry
北京 · BEIJING

内容简介

本书根据国家示范专业建设项目成果，依托中央财政支持建设的光电器件集成加工中心及合作企业完善的LED封装和测试设备，在进行大量的课程改革与教学实践基础上进行编写。本书从LED的基础知识出发，系统全面地讲解了LED封装的基本参数、工艺流程、物料、工艺要求和LED测试技术，具体包括：LED基础知识、LED的封装、LED封装的固晶环节、LED封装的焊线环节、LED封装的配胶灌胶环节、LED封装的切脚、初测环节、LED封装的分选包装环节、LED参数测试等。全书通过LED生产实例来组织内容，结构清晰，内容实用，并配有大量的生产操作图片，通俗易懂，注重培养学生实际操作工艺及理论联系实际的能力。

本书为高等职业本专科院校LED课程的教材，也可作为开放大学、成人教育、自学考试、中职学校和LED封装工的考证培训教材，以及LED生产企业技术人员、检测技术人员、生产管理人员的参考书。

本书配有免费的电子教学课件、习题参考答案及部分工艺操作的教学视频，详见前言。

图书在版编目（CIP）数据

LED封装与检测技术 / 谭巧等编著. —北京：电子工业出版社，2012.9（2023.6重印）
全国高等职业院校规划教材. 精品与示范系列
ISBN 978-7-121-17792-7

Ⅰ. ①L… Ⅱ. ①谭… Ⅲ. ①发光二极管－封装工艺－高等职业教育－教材②发光二极管－检测－高等职业教育－教材 Ⅳ. ①TN383

中国版本图书馆CIP数据核字（2012）第178086号

策划编辑：陈健德（E-mail：chenjd@phei.com.cn）
责任编辑：郝黎明　　　　文字编辑：裴　杰
印　　刷：北京捷迅佳彩印刷有限公司
装　　订：北京捷迅佳彩印刷有限公司
出版发行：电子工业出版社
　　　　　北京市海淀区万寿路173信箱　邮编100036
开　　本：787×1 092　1/16　印张：15.75　字数：403.2千字
版　　次：2012年9月第1版
印　　次：2023年6月第16次印刷
定　　价：45.00元

凡所购买电子工业出版社图书有缺损问题，请向购买书店调换。若书店售缺，请与本社发行部联系，联系及邮购电话：（010）88254888，88258888。

质量投诉请发邮件至zlts@phei.com.cn，盗版侵权举报请发邮件至dbqq@phei.com.cn。

本书咨询联系方式：chenjd@phei.com.cn。

前　言

随着我国工业与经济的快速发展，照明技术与应用取得长足的进步，我国已成为世界第一大照明电器生产国和第二大照明电器出口国。作为目前全球最受瞩目的新一代光源，LED 因其高亮度、低热量、长寿命、无毒、可回收再利用等优点，被称为是 21 世纪最有发展前景的绿色照明光源。我国的 LED 产业起步于 20 世纪 70 年代，经过近 40 年的发展，现已形成上海、大连、南昌、厦门、深圳、扬州和石家庄 7 个国家半导体照明工程产业化基地，产品广泛应用于景观照明和普通照明等领域。截至 2011 年底，我国共有 LED 企业 5000 余家。然而，在 LED 产业如此迅猛发展的情况下，却出现“LED 产业所需的高端研发人才、中端工程人才、初级技能人才都十分短缺”的问题。国家半导体照明工程研发及产业联盟秘书长吴玲说，目前大部分新光源关联企业的管理人才、工程师以及生产线人才都非常紧缺，这在很大程度上阻碍了 LED 产业的发展。

目前，有多所高等职业院校开设光电技术等相关专业，但介绍 LED 生产和检测的教材少之又少。福建信息职业技术学院借助于地理环境优势，于 2008 年申报开设了光电技术专业，在中央财政支持下成立了光电器件集成加工中心，并引入生产企业设立“校中厂”进行 LED 的生产和开展 LED 的封装测试教学，并在国内首次开展“LED 封装工”的职业技能鉴定。我们在开设本专业课程后进行了大量的内容改革与教学实践，并探索编写校本教材，通过几年的内容调整和完善，完成这本与 LED 生产实践紧密相连的 LED 生产和检测教材。全书内容按照 LED 封装流程进行编排，并通过一个生产实例贯穿全书，充分将理论知识和实践操作相结合，让学生在具备一定理论的基础上能较好较快地掌握 LED 封装的生产工艺和检测技术。

本书从 LED 的基础知识出发，系统全面地讲解了 LED 封装的基本参数、工艺流程、物料、工艺要求和 LED 测试技术，具体包括：LED 基础知识、LED 的封装、固晶环节、焊线环节、配胶灌胶环节、切脚初测环节、分选包装环节、LED 参数检测等。全书通过 LED 生产实例来组织内容，结构清晰，内容实用，并配有大量的生产操作图片，通俗易懂，注重培养学生实际操作工艺及理论联系实际的能力。本课程建议理论课时和实践课时的比例大约为 1:2.5，有条件的院校建议在 LED 生产实训场所采用一体化模式开展教学。

本书为高等职业本专科院校 LED 课程的教材，也可作为开放大学、成人教育、自学考试、中职学校和 LED 封装工的考证培训教材，以及 LED 企业技术人员、检测人员、生产管理人员的参考书。

本书由福建信息职业技术学院谭巧老师担任主编并统稿，福建信息职业技术学院林火养老师、何志敏老师、陈世伟老师，大连职业技术学院许毅，福建水利电力职业技术学院陈海燕参加编写。其中，第 1 章由林火养编写，第 2 章由陈世伟编写，第 3～5 章、第 7 章由谭巧编写，第 6 章由许毅、陈海燕编写，第 8 章由何志敏编写。福建三创电子有限公司生产经理陈志敏校对了全书，并提出了许多宝贵修改意见；杨敏玲、罗为民、陈明星、王洪东同学参与了部分资料的整理工作，在此一并表示衷心的感谢。

限于编者水平，书中难免会有疏漏和错误之处，敬请广大读者和同行专家提出宝贵意见，以便使这本教材能日趋完善，编者不胜感谢。

为了方便教师教学，本书配有免费的电子教学课件、习题参考答案及部分工艺操作的教学视频，请有需要的教师登录华信教育资源网（http://www.hxedu.com.cn）免费注册后再进行下载，有问题时请在网站留言或与电子工业出版社联系（E-mail:hxedu@phei.com.cn）。

编者

目录

第1章 LED基础知识

知识分布网络

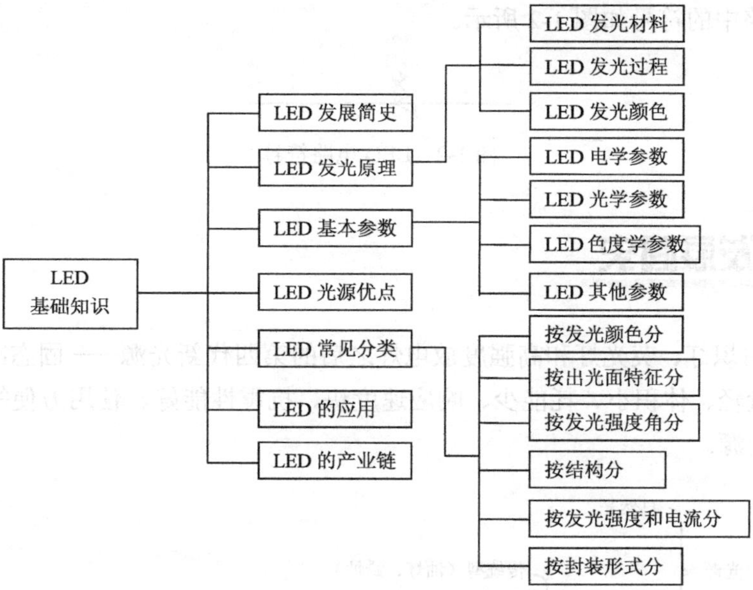

LED（Light Emitting Diode）即发光二极管，是一种将电能转化为光能的固体器件。其核心为 PN 结，具有单向导电性。常见的 Lamp LED（引脚式 LED）的基本结构为：一块电致发光的半导体模块（即 LED 芯片），被银胶（绝缘胶）固定在反射杯中，然后通过金线与支架相连，最终由环氧树脂密封。其外形结构如图 1-1 所示。

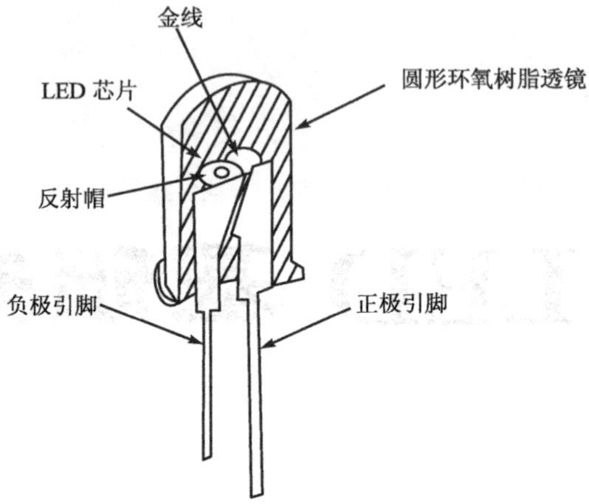

图 1-1　Lamp LED 结构示意图

LED 在电路中的符号如图 1-2 所示。

图 1-2　LED 电路符号

1.1　LED 发展简史

LED 是继白炽灯、荧光灯和高强度放电灯之后的第四代新光源——固态冷光源，它具有结构紧凑、重量轻、体积小、耗能少、响应速度快、抗震性能好、使用方便等优点，是很有前景的一种电光源。

- 光源
  - 自然光
  - 人造光源
    - 传统型（油灯、蜡烛）
    - 电光源
      - 热致发光型（白炽灯、卤钨灯）
      - 放电发光型（高压汞灯、钠灯，低压放电灯）
      - 光致发光型（荧光灯）
      - 电致发光型（LED）

图 1-3　光源的分类图

LED 的发展主要经历了以下三个阶段：

1．指示应用阶段（20 世纪 80 年代前）

1907 年，Henry Joseph Round 第一次在一块碳化硅里观察到电致发光现象。由于其发出的黄光太暗，不适合实际应用，所以研究被摒弃了。随后，Bernhard Gudden 和 Robert Wichard 使用从锌硫化物与铜中提炼的黄磷发光，再一次因发光暗淡而停止。

1936 年，George Destiau 出版了一个关于硫化锌粉末发射光的报告。随着电流的应用和广泛的认识，最终出现了“电致发光”这个术语。20 世纪 50 年代，英国科学家在电致发光的实验中使用半导体砷化镓发明了第一个具有现代意义的 LED，并于 20 世纪 60 年代面世。第一个商用 LED 仅能发出不可视的红外光，但迅速应用于感应与光电探测领域。

1968 年，在砷化镓基体上使用磷化物掺杂，具有商业价值的发红光 LED 面世。磷掺杂工艺使得 LED 发光效率更高、发出的红光更亮，甚至产生出橙色和黄色的光。当时所用的材料是 GaAsP，发红光（λ_p=650nm），在驱动电流为 20mA 时，光通量只有千分之几个流明，相应的发光效率约 0.1lm/W，比白炽灯低 100 倍。

20 世纪 70 年代中期，磷化镓被使用作为发光光源，并引入元素 In 和 N，使 LED 产生绿光（λ_p=555nm），黄光（λ_p=590nm）和橙光（λ_p=610nm），光效也提高到 1lm/W。这一时期的 LED 开始应用于文字点阵显示器、背景图案用的灯栅和条纹图阵列，但主要应用还是电子产品的指示灯。

2．信号与显示阶段（80 年代）

20 世纪 80 年代早期到中期，人们开始用 AlGaAs（铝镓砷）材料制造 LED，使红光 LED 光效提高了近十倍，光效达到 10lm /W 的量级，人们将其应用于室外运动信息发布系统、条形码系统、光电传导系统和医疗器件等领域。

从 20 世纪 80 年代后期到 90 年代初，随着金属有机化学气相沉积（MOVCD）外延技术的成熟，用 AlInGaP（铝铟镓磷）材料制造出橙黄、黄色、绿色和红色等 LED。产品除用于室外显示，还在交通信号灯和汽车信号灯等领域得到应用。

3．全彩应用及普遍照明阶段

1994 年，日本科学家中村秀二利用 GaN 基底研制出蓝光 LED。从此，红、绿、蓝全彩动态大屏幕显示技术的应用迅速发展，也为白光 LED 的研制奠定基础。

白光是一种复合光，并不是单一波长的光。白光 LED 的好处之一是可以应用于多波长领域。1997 年，日本日亚公司研制出第一只白光 LED，使用 GaN 蓝色发光二极管激发黄光荧光粉得到白光 LED，虽然效率不足 10lm/W，但也意味着 LED 由此进入普通照明时代。随后几年内，白光 LED 得到了迅速的发展。2000 年，日亚报道了 15lm/W 白光 LED；2003 年，日亚报道的光效达到 60lm/W；2006 年 3 月，其光效达到 100lm/W；2006 年 7 月，Cree 公司报道了 130lm/W 白光 LED；2006 年 11 月，日亚报道的光效达到 150lm/W，其效率已经超过节能灯，实现了真正意义上的照明；2007 年 3 月，美国 CREE 公司光效达到 157lm/W；在 2012 年，市场上已经出现 175lm/W 的 LED 光源产品。今后，LED 的光效将进一步提高。

白光 LED 的最大应用亮点是作为手机、个人数字助理（PDA）和数码相机等便携式电子产品的小尺寸彩色 LCD 显示屏的背光源，并在汽车、景观装饰，以及普通照明等领域获得了日益广泛的应用。

最近开发的 LED 不仅能发射出纯紫外光而且能发射出真实的“黑色”紫外光。LED 的发展不单纯是它的颜色，还有它的亮度，像计算机一样，遵守摩尔定律的发展。每隔 18 个月它的亮度就会增加一倍，而价格会相应下降。早期的 LED 只能应用于指示灯、早期的计算器显示屏和数码手表，而现在开始出现在超亮度的领域，将会在接下来的一段时间继续下去。不久，LED 将会照亮我们的家、办公室甚至街道。2012 年 4 月，中国计量科学研究院专家预言，随着 LED 的发展，“流明”可能会成为衡量下一代照明度量的标准。

1.2 LED 的发光原理

LED 为什么可以发光呢？本节将从 LED 芯片的制成材料、LED 的发光过程，以及 LED 的发光颜色等几个方面进行讲解。

1.2.1 LED 的发光材料

LED 发光二极管的核心发光芯片是由元素周期表中的Ⅲ-Ⅳ族化合物，如 GaAs（砷化镓）、GaP（磷化镓）、GaAsP（磷砷化镓）等半导体制成的，表 1-1 列举了 LED 的发光材料及其相应的应用领域。

表 1-1 LED 发光材料及相应的应用领域

分类		材料	应用领域
可见光 LED（450～780nm）	传统亮度红黄光	GaP、GaAsP、AlGaAs	家电、信息产品、通信产品、消费性电子产品
	高亮度	AlGaInP（红、橙、黄光）	大型广告牌、交通标志、背光源、汽车灯
		GaInN （蓝、绿光）	
		GaInN+荧光粉（白光）	照明用
不可见光 LED	红外线 LED （850～950nm）	GaAs、GaAlAs	红外无线通信 IrDA 模块、遥控器
	光通信 LED/LD （1300～1550nm）	GaAlAs	光通信用光源

Ⅲ-Ⅴ族化合物相关元素介绍：

- 镓 Ga（Ⅲ族）：银白色金属，最外层有 3 个电子。其化合物是制作半导体的重要材料。在硅（最外层 4 个电子）基板中掺杂一点镓，就会使其微结构少了一个电子，相当于多了一个正电荷（空穴），这样就成了 P 型半导体。

- 砷 As（Ⅴ族）：最外层有 5 个电子。其化合物是制作半导体的重要材料。在硅（最外层 4 个电子）基板中掺杂一点砷，就会使其微结构多了一个电子，这样就成了 N 型半导体。
- 铟 In（Ⅲ族）：最外层有 3 个电子。其化合物是制作 P 型半导体的重要材料。铟可用作低熔点合金、半导体、整流器、热敏电阻等。含 24%铟及 76%镓的合金，在室温下是液体。

1.2.2 LED 的发光过程

LED 的发光过程如图 1-4 所示。

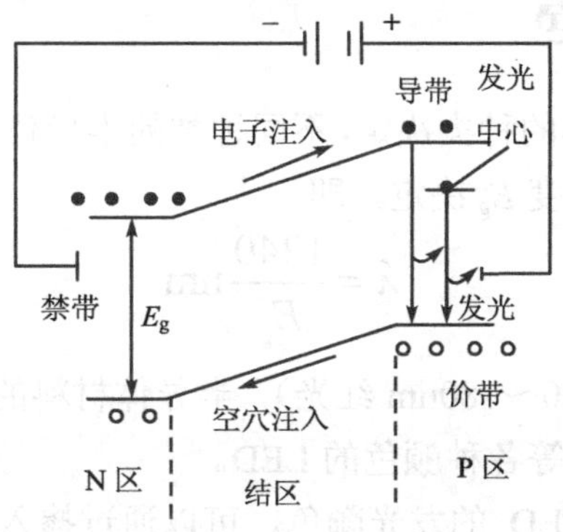

图 1-4 LED 的发光过程

LED 的实质性结构是半导体 P-N 结，核心部分由 P 型半导体和 N 型半导体组成的晶片。在 P 型半导体和 N 型半导体之间有一个过渡层，称为 P-N 结。其发光过程可以用 P-N 结的能带结构来做解释。制作半导体发光二极管的半导体材料是重掺杂的，热平衡状态下的 N 区有很多迁移率很高的电子，P 区有较多的迁移率较低的空穴。在常态下，因为 PN 结阻挡层的限制，二者不能发生自然复合。而当给 P-N 结加以正向电压时，由于外加电场方向与势垒区的自建电场方向相反，因此势垒高度降低，势垒区宽度变窄，破坏了 P-N 结动态平衡，产生少数载流子的电注入。空穴从 P 区注入 N 区，同样电子从 N 区注入到 P 区，注入的少数载流子将同该区的多数载流子复合，不断地将多余的能量以光的形式辐射出去，如图 1-4 所示。

注：图 1-4 中几个名词解释。

价带：在孤立原子中，电子是从低能级向高能级依次向上填满。在单晶中，电子是从低能级向高能级依次向上填充，被填满的能带称为满带。满带受原子核的束缚较强，满带的最上层能带称为价带，价带顶部能级用 E_+表示。

导带：在满带上方，具有一系列空的能带，最下层的空带称为导带，导带底部能级用 E_-表示。原子核对位于跃迁到空带上的电子作用微弱，故空带中的电子也称自由电子。

禁带：在价带和导带之间没有能带存在，这部分区域称为禁带。禁带宽度用 E_g 表示。E_g 可以用来区分导体、半导体和绝缘体。

价带、导带、禁带之间的关系如图 1-5 所示。

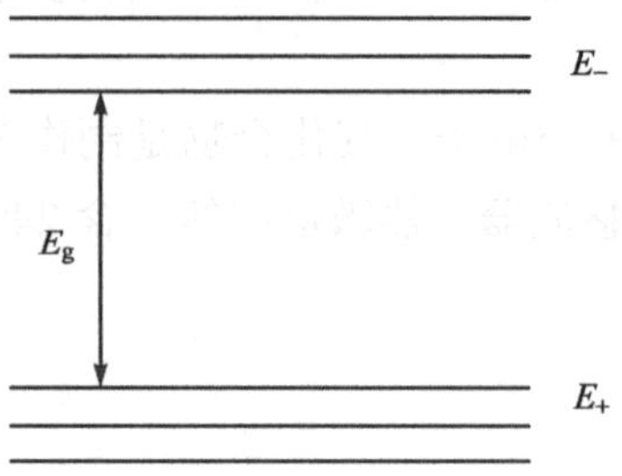

图 1-5　半导体能级图

1.2.3　LED 的发光颜色

LED 发光的颜色由半导体的种类决定，不同种类的半导体具有不同的禁带宽度 E_g。电子、空穴复合释放的能量由禁带宽度 E_g 决定，即

$$\lambda = \frac{1240}{E_g}\text{nm}$$

要产生可见光（波长在 380～780nm 红光），半导体材料的 Eg 应在 3.26～ 1.63eV。现在已有红外、红、黄、绿及蓝光等各种颜色的 LED。

从上式也可知，要改变 LED 的发光颜色，可以通过掺入其他元素来改变 Eg 值。如纯 GaN 材料发出的是近紫外光，掺入 InN 可以减小 E_g 值，从而使芯片发蓝光。

1.3　LED 的基本参数

1.3.1　LED 的电学参数

LED 具有和普通二极管类似的伏安特性，如图 1-6 所示。

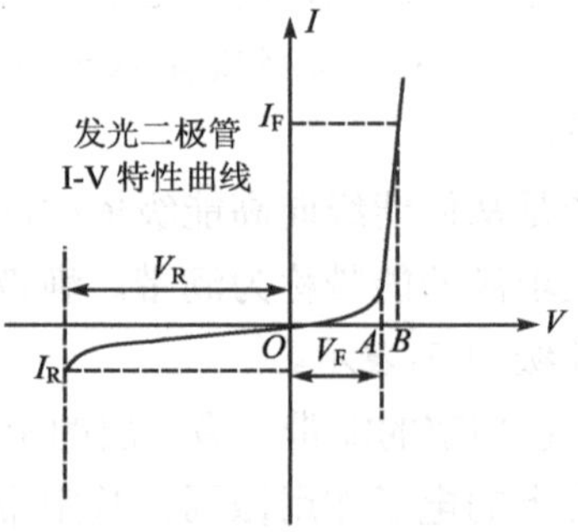

图 1-6　LED 的伏安特性曲线

1．正向电流 I_F、最大正向电流 I_{Fm}

LED 正向电流 I_F 是指 LED 正常发光时的正向电流值；最大正向电流 I_{Fm} 是指允许加在 LED 两端的最大正向直流电流。在实际使用中应根据需要选择 I_F 在 $0.6I_{Fm}$ 以下。

普通小功率 LED（0.04～0.08W）LED 的正向电流 I_F 多在 20mA。LED 的发光强度仅在一定范围内与 I_F 成正比，当 I_F>20mA 时，亮度的增强已经无法用肉眼分辨出来。因此 LED 的工作电流一般选在 17～19mA 比较合理。

此外，食人鱼 LED 可达到 40mA 左右的额定值。

随着技术的不断发展，大功率的 LED 也不断出现，如 1W 白光 LED 的 I_F=350mA，3W 白光 LED 的 I_F=750mA，不同额定功率和不同颜色的 LED 其 I_F 也不一样。

2．正向电压 V_F

V_F 是指通过发光二极管的正向电流为确定值时，在两极间产生的电压降。一般是在 I_F=20mA 时测得的。

不同颜色的 LED 在额定的正向电流条件下，有着各自不同的正向压降值，红、黄、黄绿的电压在 1.8～2.4V；白、蓝、翠绿的电压是 3.0～3.6V。对于同种颜色的 LED，其正向压降和光强也不是完全一致的，要根据厂家提供的为准。

在外界温度升高时，V_F 将下降。

3．反向漏电流 I_R

I_R 是指 LED 器件处于反向偏置 PN 节时的漏电流。按照 LED 的常规规定，习惯指反向电压在 5V 时的反向漏电流。

4．最大反向电压 V_{Rm}

V_{Rm} 是指 LED 两端所允许加的最大反向电压。超过此值，发光二极管则出现 I_R 突然增加而出现击穿损坏现象。由于所用半导体化合物材料种类不同，各种 LED 的最大反向电压 V_{Rm} 也不同。

5．允许功耗 P_m

P_m 是指允许加在 LED 两端正向直流电压与流过它的电流之积的最大值。超过此值，LED 发热增大，易损坏。

1.3.2　LED 的光学参数

1．LED 的光波长（λ）

LED 的光波长决定了 LED 的发光颜色，是一个很重要的一项指标。此参数在 LED 生产和设计过程中相当重要，因为颜色不同，相关的参数也有很大的变化。目前，LED 的颜色主要有红色、绿色、蓝色、青色、黄色、白色、暖白、琥珀色等颜色。

全球第一颗 LED 采用的材料是砷（As）化鎵（Ga），工作电压为 1.424V，其发出的光线为红外光谱。之后，业界发展出以磷（P）化鎵（Ga）作为 LED 的材料，工作电压为 2.261V，发出的光为绿光。业界早期就透过这 2 种形态 LED 所需的材料，调配出从红外线到绿色光范围内所有波长的 LED 产品，发展出常见的红光 LED、黄光 LED、橙光 LED 等等，这 3 大类 LED 因为使用了鎵、砷、磷 3 种元素，故被称为 3 元素 LED，而蓝光 LED、绿光 LED 与红外光 LED 则被称为 2 元素 LED。业界后来发展出采用混合铝（Al）、钙（Ca）、銦（In）和氮（N）共 4 种元素的 4 元素 LED，就能够发出所有可见光范围与部分紫外线光谱的光线。

由于随着 LED 的制造材料不同，产生出来的光子拥有的能量也不同，故业界透过制造材料来控制 LED 发光的波长，进而产生拥有不同光谱与颜色的各种 LED。

2．光通量（F）

光源在单位时间内发射出的光量称为光源的光通量，单位为流明，即 lm。

这个量是对光源而言的，是描述光源发光总量的大小的，与光功率等价。光源的光通量越大，则发出的光线越多。

光通量是人为量。因为这种定义完全是根据人眼对光的响应而来的。人眼对不同颜色的光的感觉是不同的，此感觉决定了光通量与光功率的换算关系（图 1-7 所示的人眼光谱光效率函数描述了人眼对不同波长光的感觉）。对于人眼最敏感的 555nm 的黄绿光，1W = 683lm，也就是说，1W 的电功率全部转换成波长为 555nm 的光，为 683 流明。这个是最大的光转换效率，也是定标值，因为人眼对 555nm 的光最敏感。对于其他颜色的光，如 650nm 的红色，1W 的光仅相当于 73 流明，这是因为人眼对红光不敏感的原因。对于白色光，则和其组成的光谱结构有关。例如，一般白光 LED 是采用蓝光芯片结合黄光荧光粉的形式，其光谱主要集中在蓝光和黄光附近，所以它的“光功率—光通量”转化，主要看人眼对黄光与蓝光的感觉。

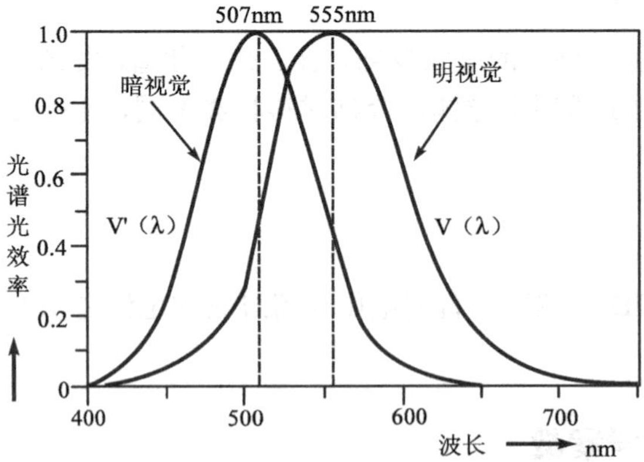

图 1-7　人眼的光谱光效率函数

现在将常用白光 LED 的“功率—流明”对应关系列举出来，供大家参考：0.06W→3～5lm，0.2W→13～15lm，1W→60～80lm。一个 100W 的灯泡可产生 1750lm，而一支 40W 冷白日光灯管则可产生 3150lm 的光通量。

3. 发光强度（I）

发光强度简称光度强，指光源的明亮程度。是说从光源一个立体角（单位为 Sr）所放射出来的光通量，即光源或照明灯具所发出的光通量在空间选定方向上分布密度，也表示光源在一定方向和范围内发出的可见光辐射强弱的物理量。单位是坎德拉，即 cd；1000μcd（微坎德拉）=1mcd（毫坎德拉），1000mcd=1cd（也称烛光）。

发光强度是针对点光源而言的，或者发光体的大小与照射距离相比很小的场合。这个量是表明发光体在空间发射的会聚能力的。可以说，发光强度就是描述了光源到底有多“亮”，因为它是光功率与会聚能力的一个共同的描述。发光强度越大，光源看起来就越亮，同时在相同条件下被该光源照射后的物体也就越亮。因此，描述手电筒的光照都用这个参数。

对于各向同性的光（即光源的光线向四面八方以相同的密度发射），则 $F=4\pi I$。也就是说，若光源的 I 为 1cd，则总光通量为 $4\pi I=12.56$lm。与力学的单位比较，光通量相当于压力，而发光强度相当于压强。要想被照射点看起来更亮，我们不仅要提高光通量，而且要增大会聚的手段，实际上就是减少面积，这样才能得到更大的强度。

现在 LED 也用这个单位来描述，如某 LED 是 15000 的，单位是 mcd，1000mcd=1cd，因此 15000mcd 就是 15cd。LED 之所以用毫 cd（mcd）而不直接用 cd 来表示，是因为最早的 LED 都比较暗，如 1984 年标准 5mm 的 LED 的发光强度只有 0.005cd，因此用 mcd 表示。现在 LED 的亮度很比较大，但还是沿用原来的说法。

室内用单只 LED 的光强一般为 500ucd～50mcd，而户外用单只 LED 的光强一般应为 100mcd～1000mcd，甚至在 1000mcd 以上。

发光强度为 1cd 的光源可放射出 12.57lm 的光通量。

用发光强度来表示“亮度”的缺点是如果管芯完全一样的两个 LED，会聚程度好的发光强度就高。因此，购买 LED 时不要一味追求高 I 值，还要看照射角度。很多高 I 值的 LED 并非提高自身的发射效率来达到，而是把镜头加长照射角度变窄来实现的。另外，同样的管芯 LED，直径 5mm 的 I 值就比 3mm 的大一倍多，但只有直径 10mm 的 1/4，因为透镜越大会聚特性就越好。

4. LED 光照度（E）

光照度是受照平面上接受光通量的密度，可用每一单位面积的光通量来测量。单位：勒克斯，即 lx。1 流明的光通量均匀分布在 1 平方米表面上所产生的光照度，即 1 勒克斯。

桌面、工作面的照度不应少于 150lx。起居室的照明采用光线柔合的半直接型照明灯具较理想，其平均照度应达到 100lx 左右。阅读和书写用的灯具功率可大些，照度应达到 200lx。

表 1-2 是各种环境的光照度值。

5. 发光亮度（L）

亮度是指物体明暗的程度，定义是单位面积的发光强度。单位：cd/m^2，也称尼特。

光通量、光强、照度和亮度的关系图如图 1-8 所示。

表 1-2　各种环境的光照度值

环　　境	照度值：单位 lx
黑夜	0.001～0.02
月夜	0.02～0.3
阴天室内	5～50
阴天室外	50～500
晴天室内	100～-1000
夏季中午太阳光下的照度	约为 1000000
阅读书刊时所需的照度	50～60
电视演播室所需照度	300～2000
家用摄像机所需最小照度	0.3～1
家用摄像机标准照度	1400

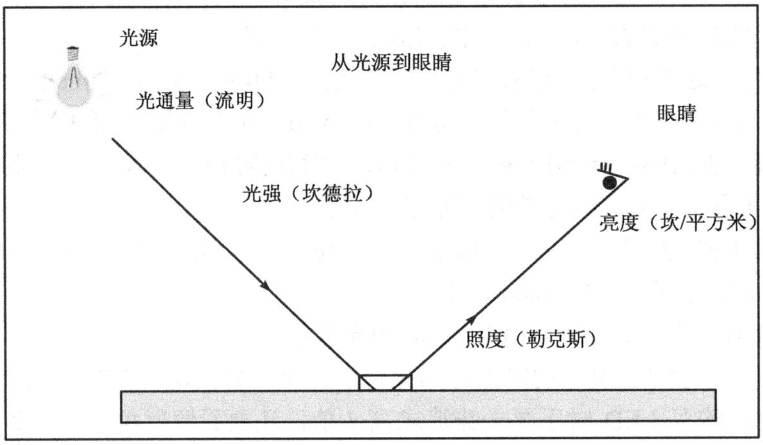

图 1-8　光通量，光强，照度和亮度的关系图

6．光效

光效是光源效率的简称，是指光源发出的光通量除以光源的功率，即光源效率（Lm/W）= 流明（Lm）/ 耗电量（W）。它是衡量光源节能的重要指标，其数值越高表示光源的效率越高，也越节能。LED 之所以节能是因为其光效较高。

7．光谱

光谱是复色光经过色散系统（如棱镜、光栅）分光后，被色散开的单色光按波长（或频率）大小而依次排列的图案。

高温物体发出的白光（其中包含连续分布的一切波长的光）通过物质时，某些波长的光被物质吸收后产生的光谱，称为吸收光谱。例如，让弧光灯发出的白光通过温度较低的钠气（在酒精灯的灯心上放一些食盐，食盐受热分解就会产生钠气），然后用分光镜来观察，就会看到在连续光谱的背景中有两条挨得很近的暗线。这就是钠原子的吸收光谱。值得注意的是，各种原子的吸收光谱中的每一条暗线都跟该种原子的发射光谱中的一条明线相对应。这表明，低温气体原子吸收的光，恰好就是这种原子在高温时发出的光。因此，吸收光谱中的谱线（暗线），也是原子的特征谱线，只是通常在吸收光谱中看到的特征谱线比明线光谱中的少。

在我们眼里，大部分光源所发出的光通称为白光，实际上肉眼看上去的不同光源所发出的白光会因色温的高低而呈现不同的颜色。光色越偏蓝，色温越高；偏红则色温越低。人的眼睛有时会被自己的感觉所愚弄，感到差异不大，但在我们拍摄照片上，可以看到最直接的效果，如在晴空下拍摄的照片，可能会发蓝发冷；而在灯光下拍摄的照片（不打开闪光灯），会呈现明显暖调的橙红色。

1.3.3 LED 的色度学参数

1. 色温

以绝对温度 K 来表示，即将一标准黑体加热，温度升高到一定程度时，颜色开始由深红—浅红—橙黄—绿—蓝，逐渐改变，当加热到与光源的颜色相同时，我们将黑体当时的绝对温度称为该光源的色温。

因为色温是以黑体辐射接近光源光色时，对该光源光色表现的评价值，并非一种精确的颜色对比，因此，即使具有相同色温值的两个光源，可能在光色外观上仍有些许差异。仅色温无法了解光源对物体的显色能力，或在该光源下物体颜色的再现如何。表 1-3 列举了几种不同光源环境的色温。

表 1-3 不同光源环境的色温

光 源	色 温
北方晴空	8000～8500k
阴天	6500～7500k
夏日正午阳光	5500k
金属卤化物灯	4000～4600k
下午日光	4000k
冷色荧光灯	4000～5000 k
高压汞灯	3450～3750k
暖色荧光灯	2500～3000k
卤素灯	3000k
钨丝灯	2700k
高压钠灯	1950～2250k
蜡烛光	2000k

光源色温不同，光色也不同，色温在 3000k 以下有温暖的感觉，达到稳重的气氛；色温在 3000～5000k 为中间色温，有爽快的感觉；色温在 5000k 以上有冷的感觉。

2. 显色性

光源对物体本身颜色呈现的程度称为显色性，也就是颜色逼真的程度。

光源的显色性是由显色指数 R_a 来表明，它表示物体在光源下所呈现的颜色相对基准光（太阳光）照明时颜色的偏离。显色指数能较全面反映光源的颜色特性。显色性高的光源对颜色表现较好，我们所见到的颜色也就接近自然色，显色性低的光源对颜色表现较差，我们所见到的颜色偏差也较大。

国际照明委员会（CIE）把太阳的显色指数定为 100。因此，得出其他各类光源的显色指数，如高压钠灯显色指数 R_a=23，荧光灯管显色指数 R_a=60～90，LED 的显色指数在 70～85。

根据显色指数的不同，光源显色可以分两种。

忠实显色：能正确表现物质本来的颜色，需使用显色指数（R_a）高的光源，其数值接近 100，显色性最好。

效果显色：要鲜明地强调特定色彩，表现美的生活，可以利用加色法来加强显色效果。采用低色温光源照射，能使红色更加鲜艳；采用中等色温光源照射，使蓝色具有清凉感；采用高色温光源照射，使物体有冷的感觉。

人眼观察到的物体颜色原理如图 1-9 所示。

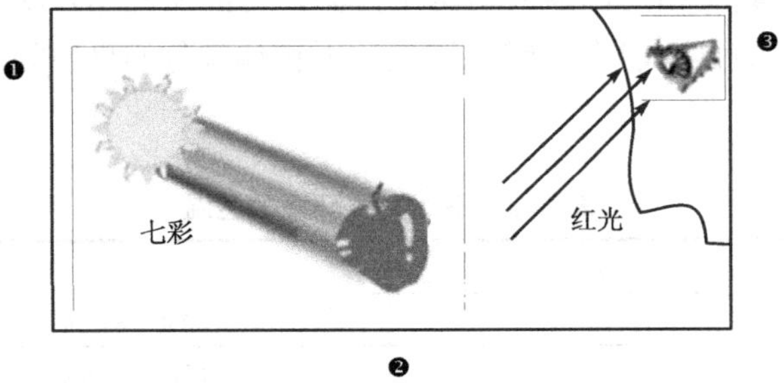

图 1-9 人眼观察到的物体颜色原理

1.3.4 LED 的其他参数

1. 发光角度

二极管发光角度也就是其光线散射角度，主要靠二极管生产时加散射剂和不同模粒来控制。

LED 的发光角度是 LED 应用产品的重要参数，因此务必重视这个参数。

2. 眩光

视野内有亮度极高的物体或强烈的亮度对比，则可以造成视觉不舒适称为眩光，眩光是影响照明质量的重要因素。

眩光的光源分为直接的（如太阳光、太强的灯光等）和间接的（如来自光滑物体表面（高速公路路面或水面等）反光。

3．结温

结温就是半导体 P-N 结的温度。

4．光衰

光衰就是 LED 发光亮度的衰减，各种品牌的 LED 它的光衰是不同的。通常 LED 的厂家能够给出标准的光衰曲线来。一般来讲结温越高光衰越快。

5．使用寿命

LED 的寿命表现为它的光衰，也就是时间长了，亮度就越来越暗，直到最后熄灭。通常定义亮度衰减到初始亮度的 50%的时间作为其寿命。

LED 在一般说明书中，都是可以使用 50 000 小时以上，还有一些生产商宣称其 LED 可以工作 100000 小时左右。

1.4 LED 光源的优点

1．节能

LED 是冷光源，发热量低，与白炽灯相比，节电效率可以达到 80%以上。表 1-4 为 25W 白炽灯，5W 节能灯，3W 白光 LED 三种亮度相同的灯的能耗比较。

表 1-4 三种亮度相同的灯的比较

光　源	25W 白炽灯	5W 节能灯	3W 白光 LED
灯泡单价（元）	2	12	50
平均寿命（小时）	1500	6000	50000
使用 5 万小时所需灯泡数	34	9	1
5 万小时耗电量（KW. h）	1250	350	250
5 万小时总花费（元）	813.8	311	195

（1）如果用 LED 取代我们目前传统照明的 50%，每年我国节省的电量就相当于一个三峡电站发电量的总和，其节能效益十分可观。

（2）在美国，55%的白炽灯与日光灯被 LED 取代，每年节省 350 亿美元电费，可减少 7.55 亿吨二氧化碳排放量。

2. 环保

（1）LED 是环保性能最好的光源。用于照明的 LED 光谱中，没有多余的紫外线和红外线，不含汞等有害物质。

（2）在运输、包装和使用中不会破碎，废弃物可回收，无污染，是一种绿色光源。

3. 发光效率高

表 1-5 对白炽灯、卤钨灯、荧光灯、钠灯和 LED 灯 5 种光源的光效进行了比较。

表 1-5　几种光源的光效比较

灯的种类	光　效	电源效率	光照效率	灯具效率	寿　命	实际光效
白炽灯、卤钨灯	12～24lm/W	—	60%	60%	1800h	7.2lm/W
荧光灯	50～80lm/W	65%	60%	60%	1800h	18.72lm/W
高压钠灯	90～140lm/W	50%	55%	51%	6000h	14lm/W
LED	70～80lm/W	95%	85%	90%	5w～10wh	58.14lm/W

注：以 LED 灯为例，各种光源灯具实际效率的计算方法为

$$80\times0.95\times0.85\times0.9=58.14\text{lm/W}$$

类似可得到其他灯具的实际光效。

可见，LED 灯具实际效率是一般荧光灯的 3 倍，是普通白炽灯泡的 8 倍，是高压钠灯的 4 倍。

4. 体积小、重量轻，便于集成、组合

易于设计轻、薄、小的产品，如 LED 灯具与 LED 平板电视屏，固体发光管；而且能更好地实现夜景照明中“只见灯光不见光源”的效果。

5. 使用寿命长，坚固耐用

（1）单只 LED 的使用寿命为 5 万～10 万小时，因为 LED 是半导体器件，即使是频繁开关，也不会影响到其使用寿命。

（2）采用环氧树脂封装，耐震动、耐冲击，没有玻璃与灯泡等易损易烧部件。

6. 单色性好，色彩鲜艳丰富

（1）可以通过控制半导体发光层半导体材料的禁带宽带的大小，从而发出各种颜色的光线，可见光 LED 可显示红、橙、黄、绿、蓝、紫等色彩，饱和度达到 130%以上；

（2）利用计算机控制技术，可以使 RGB 三基色具有 256 级灰度，从而使光色变幻多端、绚丽多彩；且能较好地控制发光光谱组成，即使对于白光 LED 也可以制作成各种色温的光源，因此，在室内装饰照明、景观照明、博物馆及展览馆中的局部或重点照明中具有明显的优势。

7．发光指向性强

与传统光源相比，LED 光源发出的光线是定向的，从 LED 发出的大部分光线能直接射向被照面，利用率远高于传统光源。

8．响应速度快

白炽灯响应时间为 140～200ms，而 LED 响应时间为 60ns，只要开关一开，马上就会亮，不会出现延迟和闪烁的现象。因此，广泛应用于交通信号灯和汽车信号灯领域。

（1）若汽车在高速上行驶速度为 100km/h，使用 LED 尾灯可以使追尾的安全距离增加 5.5～8.3m。

（2）以色列科学家研究表明，在高速上，制动响应时间短 0.25s，追尾事件可以减少 50%。

9．无闪烁、无紫外线

LED 光源采用的是直流供电，发光稳定不闪烁，且光谱主要集中在可见光区域，基本无紫外线或红外线辐射的干扰，从而可以避免频闪效应带来的不利影响，提高人眼舒适性。

10．亮度可调性好

根据 LED 光源的发光原理，LED 的发光亮度或输出光通量基本随电流正向变化。而其工作电流在额定范围内可大可小，具有良好的可调性，为 LED 光源实现按需照明、亮度无级控制奠定了基础。

11．采用直流供电，安全稳定

LED 光源使用低压直流电就可以驱动，一般供电电压在 6～24V，因此安全性能比较好，特别适用于公共场所。

1.5 LED 的分类与封装

随着 LED 的应用越来越广，种类更加丰富，下文介绍了 LED 的常规分类方法。

1.5.1 LED 的常见分类

1．按发光颜色分类

按发光管发光颜色分，可分成红色、橙色、绿色（又细分黄绿、标准绿和纯绿）、蓝光等。另外，有的发光二极管中包含两种或三种颜色的芯片。

根据发光二极管出光处掺或不掺散射剂、有色还是无色，上述各种颜色的发光二极管还可分成有色透明、无色透明、有色散射和无色散射四种类型。散射型发光二极管一般做指示灯用。

2．按出光面特征分类

按发光管出光面特征分圆灯、方灯、矩形、面发光管、侧向管、表面安装用微型管等。圆形灯按直径分为ϕ2mm、ϕ4.4mm、ϕ5mm、ϕ8mm、ϕ10mm 及ϕ20mm 等。

图 1-14 所示为两种不同出光面的 LED 图示，图 1-10（a）所示为方灯，图 1-10（b）所示为圆灯。

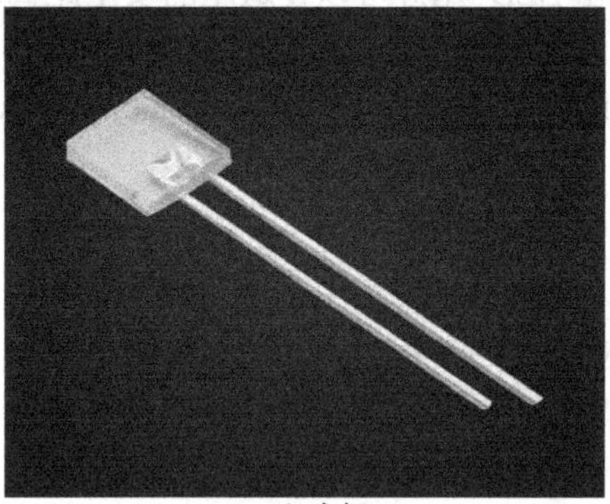
（a）方灯

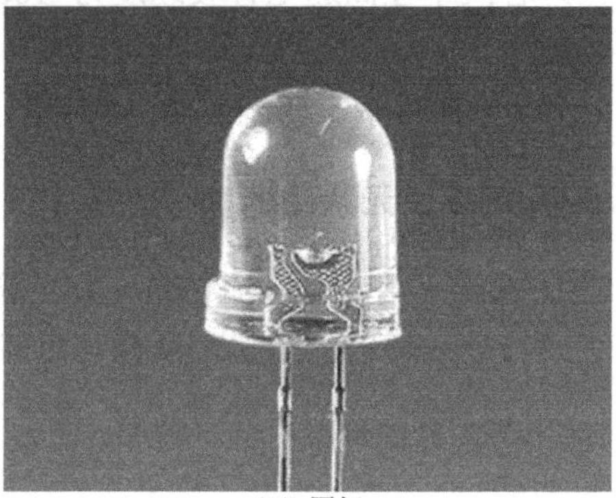
（b）圆灯

图 1-10　不同种类 LED 图示

3．按发光强度角分类

由 LED 的半值角大小可以估计圆形发光强度角的分布情况，从发光强度角分布图可以分为三类。

1）高指向性

一般为尖头环氧封装或是带金属反射腔封装，且不加散射剂。半值角为 5°～20°或更小，具有很高的指向性，可作局部照明光源用或与光检出器联用以组成自动检测系统。

2）标准型

通常作指示灯用，其半值角为 20°～45°。

3）散射型

这是视角较大的指示灯，半值角为 45°～90°或更大，散射剂的量较大。

4．按发光二极管的结构分类

按发光二极管的结构分有全环氧包封、金属底座环氧封装、陶瓷底座环氧封装及玻璃封装等结构。如图 1-11 所示为不同结构 LED 图示。

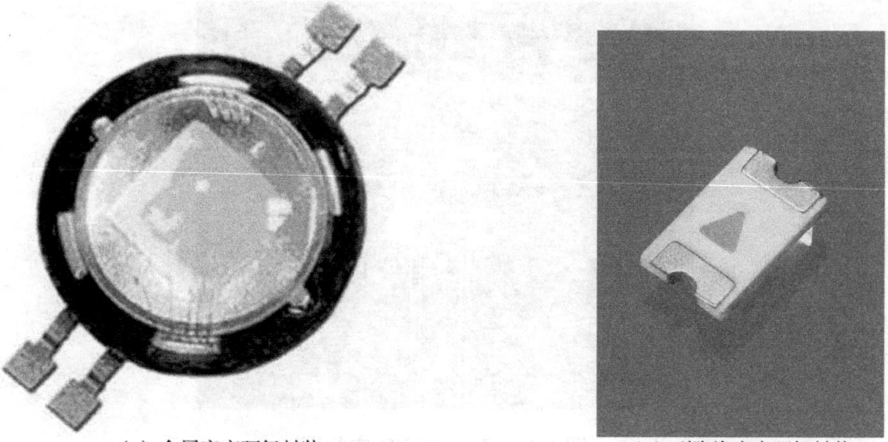

（a）金属底座环氧封装　　（b）型陶瓷底座环氧封装

图 1-11　不同结构 LED 图示

5．按发光强度和工作电流分类

按发光强度和工作电流分有发光强度小于 10mcd 的普通亮度 LED；发光强度在 10～100mcd 间的称为高亮度 LED；达到或超过 100mcd 的称超高亮度 LED。

一般 LED 的工作电流在十几毫安至几十毫安，而低电流 LED 的工作电流在 2mA 以下（亮度与普通发光管相同）。

LED 也可以按照下面封装形式进行分类。

1.5.2　LED 的封装形式

根据不同的应用场合、不同的外形尺寸、散热方案和发光效果，LED 封装形式多种多样。目前，LED 按封装形式分类主要有引脚式封装（Lamp LED）、平面式封装（Flat LED）、贴片式封装（SMD LED）、大功率型封装（High-power LED）、Flip Chip 封装等 LED 产品。

其中，Lamp LED、Flat LED、SMD LED 都是常规的小功率 LED 封装形式。

1．引脚式封装（Lamp LED）

Lamp LED 早期出现的是直插 LED，它的封装采用灌封的形式。

灌封的过程是先在 LED 成型模腔内注入液态环氧树脂，然后插入压焊好的 LED 支架，放入烘箱中让环氧树脂固化后，将 LED 从模腔中脱离出即成型。由于制造工艺相对简单、成本低，有着较高的市场占有率。而且 Lamp 的体积大且照射角度较小，因而光束为聚光型，主要应用在户外广告牌、指示灯、电器信号灯、交通号志灯。

Lamp 型 LED 也称 P2 产品、还称插件 LED，不管命名怎样，只要是直插式的都归于一种。图 1-12 给出了 Lamp LED 实物图。

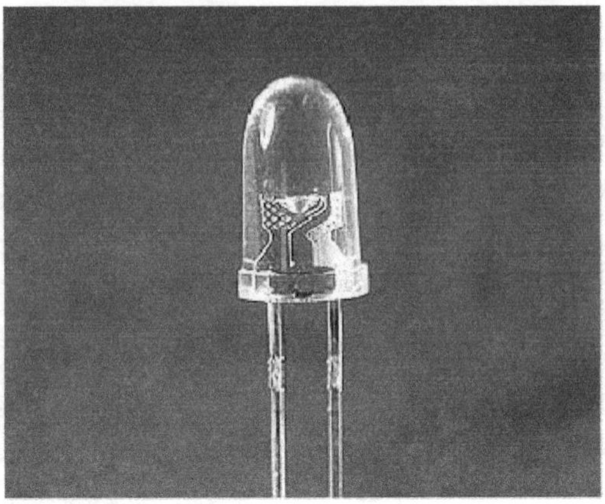

图 1-12　Lamp LED 实物图

2．平面式封装（Flat LED）

平面式封装 LED 器件是由多个 LED 芯片组合而成的结构型器件。通过 LED 的适当连接（包括串联和并联）和合适的光学结构，可构成发光显示器的发光段和发光点，然后由这些发光段和发光点组成各种发光显示器，如数码管、“米”字管、矩阵管等。

1）LED 数码管（LED Segment Display）

LED 数码管实际上是由七个发光管组成“8”字形构成的，加上小数点就是 8 个。这些段分别由字母 a、b、c、d、e、f、g、dp 来表示。当数码管特定的段加上电压后，这些特定的段就会发亮，以形成我们眼睛看到的字样。图 1-13 列举了不同尺寸的 LED 数码管。

图 1-13　LED 数码管

LED 数码管有一般亮和超亮等不同之分，也有 0.5 寸、1 寸等不同的尺寸。小尺寸数码管的显示笔画常用一个发光二极管组成，而大尺寸的数码管由两个或多个发光二极管组成。一般情况下，单个发光二极管的管压降为 1.8V 左右，电流不超过 30mA。

LED 数码管以发光二极管作为发光单元，颜色也和 Lamp LED 一样可以做很多种类，有单红、黄、蓝、绿、白、七彩效果。主要用于楼体墙面，广告招牌等。特别适合应用于广告牌背景、立交桥、河、湖护栏、建筑物轮廓等大型动感光带之中，可产生彩虹般绚丽的效果。

2）LED 点阵（LED Dot Matrix）

该封装和数码管差不多，都是应用在信息显示的。常见的 LED 点阵模块如图 1-14 所示。

LED 点阵的点数有 5×7、8×8、16×16 等不同类型；孔的直径有ϕ2.0、ϕ3.0、ϕ3.75、ϕ5.0 等不同类型；颜色有单色、双色、三基色等几种。

LED 点阵的优点是亮度高、工作电压低、功耗小、小型化、寿命长、耐冲击和性能稳定，因此受到广泛的重视和迅速发展。

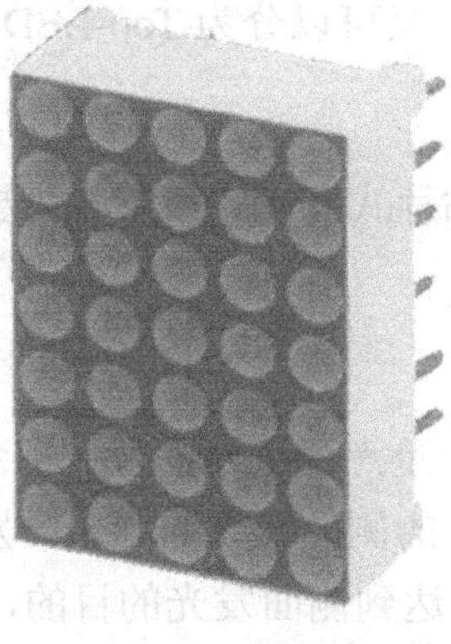

图 1-14　点阵 LED 图示

3．贴片式封装（SMD LED）

SMD（Surface Mounted Device）LED 是目前 LED 最新的发展，它是贴于线路板表面的，适合 SMT 加工，可回流焊，很好地解决了亮度、视角、平整度、可靠性、一致性等问题，采用了更轻的 PCB 和反射层材料，改进后去掉了直插 LED 较重的碳钢材料引脚，使显示反射层需要填充的环氧树脂更少，目的是缩小尺寸，降低重量。这样，表面贴装 LED 可轻易地将产品重量减轻一半，且具有体积小、散射角大、发光均匀性好、可靠性高等优点，发光颜色包括白光在内的各种颜色，因此被广泛应用在各种电子产品上。目前主要被应用于 3C 科技商品上，如手机屏幕背光源、音响背光源、手机按键光源、汽车面板背光源、电器按键信号灯等应用上，照射角度大，所以光束能够均匀扩散，但是制作成本极高。图 1-15 所示为 SMD-LED 图示。

SMD-LED 按形状大小分为 0603、0805、1210、5060、1010 等。一般 SMD 都是菱形的，所以其叫法都是根据“长×宽”的尺寸来表示，行业善用的都是英寸，不是毫米，如 0603 指的是长度为 0.06 英寸，宽度为 0.03 英寸。也有用毫米表示的，如 5050，表示 LED 元件的长度是 5.0mm，宽度是 5.0mm。

发光颜色和胶体的种类和 Lamp LED 产品一样，只是产品的形状发生了很大的变化。

图 1-15　SMD-LED 图示

SMD-LED 根据应用场合不同，又可以分为 Top-LED 和 Side-LED 两种。

1）Top-LED（顶部发光 LED）

顶部发光 LED 是比较常见的贴片式发光二极管。主要应用于多功能超薄手机和 PDA 中的背光和状态指示灯。

2）Side-LED（侧发光 LED）

目前，SMD-LED 封装的另一个重点便是侧面发光封装。如果想使用 LED 作为 LCD（液晶显示器）的背光光源，那么 LED 的侧面发光需与表面发光相同，才能使 LCD 背光发光均匀。虽然使用导线架的设计，也可以达到侧面发光的目的，但是散热效果不好。不过，Lumileds 公司发明反射镜的设计，将表面发光的 LED，利用反射镜原理来发成侧光，成功地将高功率 LED 应用在大尺寸 LCD 背光模组上。

4．食人鱼形 LED

食人鱼 LED，一般呈正方形，采用透明树脂封装，四个引脚，负极处有个缺脚。四只脚的设计和留有间距是让食人鱼 LED 的散热比一般的 LED 要好很多，可以通过的工作电流大一点，最大可达 40～50mA。食人鱼是散光型的 LED，发光角度大于 120°，发光强度很高，能承受更大的功率。在小功率 LED 中，食人鱼 LED 是最亮的，但跟大功率的 1W、3W 和 5W 等比较，其亮度就很低。图 1-16 所示为食人鱼 LED，从图可以看出，之所以把这种 LED 称为食人鱼，因为它的形状很像亚马孙河中的食人鱼 Piranha。

食人鱼 LED 越来越受到人们重视，因为它比 ϕ3mm、ϕ5mm 的 LED 散热好、视角大、光衰小、寿命长。因此，广泛应用在线条灯、背光源的灯箱、大字体槽中的光源，以及汽车照明系统。

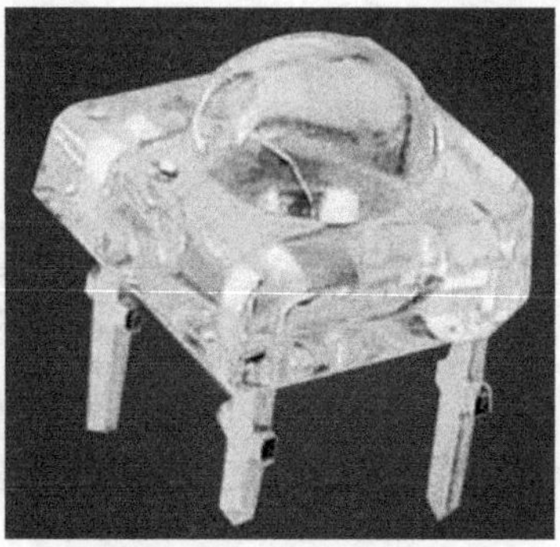

图 1-16 食人鱼 LED 图示

5．大功率型封装（High-power LED）

大功率 LED 是指拥有大额定工作电流的发光二极管，它具有大的耗散功率，大的发热量，较高的出光效率，以及长寿命。

现在普通 LED 功率一般为 0.05W、工作电流为 20mA，而大功率 LED 可以达到 1W、2W、甚至数十瓦，工作电流可以是几十毫安到几百毫安不等。由于目前大功率 LED 在光通量、转换效率和成本等方面的制约，因此决定了大功率白光 LED 短期内的应用主要是一些特殊领域的照明，中长期目标才是通用照明。

功率型 LED 的热特性直接影响到 LED 的工作温度、发光效率、发光波长、使用寿命等，因此，大功率 LED 不能简单地套用传统小功率 LED 的封装，必须在封装结构设计、选用材料、选用设备等方面重新考虑，研究新的封装方法。

目前，大功率型 LED 主要有以下六种封装形式：沿袭引脚式 LED 封装思路的大尺寸环氧树脂封装；仿食人鱼式环氧树脂封装；铝基板（MCPCB）式封装；借鉴大功率三极管思路的 TO 封装；功率型 SMD 封装；L 公司的 Lxx 封装。

图 1-17 给出了借鉴大功率三极管思路的 TO 封装形式；图 1-18 给出了 L 公司的 Lxx 封装图示。

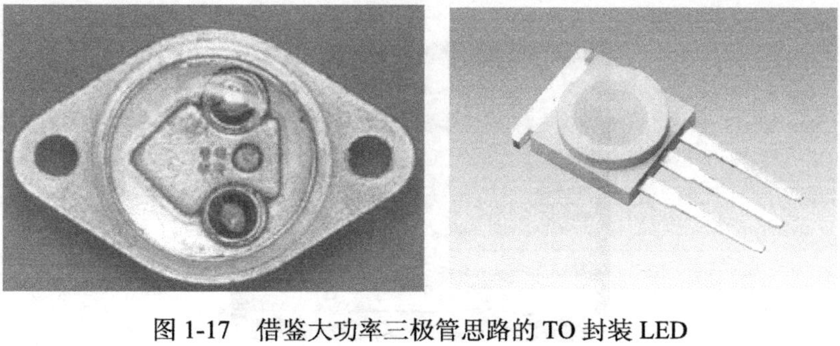

图 1-17 借鉴大功率三极管思路的 TO 封装 LED

E 型

S 型

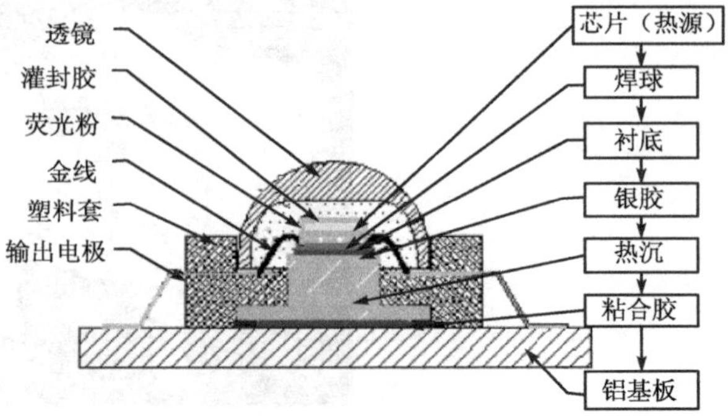

Lxx 封装 S 型产品结构图

图 1-18　L 公司的 Lxx 封装 LED

6．覆晶封装（FLIP FLOP LED）

随着 LED 的发展，对发光二极管（LED）光源在不同操作环境的稳定性要求更为严苛，采用覆晶（Flip-chip）封装技术的 LED，较一般 LED 封装的固晶方式拥有更高的信赖度，且兼具缩短高温烘烤的制程时间、高良率、导热效果佳、高出光量等优势，遂于 LED 市场中脱颖而出。

通常把晶片经过一系列工艺后形成了电路结构的一面称作晶片的正面。原先的封装技术是在衬底之上，晶片的正面一直是朝上的，而覆晶封装技术将晶片的正面反过来，在晶片和衬底之间及电路的外围使用凸块（看作竹棒）连接，也就是说，由晶片、衬底、凸块形成了一个空间，而电路结构就在这个空间里面。这样封装出来的芯片具有体积小、性能高、连线短优点。

覆晶封装技术特性为缩短 LED 制程于高温烘烤的时间，可减低物料热应力；加上芯片所产生的热经由金凸块传导至基板上，因此导热效果佳，以及去除芯片上电极遮挡出光面积，提高出光量；且制程简化，易于管控。

覆晶封装结构 LED 属于倒装焊结构发光二极管，如图 1-19 所示。

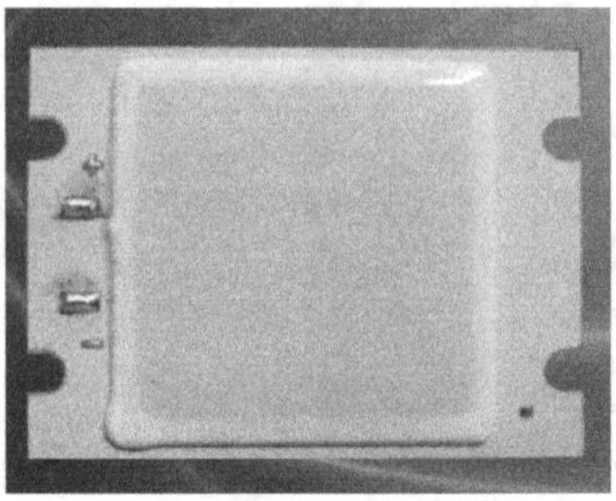

图 1-19　覆晶封装结构 LED

7．板上芯片封装（COB LED：Chip On Board LED）

半导体照明灯具要进入通用照明领域，生产成本是第一大制约因素。要降低半导体照明灯具的成本，必须首先考虑如何降低 LED 的封装成本。传统的 LED 灯具做法：LED 光源分立器件→MCPCB 光源模组→LED 灯具，主要是基于没有适用的核心光源组件而采取的做法，不但耗工费时，而且成本较高。实际上，我们可以将“LED 光源分立器件→MCPCB 光源模组”合二为一，直接将 LED 芯片和 MCPCB 一起做成 COB 光源模块，用“COB 光源模块→LED 灯具”的路线，不但可以省工省时，而且可以节省器件封装的成本。

板上芯片封装（COB），在基底表面用导热环氧树脂（一般用掺银颗粒的环氧树脂）覆盖芯片安放点，然后将芯片直接安放在基底表面，热处理至芯片牢固地固定在基底为止，随后再用丝焊的方法在芯片和基底之间直接建立电气连接。采用 COB 封装后的 LED 灯具如图 1-20 所示。

传统的 LED 分立光源器件难以适应照明领域对性能、成本、应用配合和使用习惯的要求，COB 光源模块将成为今后 LED 光源照明应用的主要封装形式。

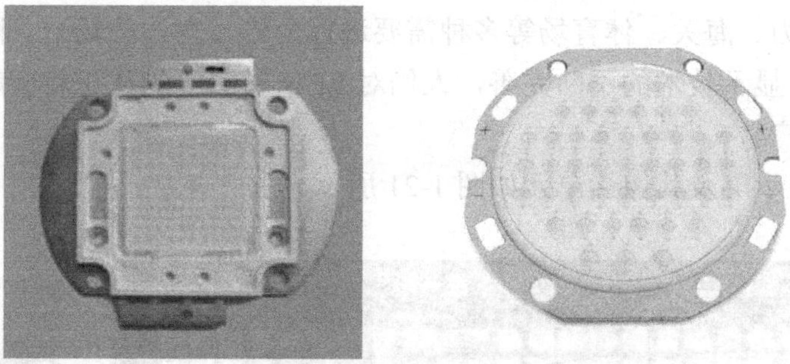

图 1-20　COB LED

8．系统封装式（SiP LED）

SiP（System in Package）是近几年来为适应整机的便携式发展和系统小型化的要求，在系统芯片 System on Chip（SOC）基础上发展起来的一种新型封装集成方式。对 SiP-LED 而言，不仅可以在一个封装内组装多个发光芯片，还可以将各种不同类型的器件（如电源、控制电路、光学微结构、传感器等）集成在一起，构建成一个更为复杂的、完整的系统。同其他封装结构相比，SiP 具有工艺兼容性好（可利用已有的电子封装材料和工艺），集成度高，成本低，可提供更多新功能，易于分块测试，开发周期短等优点。

1.6 LED 的应用

LED 的应用很广，如通信、消费性电子、汽车、照明、信号灯等，可大体区分为信息显示、交通、汽车用灯、背光源、照明五大领域。

1.6.1 信息显示

LED 显示屏是利用发光二极管点阵模块或像素单元组成的平面式显示屏幕。由于它具有发光效率高、使用寿命长、组态灵活、色彩丰富、安装维修方便，以及对室内外环境适应能力强等优点，自 20 世纪 80 年代后期开始，随着 LED 制造技术的不断完善，在国外得到了广泛的应用。在我国改革开放之后，特别是进入 20 世纪 90 年代国民经济高速增长，对公众场合发布信息的需求日益强烈，LED 显示屏的出现正好适应了这一市场形势，因而在 LED 显示屏的设计制造技术与应用水平上都得到了迅速的提高。

LED 显示屏经历了从单色、双色图文显示屏，到图像显示屏，一直到今天的全彩色视频显示屏的发展过程。无论在期间的性能（提高亮度 LED 显示器及蓝色发光灯等）和系统的组成（计算机化的全动态显示系统）等方面都取得了长足的进步。目前已经达到的超高亮度全彩色视频显示的水平，可以说能够满足各种应用条件的要求。

目前，LED 显示屏已经广泛应用到银行、邮电、税务、机场、车站、证券市场及其他交易市场、医院、电力、海关、体育场等多种需要进行公告、宣传的场合。随着社会经济的不断进步，以及 LED 显示技术的不断完善，人们对 LED 显示屏的认识将会越来越深入，其应用领域将会越来越广。

常见的 LED 显示屏及其像素单元如图 1-21 所示。

图 1-21 LED 显示屏及其像素单元

1.6.2 交通领域

交通领域应用的 LED 产品主要有红、绿、黄信号指示，数位计时显示、箭头指示等。要求白天高强度环境光照时要亮，晚上亮度要降低一些，避免刺眼。LED 交通信号指挥灯的光源由多个 LED 组成，所要光源设计时就要考虑多个焦点，并且对 LED 的安装也有一定的要求。

LED 因其单色性好、具有一定的方向性、冷光源能耗低、可靠性好、寿命长等优势，已经在交通领域得以广泛应用，其应用主要有以下几个方面：

1）交通信号灯

LED 信号灯以其高亮度、高可靠性、低使用成本、长寿命等特点，得到城市交通管理部门的青睐。

2）高速公路交通诱导系统

随着高速公路建设水准的提高，LED 交通诱导系统已经成为标准配置产品，市场需求量大。

3）城市道路交通诱导、标志。

随着各大中城市的交通拥堵现象日益严重，道路交通诱导 LED 显示在各个城市都在迅速增长。

1.6.3 汽车用灯

汽车用灯包含汽车内部的仪表板、音响指示灯、开关的背光源、阅读灯和外部的刹车灯、尾灯、侧灯及头灯等。

汽车用 LED 灯耐震动撞击、不易损坏、寿命长，无须经常更换，而且由于 LED 响应速度快，可以及早提醒司机刹车，减少汽车追尾事故。在发达国家，使用 LED 高位刹车灯已成为汽车的标准件。美国 HP 公司早在 1996 年推出的 LED 汽车尾灯模组可以随意组合成各种汽车尾灯。此外，在汽车仪表板及其他各种照明部分的光源，都可用超高亮度发光灯来担当，所以均在逐步采用 LED 显示。随着成本性能比的下降及发光效率的提升，最终 LED 将逐步实现从汽车内部、后部到前部的转移，最终占据整个汽车车灯市场。

一般来说，每台车都需要用到数百颗 LED。凭借着汽车的巨大产能，LED 车灯市场具有巨大的发展潜力。

1.6.4 背光源

LED 背光源以高效侧发光的背光源最为引人注目，LED 作为 LCD 背光源应用，具有寿命长、发光效率高、无干扰和性价比高等特点。1998 年，手机开始使用高亮度 LED 作为手机按键背光源（Keypad）；2002 年起手机开始大量采用蓝光 LED 作为手机面板背光源（side-view），使得高亮度 LED 背光源市场发展越来越好，已广泛应用于电子手表、手机、BP 机、电子计算器和刷卡机上。随着技术的不断发展，笔记本电脑、液晶显示屏、液晶电视等大尺寸 LCD 也逐步采用 LED 背光源。

近几年，大尺寸 LCD 背光逐步超越手机等小尺寸背光市场，成为 LED 的第一大应用市场。

1）手机用背光源

就手机应用来说，屏幕背光源使用 2～6 颗 LED，按键背光源使用 6～10 颗 LED。

2）LCD 大尺寸用背光源

LED 背光源有更好的色域，其色彩表现力强于 CCFL 背光源，可对显示色彩数量不足的液晶技术起到很好的弥补作用，色彩还原性好；LED 是一种平面状光源，最基本的发光单元是 3～5mm 边长的正方形封装，极容易组合在一起成为既定面积的面光源，具有很好的亮度均匀性，如果作为液晶电视的背光源，所需的辅助光学组件可以做得非常简单，屏幕亮度均匀性更为出色；LED 的使用寿命长，即使每天连续使用 10 个小时，也可以连续用上 27 年，大大延长了液晶电视的使用寿命；亮度调整范围大，无论在明亮的户外还是全黑的室内，用户都很容易把显示设备的亮度调整到最佳的状态；LED 背光可以灵活调整发光频率，而且频率大大高于 CCFL，因此能完美地呈现运动画面。

此外，LED 背光源具有安全、环保、抗震等诸多优点，在背光源领域逐渐显示出强大的应用前景。

1.6.5 半导体照明

根据现有 LED 产品的应用范围，可分为六类：

1）室外景观照明

主要有护栏灯、投射灯、LED 灯带、LED 异型灯、数码灯管、地埋灯、草坪灯、水底灯等。

景观照明市场主要以街道、广场等公共场所装饰照明为主。受到 2008 年北京奥运会、2010 年上海世博会和 2011 年广州亚运会的影响，全国各大城市加快了 LED 景观照明的步伐。

2）室内装饰照明

主要有壁灯、吊灯、嵌入式灯、射灯、墙角灯、平面发光板、格栅灯、日光灯、筒灯、变幻灯等。

室内装饰灯市场是 LED 的另一新兴市场。LED 可以实现几百种甚至上千种颜色的变化，在讲究个性化的时代，LED 颜色多样化有助于 LED 装饰灯市场的发展。LED 已经开始逐渐成为主流灯饰产品。

3）专用照明

主要有便携式照明（手电筒、头灯）、低照度灯（廊灯、门牌灯、庭用灯）、阅读灯、显微镜灯、投影灯、照相机闪光灯、台灯、路灯等。

4）安全照明

主要有矿灯、防爆灯、应急灯、安全指示灯等。

5）特种照明

主要有军用照明灯、医用无热辐射照明灯、治疗灯、杀菌灯、农作物及花卉专用照明灯、生物专用灯、与太阳能光伏电池结合的专用 LED 灯等。

6）普通照明

主要指办公室、商店、酒店、家庭用的普通照明灯等。

虽然 LED 照明目前尚未大范围进入该领域，但随着 LED 技术的不断进步和成本的不断下降，LED 进入普通照明领域的步伐正在加快，其潜在市场是最大的。

1.6.6 其他方面

LED 因其造型新颖、色彩丰富、不易破碎，以及低压使用的安全性等特点，越来越广泛的应用在人们的日常生活用品中。如一种受到儿童欢迎的闪光鞋，走路时内置的 LED 会闪烁发光；利用 LED 作为电动牙刷的电量指示灯；还有 LED 蜡烛、LED 圣诞灯、LED 太阳花灯等。

1.7 LED 的产业链

1．产业链条

LED 的产业链条一般分为上游、中游、下游。

上游：制造 LED 的**原材料**，外延片的制备及**生产设备**制造。
中游：LED 芯片制造。
下游：LED 封装及产品应用。

上游主要是 LED 衬底芯片及衬底生产。单晶片为制造 LED 的基底，也称衬底，多采用蓝宝石、碳化硅、GaAs、GaP 为材料。外延片为在单晶上生长多层不同厚度的单晶薄膜，如 AlGaAs、AlGaInP、GaInN 等，用以实现不同颜色或波长的 LED。常见的外延方法有液相外延法（LPE）、气相外延法（VPE），以及金属有机化学汽相沉积（MOCVD）等，其中 VPE 和 LPE 技术都已相当成熟，可用来生长一般亮度 LED。而生长高亮度 LED 必须采用 MOCVD 方法。目前，全球 MOVCD 主要制造厂家为德国的 AIXTRON 公司和美国 VEECO 公司，前者占 60%～70%的国际市场份额，后者占据 30%～40%。

中游的产业化为 LED 芯片设计及制造生产。中游厂商根据 LED 的性能需求进行器件结构和工艺设计，通过外延片扩散、然后金属镀膜，再进行光刻、热处理、形成金属电极，接着将基板磨薄抛光后进行切割。

下游包括 LED 芯片的封装测试和应用。

其中，上游和中游技术含量较高，资本投入密度大，为国际竞争最激烈、经营风险最大领域。

在 LED 产业链中，LED 外延片与芯片约占行业 70%利润，LED 封装占 10%～20%，而 LED 应用也占 10%～20%。

2. LED 产业现状

LED 经过几十年的发展，从目前的技术发展现状看，日本和美国最具有技术实力，德国 Osram 公司在某些领域拥有世界领先技术。全球的 LED 市场份额如图 1-22 所示。

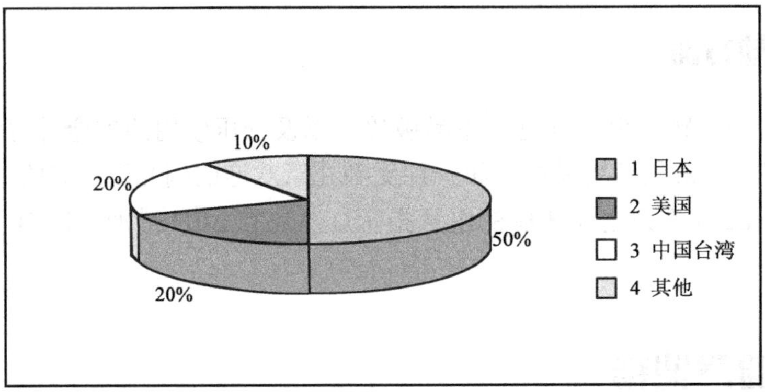

图 1-22　全球的 LED 市场份额

日本实力最强的 LED 生产企业有 Nichia、Toyoda Gosei，这些企业垄断高端蓝、绿光 LED 市场；美国实力最强的 LED 生产企业有 Cree Lighting、Lumileds、Gelcore，其 SiC 衬底生长的 GaN 外延片和芯片产量最大；德国主要生产厂商为 Osram，独有的芯片平面设计技术使它成为欧洲最大的高亮度 LED 厂商，市场销售以欧洲汽车业为主；中国台湾地区的主要生产厂商有光磊科技、亿光电子、国联光电等，其外延片及芯片产量全球第二。

知识小结

本章介绍了 LED 的基础知识，包括 LED 的发展历史，发光原理，性能指标，常见分类，常见用途，以及 LED 的产业链等。其中，重点在于 LED 的性能指标，常见分类与用途。通过这几个方面的讲解，我们可以初步的掌握 LED 产品的基本情况，并直观接触到 LED 产品。

在拥有了 LED 的基础知识之后，我们就可以能理解为什么 LED 要设计成小颗粒的样子；那么，它是怎么被做成一个个小颗粒的呢？这个过程，就是本书后面要重点讲解的。

思考题 1

1. 在 LED 的发展历史中，随着发光效率的增加，其用途越来越广泛。请试分析，LED 的发光效率和其他点光源相比，有什么优势？有什么劣势？

2. 在 LED 发光原理中，其发出的光子波长和其禁带宽度有关。请试分析，如果一颗 LED

发出的光是 620nm 的红光，那么，禁带宽度是多少？

3．在 LED 的光学参数中，涉及光谱，光效，光通量，光强，亮度，照度等，请试分析，这几个参数之间的联系与影响。

4．LED 光源的优点在于节能、环保等，请试分析，随着时间推移，社会发展，LED 的哪一些优点在未来会越来越突出。

5．在 LED 的分类中，我们介绍了几种分类方法，试分析这些分类的区别与联系。

6．在 LED 的应用中，请查找资料，试分析现在这些应用的普及情况及发展趋势。

7．在 LED 的产业链中，试分析上中下游行业的进入门槛及发展趋势。

第2章 LED的封装

知识分布网络

- LED封装知识
  - LED封装的原因
  - 封装材料的要求
  - 封装环境的要求
    - 封装工艺环境
    - 封装过程中的安全防护
  - Lamp-LED封装
  - Lamp-LED封装整体流程
    - 流程图
    - 手动封装流程演示图
    - 生产中所用表格示例

无论何种 LED 产品，都需要针对不同用途和结构类型设计出合理的封装形式。LED 只有经过封装才能成为终端产品，才能投入实际应用，因此，对 LED 而言，封装前的设计和封装过程的质量控制尤为重要。

进入 21 世纪后，LED 的高效化、超高亮度化、全色化不断发展创新，LED 芯片和封装不再沿袭传统的设计理念与制造生产模式，在增加芯片的光输出方面，研发不仅仅限于改变芯片材料内杂质数量，晶格缺陷和位错来提高内部效率；同时，如何改善管芯及封装内部结构，增强 LED 内部产生光子出射的概率，提高光效，解决散热，改进光学性能等更是产业界研发的方向。

2.1 LED 封装的作用与功能

LED 封装技术大都是在分立器件封装技术基础上发展与演变而来的，但还具有自身的特殊性。一般情况下，分立器件的管芯被密封在封装体内，封装的作用主要是保护管芯和完成电气互连。而 LED 封装则有完成输出电信号，保护管芯正常工作，输出可见光的功能；既有电参数，又有光参数的设计及技术要求，无法简单地将分立器件的封装用于 LED。

LED 的核心发光部分是由 P 型和 N 型半导体构成的 P-N 结管芯，当注入 PN 结的少数载流子与多数载流子复合时，就会发出可见光，紫外光或近红外光。但 P-N 结区发出的光子是非定向的，即向各个方向发射有相同的概率。因此，并不是管芯产生的所有光都可以释放出来，这主要取决于半导体材料质量、管芯结构及几何形状、封装内部结构与包封材料。

本文以常规ϕ5mm 型 LED 封装为例进行说明，其封装结构如图 2-1 所示。

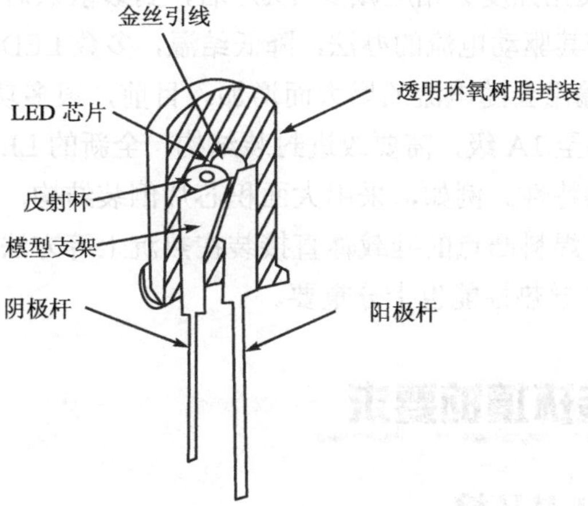

图 2-1 ϕ5mm 型 LED 封装结构

常规ϕ5mm 型 LED 封装是将边长 0.25mm 的正方形管芯黏结或烧结在引线架上，管芯的正极通过球形接触点与金丝，键合为内引线与一条引脚相连，负极通过反射杯和引线架的另一引脚相连，然后其顶部用环氧树脂包封。反射杯的作用是收集管芯侧面、界面发出的光，向期望的方向角内发射。顶部包封的环氧树脂做成一定形状，有这样几种作用：

（1）保护管芯等不受外界侵蚀；

（2）采用不同的形状和材料性质（掺或不掺散色剂），起透镜或漫射透镜功能，控制光的发散角；

（3）管芯折射率与空气折射率相关太大，致使管芯内部的全反射临界角很小，其有源层产生的光只有小部分被取出，大部分易在管芯内部经多次反射而被吸收，易发生全反射导致过多光损失，选用相应折射率的环氧树脂作过渡，提高管芯的光出射效率。

LED 封装的功能主要包括：机械保护，以提高可靠性；加强散热，以降低芯片结温，提高 LED 性能；光学控制，提高出光效率，优化光束分布；供电管理，包括交流/直流转变，以及电源控制。

2.2 对 LED 封装材料的要求

用作构成管壳的环氧树脂须具有耐湿性、绝缘性、机械强度，对管芯发出光的折射率和透射率高。选择不同折射率的封装材料，封装几何形状对光子逸出效率的影响是不同的，发光强度的角分布也与管芯结构、光输出方式、封装透镜所用材质和形状有关。若采用尖形树脂透镜，可使光集中到 LED 的轴线方向，相应的视角较小；如果顶部的树脂透镜为圆形或平面型，其相应视角将增大。

一般情况下，LED 的发光波长随温度变化为 0.2～0.3nm/℃，光谱宽度随之增加，影响颜色鲜艳度。另外，当正向电流流经 P-N 结，发热性损耗使结区产生温升，在室温附近，温度每升高 1℃，LED 的发光强度会相应减少 1%左右，封装散热时保持色纯度与发光强度非常重要，以往多采用减少其驱动电流的办法，降低结温，多数 LED 的驱动电流限制在 20mA 左右。但是，LED 的光输出会随电流的增大而增加。目前，很多功率型 LED 的驱动电流可以达到 70mA、100mA 甚至 1A 级，需要改进封装结构，全新的 LED 封装设计理念和低热阻封装结构及技术，改善热特性。例如，采用大面积芯片倒装结构，选用导热性能好的银胶，增大金属支架的表面积，焊料凸点的硅载体直接装在热沉上等方法。此外，在应用设计中，PCB 线路板等的热设计、导热性能也十分重要。

2.3 对 LED 封装环境的要求

2.3.1 LED 封装工艺环境

LED 核心芯片的尺寸通常只有几十微米，因此，LED 的封装对工艺环境有着严格的要求，在整个工艺流程中对灰尘含量、温湿度、静电等方面都有着严格的指标。在整个封装流程中，前道和中道工序的镜检、扩晶、点胶、装架、引线焊接、封装等工艺，除了对净化、温湿度、静电等都有相应的技术要求外，对技术要求相对不是特别高的后序检测工艺、装箱等环节对工艺环境也有较高要求。本节将就 LED 的封装工艺环境要求进行简述，整个封装工艺流程都要严格执行这些要求。

1．净化要求

制作 LED 的生产环境中的灰尘一旦进入到器件中，可能会遮挡芯片发光面，降低工艺可靠性，造成潜在电路危害，这将直接或间接影响到封装产品的质量。除了测试、包装外，其他工艺的生产操作一般在十万级到万级的净化车间中进行，在净化车间中不仅要对灰尘数量进行控制，同时还要规划静电防护，并且事先需要设计好厂房的气流、人流、物流方案，避免在运用中出现废料气排放困难、物流人流影响生产环境、不容易进行目视化管理等问题。在对净化有特别要求的生产工艺环节，也可以进行局部净化设计，以提高或降低个别区域灰尘防护等级。

在使用净化车间时，要避免操作人员在车间内随意走动而产生灰尘，增大动态灰尘浓度。净化车间在使用过程汇总要注意保洁，使用一定时间后要及时进行换风口的清洁，以保持正常的净化等级。

净化车间的使用除了在灰尘的数量控制方面有着不可替代的作用外，净化车间的防静电底板和墙壁，对静电的防护也起着重要的作用。同时，操作人员在工艺操作过程中也要严格遵守 5S 企业管理规范，整洁的工作环境也将减少人员的走动和材料的取用，减少灰尘和静电的产生。

2．温湿度要求

空气中所含水分的多少也会影响封装器件的质量，过少的水分不仅会引起灰尘含量的增加，也会增加静电产生和累积的可能性；过多的水分则会对封装器件中的点连接造成潜在的危害。同时，过高和过低的温度也会造成器件可靠性的降低。因此，封装环境中的温度和湿度都要控制在一定的范围内，温度为 17℃～27℃，即室温范围；而相对湿度一般为 30%～75%。

湿度变化和干燥的环境不利于静电的消散，所以环境温湿度需要稳定，温度最好在 23 ℃左右，相对湿度最好不要低于 40%。个别区域可在小范围内提高要求。

3．防静电要求

LED 是在弱电环境下工作的器件，静电对于利用 P-N 结原理工作的 LED 来说是致命的。

在材料取用、生产过程中、封装运输过程中，无论哪个环节产生的过高静电压，要么直接击穿 PN 结，对 LED 直接造成破坏性的损伤；要么间接对器件造成潜在的电路危害，以致 LED 在后期使用过程中出现各种可靠性问题。所以 LED 的生产环境中要有严格的防静电措施，包括尽量在净化车间内进行工艺操作；在普通车间工艺操作时，也要保证车间内的地板、墙壁、桌、椅等都有防静电功能；并要配备防静电手套、防静电鞋、防静电手环等。

为了尽量降低静电效应给 LED 带来的破坏和影响，生产 LED 的净化车间对地面、墙壁、工作台、风口、人和服装等也都有严格的防静电或导电要求，本文不详细列举具体要求，各部分要求的静电电位一般在 kV 量级或以上。

2.3.2 LED 封装过程中的安全防护

1. LED 封装安全性的认识

LED 在生产、测试、存储、运输及装配过程中，仪器设备、材料和操作人员都很容易因摩擦而产生几千伏的静电电压。当 LED 与这些带电体接触时，带电体就会通过 LED 放电，由于半导体材料的电阻率较高，该类芯片在生产过程中因静电产生的感生电荷不易消失，累积到相当的程度后，就可以产生很高的静电电压。这个电压会产生一个强电场击穿 LED 内部的一些绝缘体或 PIN 结而产生放电现象。LED 通常能承受的最大静电破坏电压也不过几百到几千伏，瞬间电流足以造成 LED 的热破坏，进而导致 LED 的实效。如图 2-2 所示为由于静电释放造成的 LED 内部芯片的损伤。通常来讲，器件尺寸越小，所能承受的静电电压就越小，静电对其威胁也越大。

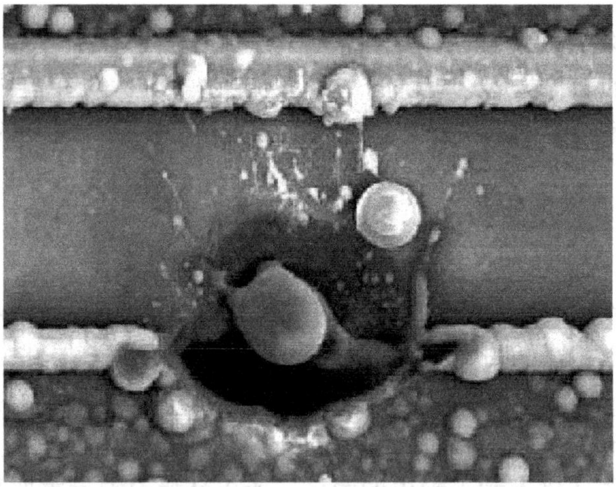

图 2-2　静电释放造成的 LED 内部芯片的损伤

事实上，人体静电放电往往是引起 LED 静电损伤的主要原因之一。在工艺过程中，操作人员的活动范围大、活动频繁，与材料和器件的接触多，操作过程中如果不严格按照静电防护要求进行静电防护，所累积的静电不及时导出，也将给 LED 造成巨大的损害。表 2-1 列出了活动人体身上的典型电压。由表 2-1 可以看出，在相对湿度比较低的工艺流程中，进行必要的静电防护、严格控制活动人体电压对器件的损伤是极其重要的。但是人体静电容易被人们忽视，过多的静电防护措施也容易让人忽略。在整个 LED 封装过程中，所有进行工艺操作的人员一定要时刻将静电防护的理念牢记在心。

表 2-1 活动人体身上的典型静电电压

人 体 活 动	电压（kV）	
	相对温度 20%	相对温度 80%
在人造地毯上走动	35	1.5
在聚乙烯地板上走动	12	0.25
在工作台上工作	6	0.1
坐在人造革椅上	18	1.5
拾起乙烯袋	20	1.2

2. LED 封装防静电规程

在 LED 封装过程中，难免会产生静电。产生了静电后，只要及时导出，对 LED 的损害还是可以降到最小的，所以封装的静电防护工作可以从两个方面进行分析。

（1）设法不使静电产生，对已产生的静电，应尽量限制，使其达不到危险的程度。

（2）使产生的电荷尽快泄漏或中和，从而消除电荷的大量积聚。

LED 的封装对静电的防护要求很高。为防止静电的产生，在生产过程中对生产、使用场所，包括人体、工作台、地面、空间、生产设备及产品运输等方面要实施全方位的防静电措施，如安装连接独立的防静电地线，铺设防静电地板，人员穿戴防静电服装、手套、手环、鞋帽，用防静电容器和工具存放和运输产品，产品用防静电材料包装等。同时生产过程中要合理使用相关的静电检测仪器及时进行静电检测和监控，发现静电超标的情况要及时使用静电消除设备进行静电消除，对于容易产生静电的工艺流程也应该随时使用离子风机等设备进行静电消除，以免静电累积。

1）LED 封装中常用的防静电技术指标要求

表 2-2 列出了几个常用物品的防静电指标，供大家了解封装过程中对静电防护的必要性。

表 2-2 LED 封装中常用物品的防静电技术指标

防静电指标 / 防静电项目	表面电阻（Ω）	摩擦电压（V）	对地系统电阻（Ω）
防静电工作服、帽、手套	$10^5 \sim 10^9$	<300	—
防静电鞋	$10^5 \sim 10^9$	<100	—
防静电地面或地垫	$10^5 \sim 10^9$	<100	—
防静电工作台垫	$10^5 \sim 10^9$	<100	$10^5 \sim 10^9$
佩带防静电腕带时	—	—	$10^5 \sim 10^8$
料盒、周转箱、PCB 架等物流传递器具	$10^3 \sim 10^9$	<100	—
包装袋、盒	—	<100	—
人体	—	—	$10^5 \sim 10^9$

2）静电测量、测试、消除仪器

在 LED 封装过程中，要对产生的静电进行必要的防控、检测及消除。

对静电的防控是通过静电测试及测试仪器完成的，包括静电测试仪、手腕带测试仪、表面电阻测试仪等，一旦发现静电指数超标，应该及时进行静电消除，以防静电对 LED 产生危害。消除静电通常使用离子风机、离子风枪等工具。这些工具利用离子中和的原理，可以尽快将空气中的静电离子中和掉，避免这些静电在 LED 表面累积。

表 2-3 简单介绍了一些常用的静电测量、测试及消除设备和用途。

表 2-3　常用的静电测量、测试、消除设备和用途

仪器名称	图　片	作　用
静电测试仪		用于测量带电物体的静电电压，例如，导体、绝缘体、人体等的静电电位，还可以测量液面电位和检测防静电产品性能
静电手腕带测试仪		测量手腕带是否有效
手腕带在线检测仪	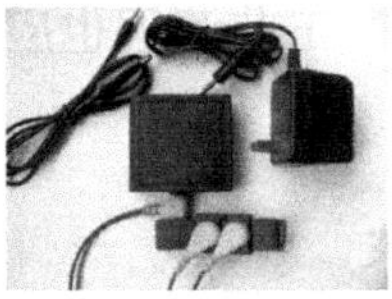	用于随时检测手腕带是否损坏和带好
人体综合测试仪	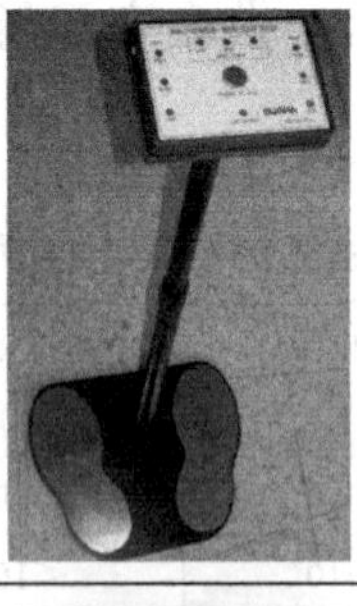	用于测量手腕带、防静电鞋是否有效，还可以测量人体的综合电阻
表面电阻测试仪		用于测量所有导电型、抗静电型及静电泄放型产品表面的阻抗或电阻

续表

仪器名称	图片	作用
离子风机		用强离子风吹除物体表面的静电和灰尘、异物
离子风枪	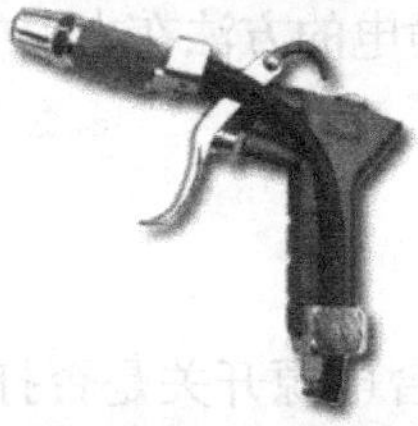	用强离子风吹除物体表面的静电和灰尘、异物
防静电手环		配戴于人体手腕上，泄放人体聚积静电电荷
人体静电消除球		通过触摸消除人体静电

3）防静电措施

静电击穿器件使其失效是在不知不觉中发生的，被静电损坏的器件一般不能用筛选方法排除，所以只有做好预防措施，建立一套防静电生产工艺和测试流程规范。这对提高产品质量和成品率是十分关键的。所以要制定严格的防静电管理制度，并要有专人定期检测、维护防静电设施的有效性。

在进行工艺操作前要进行静电检测。使用静电手腕带测试仪测试身体所带静电是否超标。使用表面静电测试仪测试衣物表面所带静电是否超标。

不仅在工艺操作之前要进行静电检测，在整个生产过程中都要按照以下措施进行静电监控。

1）操作人员的防静电措施

操作人员在操作过程中，应该严格按照防静电操作规程，除自身做好静电防护配备外，还要注意在接触器件前戴上防静电手套。必须用手接触 LED 的器件时，应接触管壳而避免接触器件的引出端。要接触 LED 前，应将身体或手接地一下，把静电释放干净。同时，操作者应该避免在工作时过多地活动，穿脱衣服、鞋帽，避免挠头、搓手等活动也易产生静电。

2）包装、运送和存放过程中的防静电措施

处于生产流程中的器件尽量不要相互接触，取出备用的器件后不要堆叠在一起。封装后的产品也要尽量使用电导率的包装袋来包装运输，防止摩擦、接触，防止接触绝缘体和不良导体，器件应该在等电位体间传递，拆除包装要在防静电的环境下进行。

总之，在 LED 封装的各个环节中要尽量减小接触 LED 的人数和物品，限制人员不必要的活动。在工作区域也要使用离子风机等静电消除工具，防止静电积累。

除了以上这些在生产过程中的防静电规程外，现在也有从芯片阶段进行静电防护的设计，在制作芯片阶段也加入静电保护结构，如在芯片衬底上附带起静电保护作用的齐纳二极管等，从前期尽量减小静电对芯片的损害，这种防静电的方法在本书中不做详述。

3. LED 封装中操作人员规程

1）常规安全方面

在进行所有的技能训练前，都要检查机台电源开关是否打开，仪器、设备的插头是否插到位；自己不能操作的要报请相关的人员维修。

技能训练后检查门窗是否按要求关闭，各种用电设施、闸刀是否按要求关闭。发现安全隐患及时排除或上报相关的管理人员，并作书面记录。

2）设备操作方面

设备在使用前要进行检查，看设备是否正常使用，如不能使用要及时报修，有问题的设备严禁使用。只有在确保了设备运行正常的情况下才能进行技能训练的相关操作。

实际操作过程中，操作人员操作时肢体不能靠近机台机械转动部分。不要接触设备的加热区，以免烫伤。在使用烘箱时要用专用的手套。要密切注意操作设备的异常，一旦设备出现异常情况及时报请相关人员维修正常后再进行实训。

设备使用后要进行清洁和复位工作，为下次设备使用做好准备。

3）材料接触方面

在封装工艺中使用材料时要提前看清成分，在操作过程中也尽量减少与使用材料的直接接触，无论是沾在器件上还是沾到操作人员皮肤上都要及时处理，先用无尘布擦拭干净，如在工艺操作过程中不慎在皮肤上沾到黏结胶或是封装胶水，请及时先用无尘布擦拭干净，再用酒精清洗，后用大量的清水冲洗。

4）工作环境保洁问题

在操作过程中要严格遵守 5S（整理、整顿、清扫、清洁、素养）企业管理规范，随时保持工作环境的整洁。在工艺操作中，材料、设备、操作台上不小心粘到的粘接胶等脏物要及时用无尘布清洁，焊接所使用的金属残线、切脚后所产生的残渣也要及时处理，以免对产品和设备造成损害。

2.4 Lamp-LED 封装

Lamp-LED 早期出现的是直插 LED，它的封装采用灌封的形式。灌封的过程是先在 LED 成型模腔内注入液态环氧树脂，然后插入压焊好的 LED 支架，放入烘箱中让环氧树脂固化后，将 LED 从模腔中脱离出即成型。由于制造工艺相对简单、成本低，有着较高的市场占有率。图 2-3 所示为几种常见的直插式 Lamp LED 封装外形。

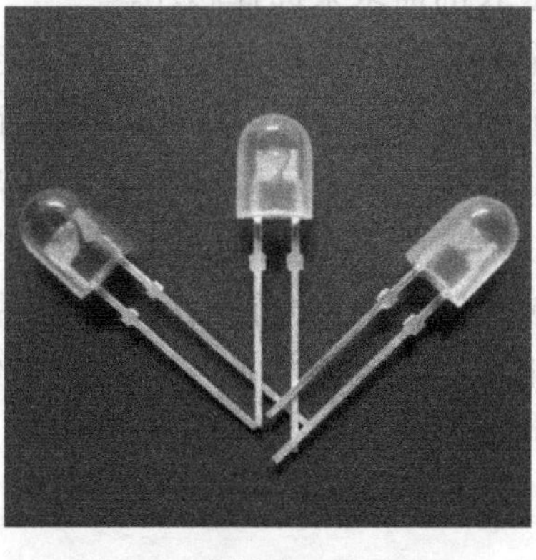

图 2-3　直插式 Lamp LED

引脚封装最突出的特点就是可弯曲成所需形状，体积小；金属底座塑料反射罩式封装是一种节能指示灯，适用于电源指示灯；闪烁式将 CMOS 振荡电路芯片与 LED 管芯组合封装，可自行产生较强视觉冲击的闪烁光；双色和三色型由两种和三种不同发光颜色的管芯组成，封装在同一环氧树脂透镜中，对于双色管，除双色外还可获得第三种混合色，而对于三色管，除三色外还可获得这三种的混合色，在大屏幕显示系统中的应用极为广泛，并可封装组成双色和三色显示器件；电压型将恒流源芯片与 LED 管芯组合封装，可直接代替 5～24V 的各种电压指示灯。

本文主要对直插式 Lamp LED 封装进行详细的讲解。图 2-4 所示为直插式 Lamp LED 的封装结构。

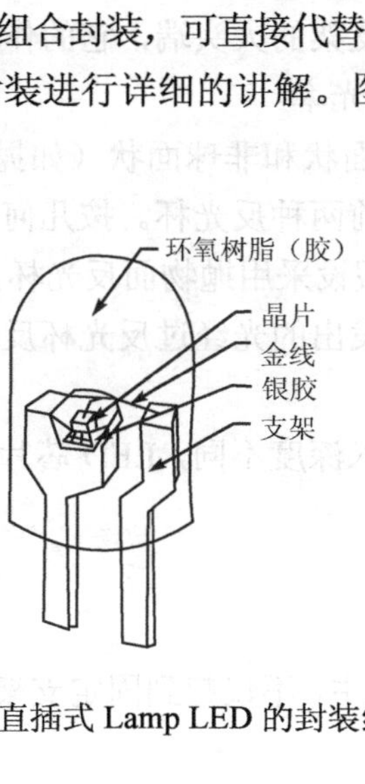

图 2-4　直插式 Lamp LED 的封装结构

1．支架

支架是承载芯片和对外进行电的互连器件。支架由铜材和铁材制成，铜材要比铁材导热快，功率稍大或者使用要求较高的 LED 一般都用铜支架。热量的快速传出，可以降低芯片温度，于是采用铜材支架比铁材的光衰时间大约长两倍，故铜支架的 LED 寿命长。

2．芯片

芯片的主要区别在于半导体材料禁带宽度及掺杂浓度等，这些将影响 LED 的发光颜色等参数。在封装时要根据用户对波长的需求来选择芯片。

芯片用导电银胶固结在支架大头的反光杯下端，一般规定 P 型材料端与支架反光杯固定（固晶），N 型材料端通过金线或铝线与支架另一端通过焊接而实现电气连接（即金线的一端与芯片的上端焊接，另一端与小头支架焊接）。由此可知，支架大头端的引脚为 LED 的负极；另一引脚则为 LED 的正极。个别生产厂家也有与此相反的固晶方式。需要注意的是，在固晶时，芯片中心一定要位于环氧树脂透镜的主光轴上，并且芯片法线方向要平行于环氧树脂透镜的主光轴。若芯片在固晶时出现倾斜现象，就会导致出光效率低，导致同一批产品的光参数不一致。

3．金线和铝线

金线和铝线都可以作为芯片与支架的电气连接线。因为金线比铝线电阻率小，所以在要求质量比较高的 LED 中一般采用金线焊接。个别场合需要功率较大的引脚式封装 LED，对于较大功率的 LED，焊线时往往采用线径较粗的金线或铝线，或者采用双线焊接，这样可以通过较大的工作电流，同时也提高了引线的抗冲击能力。

4．反光杯

制作反光杯时，都是制作在支架的大头端，它的作用就是把芯片发出的光能通过反光杯的反射最大限度地提高 LED 的出光率。

反光杯的形状有圆锥状、球面状和非球面状（如抛物面状）。因为非球面形状加工难度大，所以制造厂商大都设计生产前两种反光杯。按几何光学原理，芯片放在反光杯的合适位置才能最大限度地提高出光率。假设采用抛物面反光杯，芯片尺寸又很小时，可视为点光源，将芯片放在抛物面交点处，芯片发出的光经过反光杯反射可以成为平行于抛物面主轴的平行光束。

根据支架在环氧树脂中的插入深度不同，LED 芯片发出的光经环氧树脂透镜后，可得到不同发散角的光束。

5．环氧树脂或硅胶透镜

环氧树脂和硅胶在 LED 封装中，不仅起到固定支架和芯片的作用，同时还可以通过控制它的形状而实现一次配光的作用。

用于构成 LED 管壳的环氧树脂须具有良好的耐湿性、绝缘性，以及较高的机械强度，对管芯发出光的折射率和透射率高。选择不同折射率的封装材料、封装几何形状，对光子取出效率的影响是不同的。若顶部的树脂透镜曲率半径小可使光集中到 LED 的轴线方向，相应的视角较小；如果顶部的树脂透镜曲率半径大或平面型，其相应视角将增大。

环氧树脂透镜对芯片属于成虚像的光学系统，它的作用就是控制出射光束的发散角度和光场分布。环氧树脂封装形式各异，成形的形状也不同，有尖形透镜、圆顶形透镜、平面形透镜、喇叭口形透镜等。对于平面形透镜 LED 一般用于指示灯，而圆顶形透镜的 LED 不仅用于指示灯，还可以用于半导体照明光源；喇叭口形透镜一般用于特殊场合，发出的光也呈现喇叭口光束。

2.5 Lamp-LED 封装整体流程

2.5.1 直插式 LED 封装流程图

图 2-5 是直插式 LED 封装的整体流程图，包括点胶、扩晶、固晶、焊线、配胶/灌胶、烘烤、切脚、检测、分选、包装等工序。

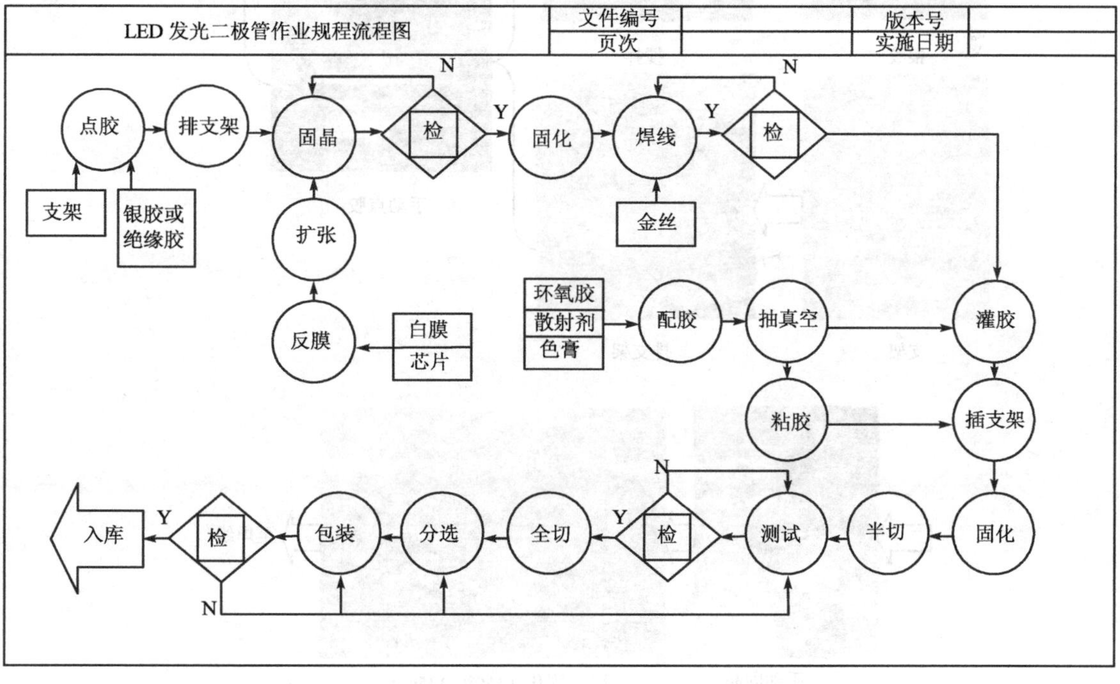

图 2-5 直插式 LED 封装流程图

2.5.2 手动封装流程演示图

因为手动封装是企业封装技术人员必备的基本技能，封装人员在掌握了手工封装技能的前提下，才能够在自动和半自动封装过程中更好地控制产品质量。

图 2-6～图 2-10 给出了直插式 Lamp LED 手动封装的各个环节图，包括固晶环节、焊线环节、灌胶环节、切脚和初检环节及分选、包装环节的框图。

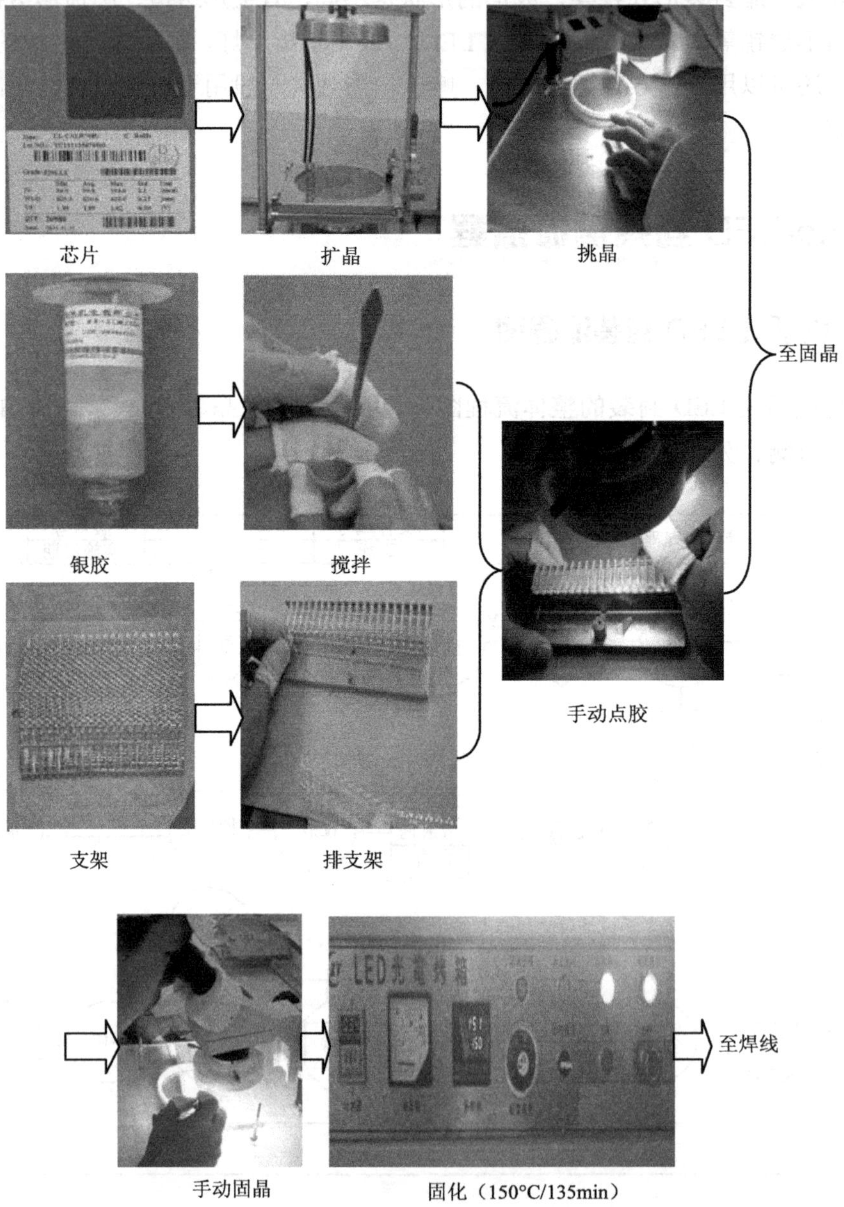

图 2-6　固晶环节

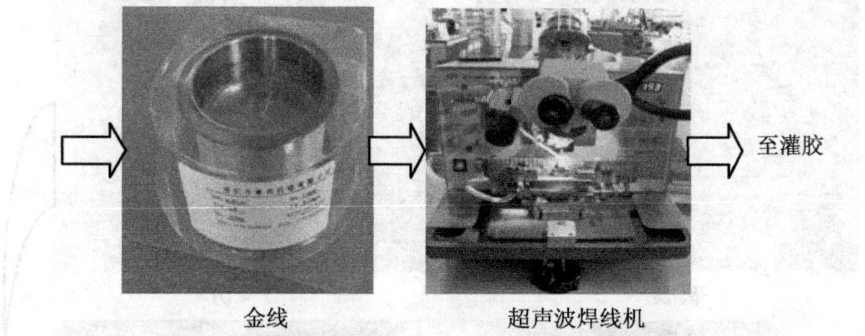

图 2-7　焊线环节

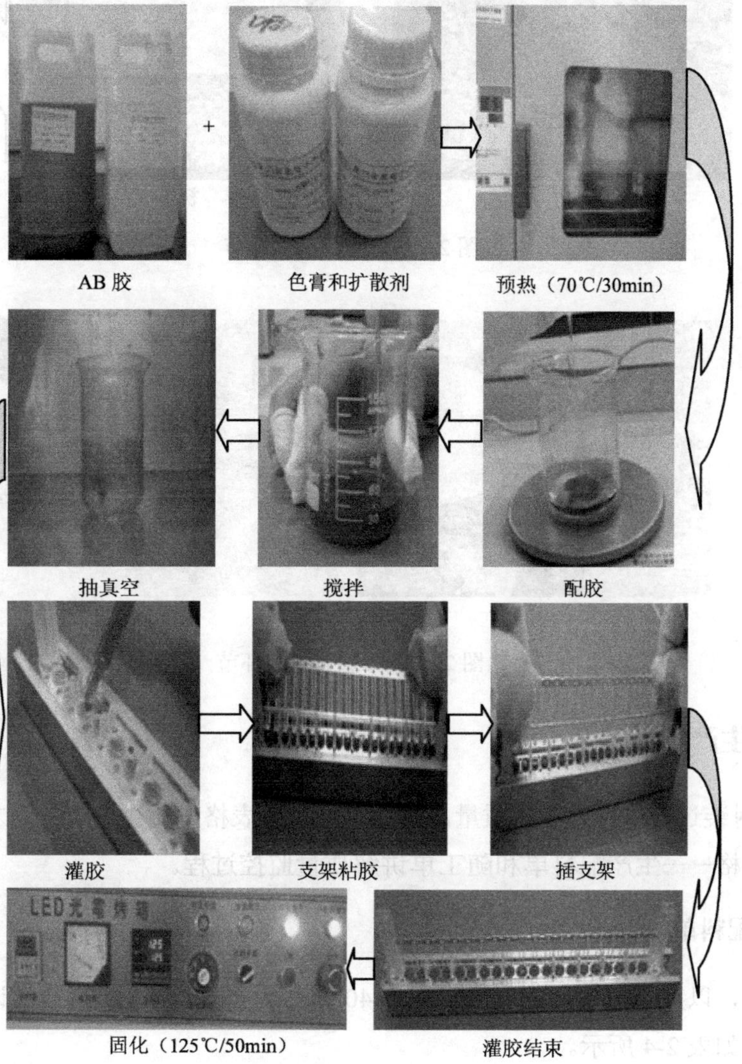

图 2-8　配胶、灌胶环节

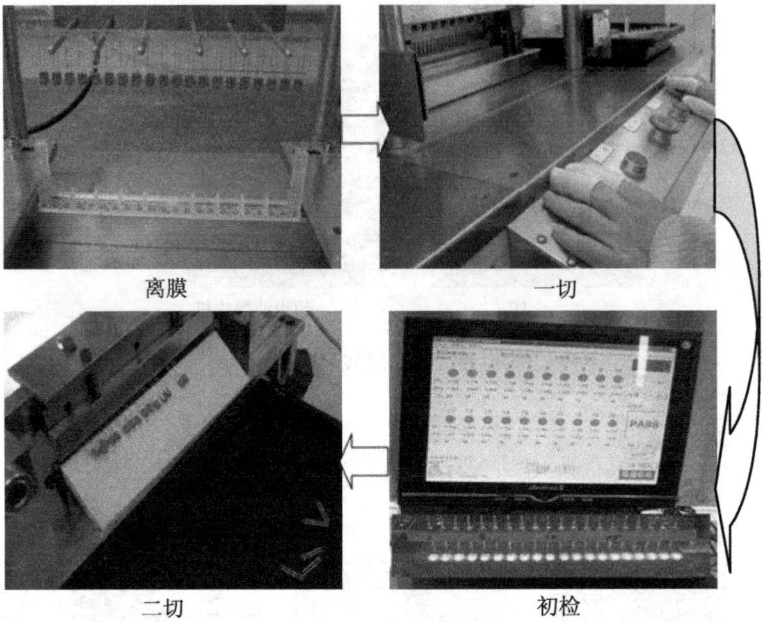

图 2-9　切脚和初检环节

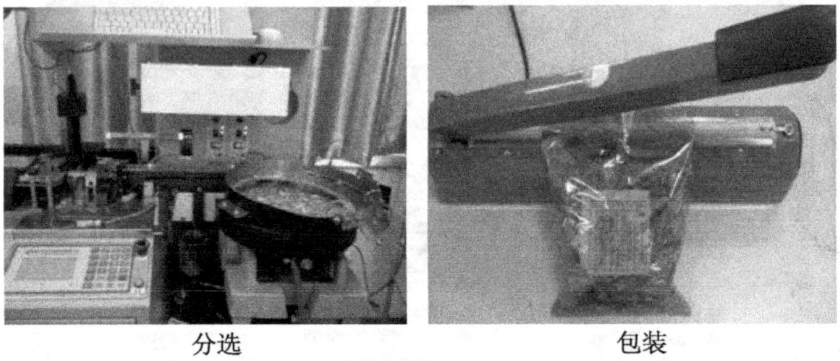

图 2-10　分选、包装环节

2.5.3　生产中的质量监控

在 LED 封装过程中，为保证质量，需要用到多种表格进行生产管控。本书中，仅通过最主要的两个表格——生产配料单和随工单讲解质量监控过程。

1. 生产配料单

在本书中，以某公司生产的 9554SR-85/40 型号为例进行 LED 封装的讲解，该型号产品的生产配料单如表 2-4 所示。

表 2-4 生产配料单示例

福州**电子有限公司生产配料/执行单						
执行单号	物料编码	产品型号	订单数量	投 产 量	交货日期	投产日期
2012003	L050071A	9554SR-85/40	10000	10500		

主要材料	材料名称	材料型号及规格	工艺定额	实际领料数量	备 注
	芯片	CL-CALR708U	10500	10500	
	支架	2003 杯	10500	10500	
	模条	GR546	200	200	

主要工艺要求：

前道	◆ 芯片参数：VF（V）：1.99～2.02 IV（mcd）：94～104 λp/λd（nm）：620～623 ◆ 极性方向要求：■ 正极朝小头 ◆ 芯片极性图：■ 单铝垫一正
灌胶	◆ 配方：100 ：100 ：0.6 ：3（稀释）（HC-802A 胶：HC-802B 胶：扩散剂：颜料） ◆ 模粒：型号：GR546 挡位：3.0 挡 ◆ 插管方向： ◆ 灌胶控制重点：插偏浅，气杂 ◆ 其他：用机台脱模
一切	◆ 限位：■ 有 ◆ 两脚：切大头-短 ◆ 一切模具编号：短脚有限位 ◆ 其他：/
测试	◆ 电压：□ 下限 1.9 V □ 上限 2.1 V ◆ 电流：□ 20 mA ◆ I.R. ≤：1 μA （反向电压条件值 VR：8 V）
分选	◆ 电压：1.9-2.1 V ◆ 波长（□ λp/□ λd）：618～624 nm ◆ 亮度：400～600 mcd ◆ I.R. ≤：1 μA （反向电压条件值 VR：8 V）
包装	◆ 包装袋：■ 普通 ■ 加干燥剂 ◆ 每包数量：■2000 只/包 □其他______ ◆ 合格证填写：■ 光电参数 ◆ 其他______

投料数	A 品	B 品						C 品	成品率

批准：______ 审核：______ 填写：______

本加工单生产总结后回收

在这张加工配料单中，各个参数解释如下：

1）主要材料

包含芯片，支架，模粒。

工艺定额是按照试生产所得到的情况，算出一个标准的成品率（包含各个工序的调试及正常生产的合格率），再按照这个成品率，计算出生产订单产品数量所需的原料数。实际领料数量是指实际从仓库中领取的数量（一般来说，芯片是数千个一张，支架是 50 条（1000 个）成包的，不方便拆分，所以领料时一般会多领）。如本例中，生产要求为 10000 个，考虑到成品率等因素，实际领料为 10500。

2）前道

前道包含固晶，焊线两个环节。一般给出芯片的参数、极性等。

芯片的参数包含波长、电压、亮度等常见参数，用来区分不同型号的芯片。进行生产之前，应先对照配料单，以确定所用芯片即为配料单所订芯片。

芯片的极性，说明芯片的正负极是如何分布的。此处，隐含几点说明。

（1）正负极都在一面的芯片，固晶要用绝缘胶；正负极分置两面的芯片，固晶用银胶。

（2）正负极在一面的芯片，焊线时要区分焊线的方向。如表中所示，“正极朝小头”，即为 P 极朝小头（区分碗杯所在的支架头为大头）。所以在固晶时，要保证芯片的朝向正确；焊线时，要保证芯片的 P 极和小头进行焊接，N 极和碗杯所在头进行焊接。

（3）拆包时大头底部第三粒划线，是为了区分不同产品用的支架及支架的朝向。

3）灌胶

包含配方、模粒、插管方向及控制重点。

配方是指灌胶时所用各种胶的比例。一般为环氧树脂胶和扩散剂、颜料的比例。

模粒为灌胶时所采用的模粒，它决定了 LED 的产品外观。

插管方向为向插支架时，支架的方向（大头朝缺口，即为支架有碗杯的一头，朝向模粒有缺口的一头）。控制重点即为常犯的错误，也就是尽量避免的（插偏浅为插支架时，没有插到位；气杂为灌胶时有气泡和杂质）。

4）一切

一切包含限位、两脚、模具编号等。

限位指支架切好后，LED 灯的脚上有没有限位（若没有 LED 灯的脚上为两条均匀长条；若有，LED 的脚上会有两个耳朵）。两脚指半切时，切断哪一个引脚（切大头指切断碗杯所在的那根引脚），以便于检测。模具编号是指符合半切要求的那一个模具的编号。

5）测试

测试包含电压，电流等

电压是指 LED 正常工作时，加载的电压（上下限内的电压都是合格的）。电流是指 LED 正常工作时，所流过的电流（一般数值变化不大）。反电流 I_R 是指所允许存在的最大反电流值。

6）分选

分选包含电压、波长、亮度等测试条件。目的是将性能接近的产品选出来。

电压指 LED 正常工作时，其上的电压分选的条件为 0.2V 挡，就是说电压值相差 0.2V 的，我们认为都是性能接近的，可以归为一类。波长指 LED 正常工作时，所发出的光的波长，分选的条件为 4nm 挡，就是说发光的波长，差距在 4nm 内的，我们都认为是光色指标接近的，可以归为一类。亮度是指 LED 的发光亮度，一般为了保持发光的均匀性，只设定一个合格范围值。I_R 即为反电流。

7）包装

包装包含包装袋、数量、合格证等。

包装袋按产品要求，选择合适的袋子（一般为防静电袋，加干燥剂）。数量指每一包产品的数量。合格证是指需要填写的数据。

8）成品率

成品率包含投料数、A 品、B 品、C 品。

投料数，就是一共领取的原料数（包含支架、芯片）。A 品为合格品，B 品为可以使用的不合格产品（可以点亮，但是不符合这次的产品要求），C 品为废弃的产品。一般，会将 B 品中哪一项不合格（电压，波长等）列出来，以便于分析原料及生产中可能出现的问题。

2. 随工单

在生产过程中，所用到的随工单分别如表 2-5 和表 2-6 所示。

随工单是 LED 生产中质量管控的重要表格，它标明了 LED 的封装流程顺序、每道工序的责任人及生产质量情况。管理人员可以通过该表格实时管控生产的效率及质量。

在实际生产中，随工单分为前道和后道。前道包括固晶、固化、焊线；后道包括灌胶、短烤、长烤、一切、二切、分选和包装。

表 2-5 LED 生产随工单（前道）

执行单号：

产品型号				晶粒型号	
大园片	批号				支架型号
	参数		晶粒数		
日期	工作站	工号姓名	投料数（个）	合格数（个）	不合格品分类
	固晶				
	QC1				
	固化				
	焊线				
	QC2				
备注	固晶开始时间：				

版本 1.0　　　　SC-B-001-01

表 2-6 LED 生产随工单（前道）

执行单号：

产品型号				烘烤箱号	
烘烤条件	日期	短烤—烘烤箱 温度/进出时间		调整 温度/时间	长烤烘烤箱 温度/进出时间
日期	工作站	工号姓名	投料数（个）	合格数（个）	不合格品分类
	灌胶				
	QC1				
	短烤				
	QC2				
	长烤				
	QC3				
	一切				
	二切				
	分选				
	包装				
备注					

版本 1.0　　SC-B-001-02

注：QC：质量检测。

知识小结

本章主要介绍了 LED 封装的基础知识，包括 LED 封装的作用、LED 封装材料的要求及 LED 封装环境的要求；重点讲解了 Lamp LED 的封装流程，给出了 Lamp LED 手动封装的演示流程图，最后通过生产配料单与随工单把这些流程联系起来。

在后面的章节中，将分项目对这些流程环节进行讲解，并会依据一个生产实例，使用生产配料单和随工单把这些流程联系起来。

思考题 2

1．LED 封装的作用有哪些？

2．LED 封装材料的要求有什么？

3．LED 封装中为什么要特别注意静电防护？如何进行静电防护？

4．直插 LED 的封装结构是什么样的？

5．简述直插 LED 的封装流程。

第3章 LED 封装的固晶环节

知识分布网络

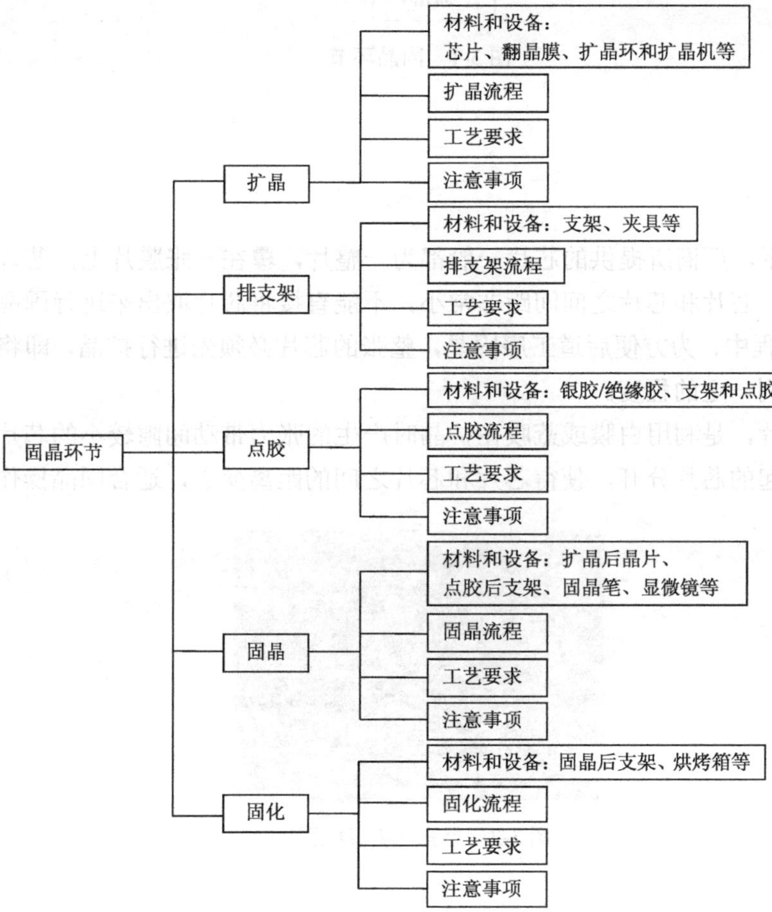

固晶就是固定芯片，是 Lamp LED 封装的第一步，即将 LED 发光芯片通过银胶或绝缘胶固定在 LED 支架的碗杯中。

在 Lamp LED 手动封装中，固晶环节包括扩晶、点胶、固晶及固化四道工序，具体流程如图 3-1 所示。

扩晶是利用扩晶机将芯片的间隔扩大，然后进行反膜及再扩张，以便于固晶。

排支架是将检验过的支架排好在夹具上，以便于点胶。

点胶是将银胶或绝缘胶点入支架的碗杯。

固晶是将芯片固放在已经点好胶的碗杯中，使芯片黏着在银胶或绝缘胶上。

固化就是烘烤，其目的是加速银胶或绝缘胶凝固，将芯片稳固在碗杯中，便于焊线。

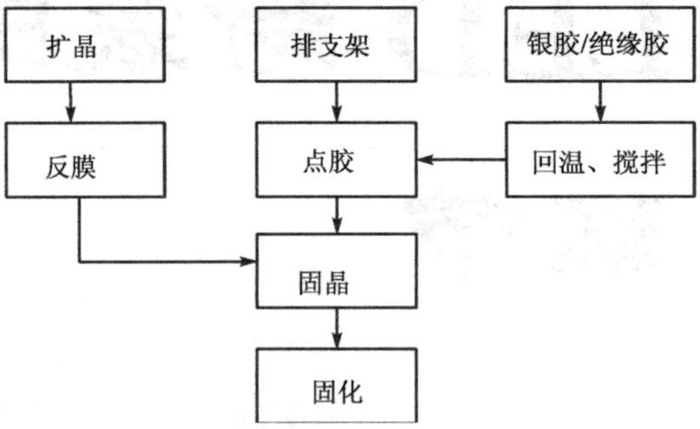

图 3-1　固晶环节

3.1　扩晶

如图 3-2 所示，厂商所提供的芯片一般都为一整片，覆在一张膜片上，芯片数量从几千个到一万个不等，芯片和芯片之间间距非常小，不能直接将芯片取出来进行固晶。因此，在 LED 封装工艺流程中，为方便后道工序固晶，整张的芯片必须先进行扩晶，即将芯片和芯片之间的距离扩大到一定的程度。

扩晶也称绷片，是利用白膜或蓝膜在扩晶时产生的张力带动间隙较小的芯片运动，将原本紧密排列在一起的芯片分开，使得芯片和芯片之间的距离变大，适合固晶操作。

图 3-2　整张的 LED 芯片

扩晶需要用到的材料为芯片、翻晶膜。

需要用到的工具设备为显微镜、扩晶机、扩晶环、挑晶笔、镊子、剪刀、手指套、防静电手环、离子吹风机。

其中，镊子用来夹取芯片，挑晶笔用来扶正芯片，剪刀用来剪翻晶膜，如图 3-3 所示。

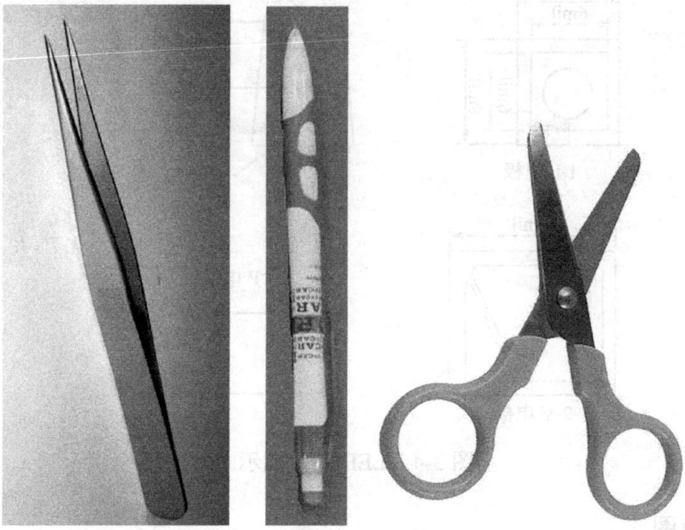

图 3-3　镊子、挑晶笔和剪刀

3.1.1　芯片的种类结构与简图

LED 芯片也称 LED 发光芯片，是 LED 灯的核心组件，它主要由砷（AS）、铝（AL）、镓（Ga）、铟（IN）、磷（P）、氮（N）、锶（Si）几种元素中的若干种组成。其主要功能：把电能转化为光能。

芯片的本质即为一个 PN 结。一部分是 P 型半导体，其是空穴占主导地位；另一端是 N 型半导体，占据主导地位的是电子。当这两种半导体连接起来的时候，它们之间就形成一个 P-N 结。当电流通过导线作用于这个芯片的时候，电子就会被推向结区；在结区里电子跟空穴复合，然后就会以光子的形式发出能量，这就是 LED 发光的原理。而光的波长也就是光的颜色，是由形成 P-N 结的材料决定的。不同的材料有不同的禁带宽度，同种材料掺杂比例不同禁带宽带也不同，所发光的波长就不同。

1. 常见芯片的种类

根据用途，分为大功率 LED 芯片、小功率 LED 芯片两种；

根据颜色，主要分为三种：红色、绿色、蓝色（制作白光的原料）；

根据形状，一般分为方片、圆片两种；

根据大小，小功率的芯片一般分为 8mil、9mil、12mil、14mil 等。

2．芯片的结构

LED 芯片有单电极和双电极之分，如图 3-4 所示。

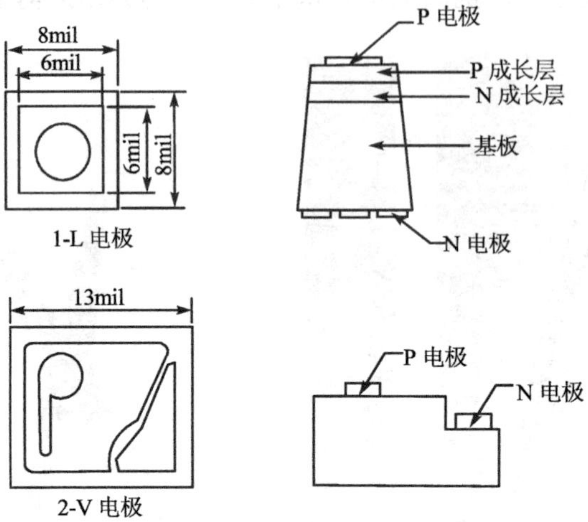

图 3-4　LED 芯片图示

3．常用芯片简图

常用的芯片简图有许多种，下面给出几种进行介绍。

（1）单电极芯片如图 3-5 所示。

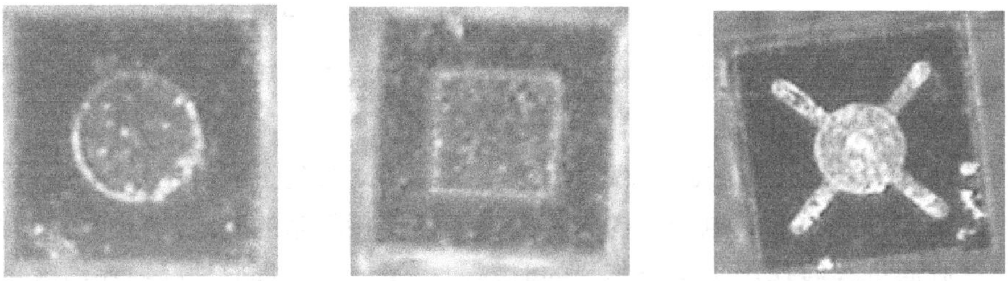

（a）圆电极　　（b）方电极　　（c）带角电极

图 3-5　单电极芯片

（2）双电极芯片如图 3-6 所示。

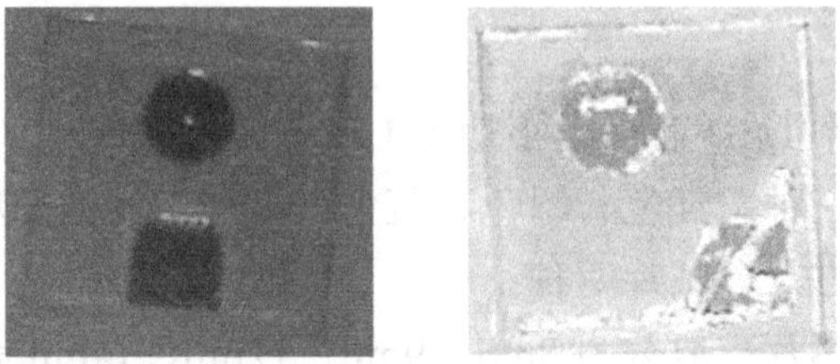

图 3-6　双电极芯片

3.1.2　芯片的衬底材料

一般 LED 芯片的衬底有三种材料：蓝宝石（Al_2O_3）、硅（Si）、碳化硅（SiC）。

1．蓝宝石（Al_2O_3）

通常，GaN 基材料和器件的外延层主要生长在蓝宝石衬底上。蓝宝石衬底有许多的优点：首先，蓝宝石衬底的生产技术成熟、器件质量较好；其次，蓝宝石的稳定性很好，能够运用在高温生长过程中；最后，蓝宝石的机械强度高，易于处理和清洗。因此，大多数工艺一般都以蓝宝石作为衬底。图 3-7（a）为使用蓝宝石衬底做成的 LED 芯片。

使用蓝宝石作为衬底也存在一些问题，如晶格失配和热应力失配，这会在外延层中产生大量缺陷，同时给后续的器件加工工艺造成困难。蓝宝石是一种绝缘体，常温下的电阻率大于 1011Ω·cm，在这种情况下无法制作垂直结构的器件；通常只在外延层上表面制作 N 型和 P 型电极。在上表面制作两个电极，造成了有效发光面积减少，同时增加了器件制造中的光刻和刻蚀工艺过程，结果使材料利用率降低、成本增加。由于 P 型 GaN 掺杂困难，当前普遍采用在 P 型 GaN 上制备金属透明电极的方法，使**电流**扩散，以达到均匀发光的目的。但是金属透明电极一般要吸收约 30%～40%的光，同时 GaN 基材料的化学性能稳定、机械强度较高，不容易对其进行刻蚀，因此在刻蚀过程中需要较好的设备，这将会增加生产成本。

蓝宝石的硬度非常高，在自然材料中其硬度仅次于金刚石，但是在 LED 器件的制作过程中却需要对它进行减薄和切割（从 400nm 减到 100nm 左右）。添置完成减薄和切割工艺的设备又要增加一笔较大的投资。

蓝宝石的导热性能不是很好（在 100℃约为 25W/（m·K））。因此在使用 LED 器件时，会传导出大量的热量；特别是对面积较大的大功率器件，导热性能是一个非常重要的考虑因素。为了克服以上困难，很多人试图将 GaN 光电器件直接生长在硅衬底上，从而改善导热和导电性能。

2．硅（Si）

目前，有部分 LED 芯片采用硅衬底。硅衬底的芯片电极可采用两种接触方式，分别是 L 接触（Laterial-contact，水平接触）和 V 接触（Vertical-contact，垂直接触），以下简称为 L 型电极和 V 型电极。通过这两种接触方式，LED 芯片内部的电流可以是横向流动的，也可以是纵向流动的。由于电流可以纵向流动，因此增大了 LED 的发光面积，从而提高了 LED 的出光效率。因为硅是热的良导体，所以器件的导热性能可以明显改善，从而延长了器件的寿命。

3．碳化硅（SiC）

碳化硅衬底（美国的 CREE 公司专门采用 SiC 材料作为衬底）的 LED 芯片电极是 L 型电极，电流是纵向流动的。采用这种衬底制作的器件的导电和导热性能都非常好，有利于做成面积较大的大功率器件。采用碳化硅衬底的 LED 芯片如图 3-7（b）所示。

碳化硅衬底的导热性能（碳化硅的导热系数为 490W/（m·K））要比蓝宝石衬底高出 10

倍以上。蓝宝石本身是热的不良导体，并且在制作器件时底部需要使用银胶固晶，这种银胶的传热性能也很差。使用碳化硅衬底的芯片电极为 L 型，两个电极分布在器件的表面和底部，所产生的热量可以通过电极直接导出；同时这种衬底不需要电流扩散层，因此光不会被电流扩散层的材料吸收，这样又提高了出光效率。但是相对于蓝宝石衬底而言，碳化硅制造成本较高，实现其商业化还需要降低相应的成本。

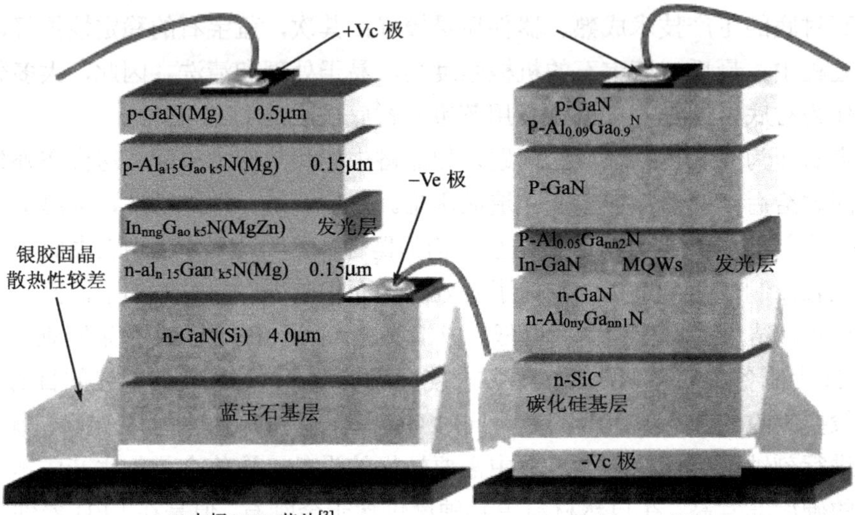

V 电极 LED 芯片[3]　　　　L 电极 LED 芯片

（a）蓝宝石衬底　　　　（b）碳化硅衬底

图 3-7　两种不同衬底的 LED 芯片结构

4．三种衬底的性能比较

前面的内容介绍的就是制作 LED 芯片常用的三种衬底材料。这三种衬底材料的综合性能比较如表 3-1 所示。

表 3-1　三种衬底材料的综合性能

衬底材料	导热系数（W/（m·k））	膨胀系数（X10E-6）	稳定性	导热性	成本	ESD[1]
蓝宝石（Al_2O_3）	46	1.9	一般	差	中	一般
硅（S_i）	150	5～20	良	好	低	好
碳化硅（SiC）	490	-1.4	良	好	高	好

注：ESD[1]——抗静电能力。

3.1.3　芯片的标签与检验

1．芯片的标签

通常，每张芯片上都需要有保护用的离型纸，离型纸上会贴有一张标签纸。所有芯片的标签纸上必须标有芯片型号、片号、LOT.NO 号等识别标注，一些发光芯片上还标注了其光学和电学的基本特性。分辨不同的芯片要通过芯片上的这些信息，相当于芯片也有自己的“身份证”。通过芯片上的信息，在不测试的情况下就可以知道芯片的颜色、发光亮度、正向电压、厚度等信息，甚至芯片的电学特性及厂商也可以通过符号读出。

图 3-8 所示为某芯片厂商生产的发光芯片，通过读取该芯片的标签图，我们可以知道该红光芯片的型号为 CL-CALR708U，芯片等级为 620LLX，平均发光强度 I_v 为 99.8mcd，平均波长 WLD 为 620.6nm，平均正向电压 V_f 为 1.99V，数量为 20980 个，生产日期为 2011-12-22，符合 RoHs 标准等。

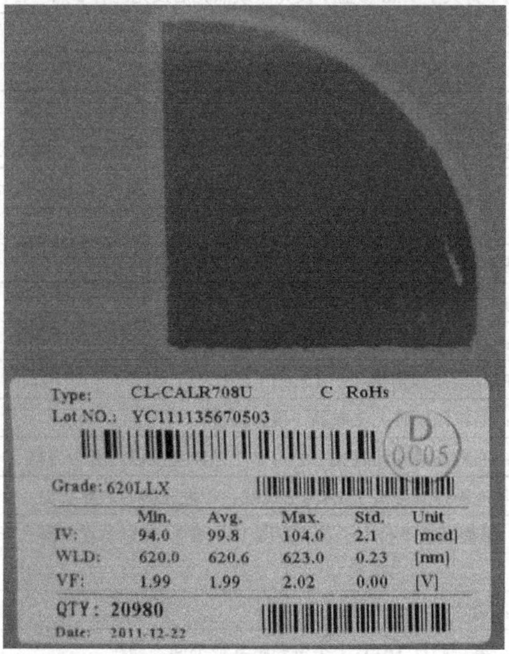

图 3-8　红光芯片参数

2．芯片的检验规范

芯片主要用显微镜检查，查看材料表面是否有机械损伤及麻点麻坑，芯片尺寸及电极大小是否符合工艺要求，电极图案是否完整。具体检测内容如表 3-2 所示。

表 3-2　芯片的检验规范

检查项目	质量特性及标准	使用设备
电气特性（A）	1．依照芯片规格书，测试 VF/IR 是否在规格内	数位万用表
	2．不亮：芯片不亮或发光层发光亮度不均	测试机
	3．发光颜色不符：芯片发光颜色与规格不符	测试机 显微镜

续表

检 查 项 目	质量特性及标准	使 用 设 备
	4．闸流体：互向电阻特性	曲线扫描仪
尺寸检测（B）	依照芯片规格书，测试芯片各尺寸是否在规格内。（除承认书标注外，各尺寸允许公差±0.0254mm）	工具显微镜
包装标示（C）	1．进货芯片型号是否与验收单相符	目视
	2．芯片胶膜上亮度标示是否与要求相符	目视
外观（D）	1．芯片破损：破损面积不得大于总面积之 1/5	显微镜
	2．杂物：杂物不得大于 1mil 覆盖于发光区或点亮后发光区有 2 点（含）以上之杂物	显微镜
	3．发光色泽不一：点亮后发光区有两种以上之颜色	显微镜
	4．表面粗化：粗化程度不得有粗颗粒现象	显微镜
	5．PAD（焊垫）：脱落超过 1/5（含）为不良，或不得有 1/5 共生重影	显微镜
	6．PAD（焊垫）：不得有断裂二支（含）触脚以上者。（触脚断一半或掀脚视为断脚）	显微镜
	7．PAD（焊垫）：于 PAD 图样外围全部落框部分每边不得大于 0.5mil，而局部落框于予拒收	显微镜
	8．PAD（焊垫）：焊垫尺寸偏大或偏小不可超过 0.5mil	显微镜
	9．焊垫色泽与大小：电极角度不可有深浅不一现象	测试机
	10．排列不整：芯片排列不整齐，不得相差 0.5 个晶粒以上	显微镜
	11．残留物：PAD 金属残留物大于 1.5mil	显微镜
	12．芯片倾倒：晶粒倾倒致无法取晶，视为报废	显微镜
	13．间隔不均：晶粒与晶粒间隔在 1.0～1.2 个晶粒宽度以内者为合格	显微镜
	14．焊垫金属丝：不得有连接于 PAD 上或残存于发光区内之丝状物	显微镜
	15．背面崩裂：破裂高度不得大于芯片高度 1/3（含），底部宽度不得大于芯片宽度 1/5（含）	显微镜
	16．晶粒暗崩：芯片不得内部崩裂	显微镜
	17．不同晶粒：单一芯片 TAPE 上不得黏附其他不同之晶粒	显微镜
	18．晶粒零散：不得有晶粒零散现象	显微镜
	20．并片晶粒：单片中，不得有为原二不同片组合并为一片者	显微镜
外观（D）	21．WAFER 需正中于 WAFER SHEET，边距需 5cm 以上	目视
	22．芯片高低不得大于 0.05mm（含） 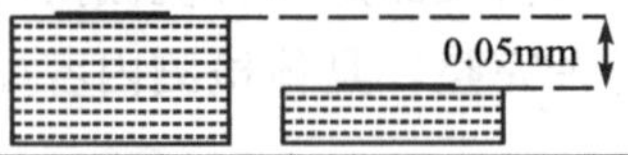	显微镜
	23．芯片正、底面倾斜：$a-b\leqslant 0.5$mil 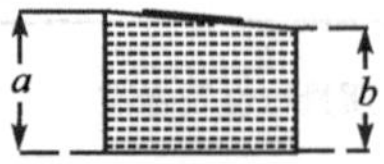	显微镜
	24．芯片切割倾斜：芯片与切割面倾斜角度不可大于 15° 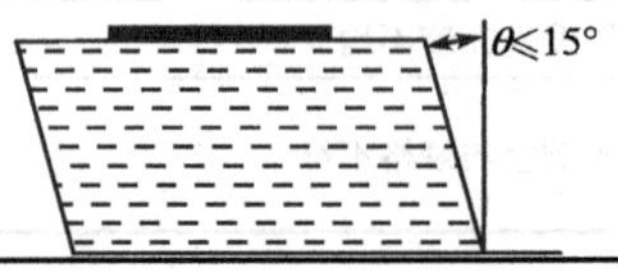	显微镜

续表

检查项目	质量特性及标准	使用设备
	25．PAD 偏心：a:b≤2 或 b:a≤2。 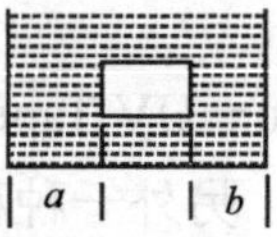	显微镜
	26．芯片铝垫变白：芯片铝垫呈白色	显微镜
	27．PAD（焊垫）：芯片进料之焊垫与订单要求不符	显微镜

3.1.4　芯片的存储与包装

1．芯片的存储

用于封装的芯片尺寸较小，容易受到外界灰尘、震动、静电等损伤，过高的温度和过大的湿度都会使得金属合金材料制成的金属电极氧化、脏污、破裂、受损，因此芯片对其保存环境也很挑剔，不仅对温度有要求，对湿度也有要求。为了更好地保持芯片本身的性能，芯片一般应该整齐地存放在惰性气体（如氮气）保护的电子干燥箱内，图 3-9 所示为普通电子干燥箱。干燥箱的温度和湿度都是可以调控的，可以根据需要进行设定。温度应该控制为室内温度，一般为 20℃～30℃，湿度不宜大于 40%。如果没有干燥箱，芯片应该尽量存放在通风干燥的地方，以保证芯片本身的性质尽量少受到外界环境的影响。

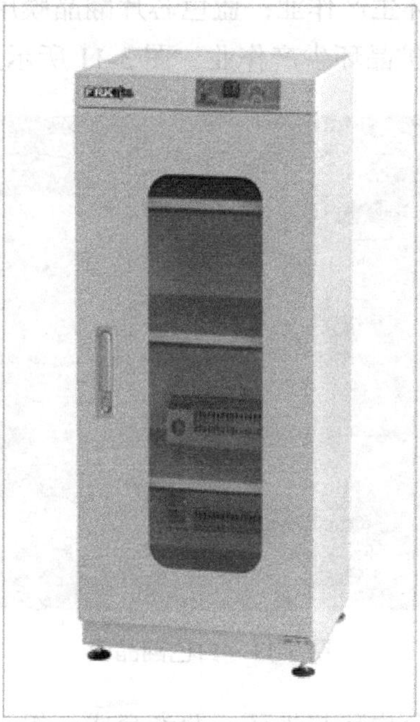

图 3-9　电子干燥箱

2. 芯片的包装

芯片成品包装一般包括白膜包装和蓝膜包装。白膜包装一般是有焊垫的面粘在膜上，芯片间距也较大适合手动。蓝膜包装一般是背面粘在膜上，芯片间距较小适合自动机。两者的芯片剖面图如图 3-10 所示。

一般，蓝膜也称 BLUE TAPE，是 Non－UV Tape，制造时无须 UV（紫外）灯照射，价格便宜，但只适合 8inch 以下的一张芯片；另外一种称为 UV Tape，有的也称呼白膜，固化前黏度比较大，便于晶粒的固定，UV 固化后，黏度很小，大约在 20g/25mm^2，便于拾取，但是成本比较高。

用户一般根据自己的工艺和芯片膜大小来选择膜。

图 3-10　蓝膜和白膜芯片剖面图

在芯片准备过程中，无论白膜芯片还是蓝膜芯片都需要扩晶，所以需要扩晶机。

3.1.5　翻晶膜和扩晶环

翻晶膜有白色和蓝色两种。白色芯片翻晶膜一般用于手动固晶作业，规格尺寸为 150mm×100m，配套 4 寸扩晶环生产作业；蓝色芯片翻晶膜用于自动固晶机作业，常规的尺寸为 200mm×100m，配套 6 寸扩晶环生产作业。图 3-11 所示为白色翻晶膜。

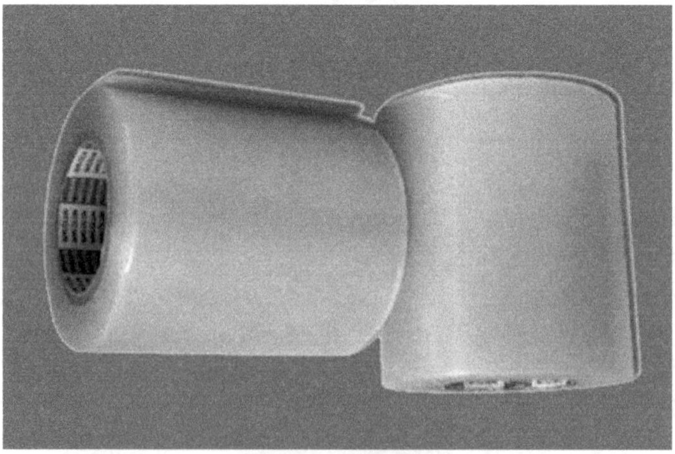

图 3-11　白色翻晶膜

扩晶环俗称绷子，扩晶环分内环与外环，两者套成一组，用于固紧扩张后的胶膜，防止胶膜收缩。一般常见的扩晶环颜色为米白色、蓝色，也有红色、绿色等。扩晶环有 4 寸、6 寸、7 寸、8 寸等不同尺寸，配合不同型号的扩晶机使用。常见的 6 寸和 4 寸扩晶环如图 3-12 所示。

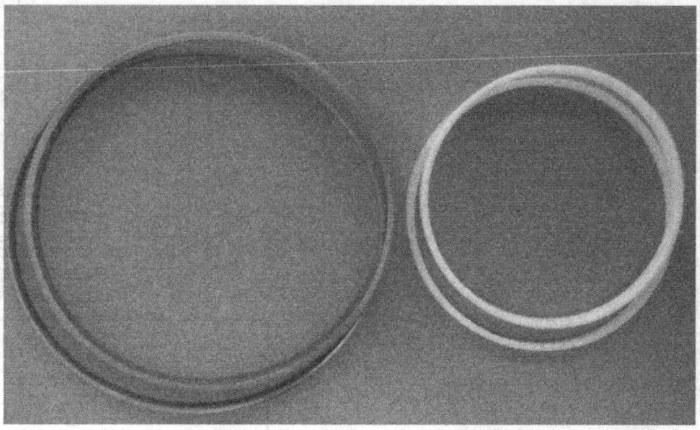

图 3-12　6 寸和 4 寸扩晶环

3.1.6　扩晶机的组成与使用

扩晶机也称芯片扩张机，广泛应用于发光二极管、中小型功率三极管、集成电路和一些特殊半导体器件生产企业内的晶粒扩张工序。

1．机器的组成

图 3-13 所示为扩晶机，它主要由以下几个部分组成。

1）气缸和压膜部分

扩晶机是一台气动仪器，其通气管道和气缸相连。

压膜部分分为上压膜、下压膜，分别是在气缸的作用下对翻晶膜进行操作。

2）工件部分

分为上工件和下工件，还有锁扣。

当下压膜上升时，通过上下工件和锁扣来固定加紧翻晶膜。

3）按钮部分

包括控制下压膜的下气缸“下降”按钮和“上升”按钮，以及控制上压膜的上气缸“下降”按钮。

4）电源及温度显示部分

电源开关及显示当前温度（PV）和设置温度（SV）的温度显示部分，如图 3-13 所示，当前温度为 24℃，设置温度为 50℃。

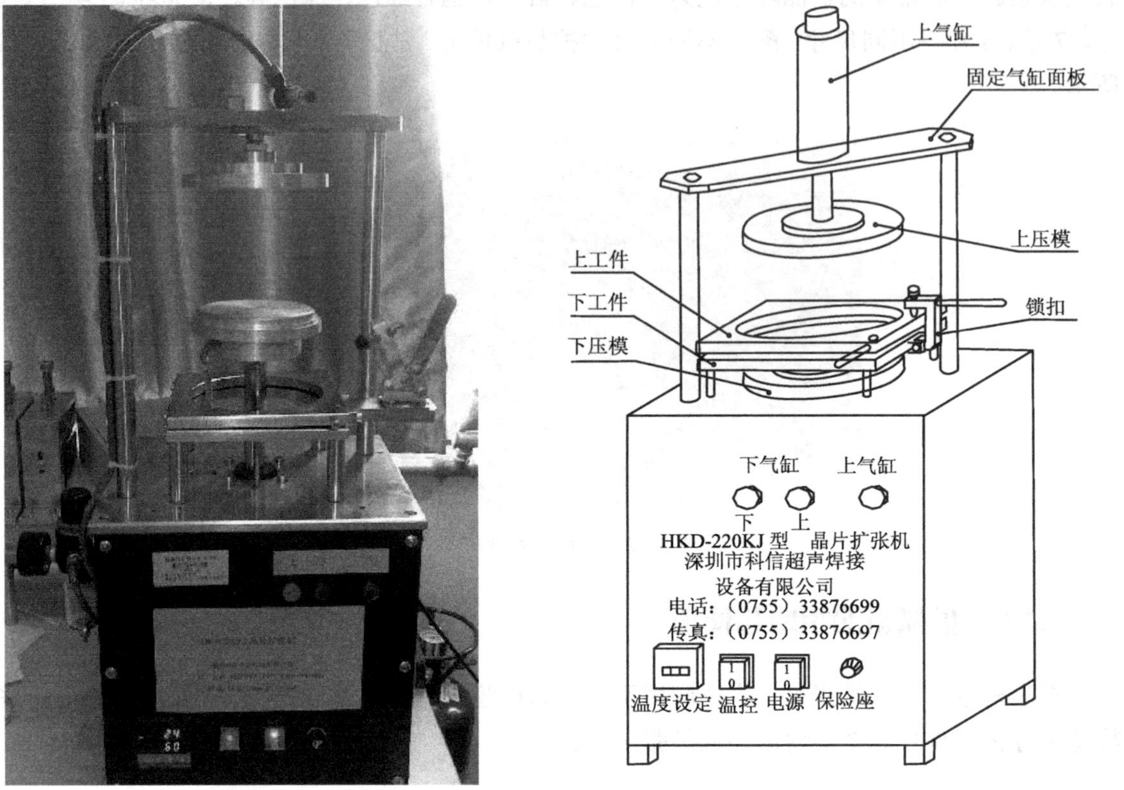

图 3-13　扩晶机

2．操作步骤

（1）将电源插头接通电源、连通气管，检查电源指示灯和气压表是否接通。

（2）将电源开关开启，设定好扩晶所需温度（55±5）℃，等待加温（不同芯片膜温差异为±5℃）。

（3）将上气缸开关拨至“上升”位置，上压模回至最上方。将下气缸开关拨至“下降”位置，下压模回至最下方（反复几次下气缸动作，将上升速度调整至越慢越好）。

（4）待温度达到设定温度后，松开锁扣，掀起上工件板，按动下压膜上升行程开关将下压膜的发热圆盘上升到下工件水平位置，然后放入扩晶环的内晶环（光滑一面朝上）。

（5）将待扩的芯片膜撕开，芯片一面朝上放于发热圆盘上，有芯片的地方尽可能摆放在发热圆盘正中间，将上工件盖上，锁紧锁扣。

（6）将下气缸开关拨至“上升”位置，下压模徐徐上升，薄膜开始向周围扩散，晶粒间隔逐步拉大。当芯片间隔扩散至原来的 2～3 倍时即停止上升。将扩晶环的外环圆角朝下平放在薄膜与内环上方（光滑一面朝下）。

（7）套上扩晶环外环（须放平整）。将上气缸开关拨至“下降”位置，上压模开始下压，将扩散后的芯片膜套紧定位，上压模回至最上方。

（8）待上压膜、下发热圆盘回到原位，松开锁扣，取下扩晶环，将多余的芯片膜用刀片割掉。

3．维护保养

（1）用干净布块擦拭附着灰尘，活动部位定期涂少许机油润滑。

（2）放置芯片膜的部位必须干净，附着的油脂、灰尘会污染芯片造成不良品产生。

4．注意事项

（1）气缸工作时切勿将手接近或放入压合面。

（2）下压模表面切勿用锐器敲击、摩擦，以免形成伤痕。

（3）机器安装时，应正确、可靠接地。

（4）机箱内电源危险，箱门应锁紧。

（5）更换加热管或其他电气元件时，需在电源插头拔下后进行。

（6）切勿用带水或溶剂的抹布擦拭机器，以免产生漏电或燃烧危险。

3.1.7　扩晶流程与工艺要求

以第 2 章如表 2-4 所示的生产配料单为例，在固晶环节我们所需要了解的生产信息如表 3-3 所示。

1．准备工作

（1）核对生产配料单的产品型号、芯片型号、芯片参数。

（2）打开扩张机电源和高压气；扩张机的温度指示仪调节在(55±5)℃；高压气调节在 0.4～0.6Mpa。

表 3-3　前道加工单

执行单号	物料编码	产品型号	订单量	投产量	交货日期	投产日期
2012003	L050071A	9554SR-85/40	5000	5500		

	材料名称	材料型号及规格	工艺定额	实际领料数量	备　注
主要材料	芯片	CL-CALR708U			
	支架	2003 杯			
	模粒	GR546			

主要工艺要求：

前道	◆　芯片参数：VF（V）：1.9-2.2　IV（mcd）：94-104　λp/λd（nm）：620～623 ◆　极性方向要求：■　正极朝小头 ◆　芯片极性图：■　单铝垫—正

2．扩晶步骤

在本次示例中，采用蓝膜芯片。在手工操作中，蓝膜芯片需要进行撕膜、扩张、反膜、再次扩张、挑晶等几道工序，而白膜芯片只需要撕膜、扩张、挑晶；在自动化机器生产中，蓝膜不需要反膜，白膜则需要反膜。图 3-14 所示为已经经过扩张的白膜芯片和蓝膜芯片。

图 3-14　白膜和蓝膜芯片

这是因为手动封装中，是要将整张膜的芯片倒置，从膜的反面将芯片用刺晶笔固定在支架碗杯上，如图 3-15 所示。如果直接将芯片电极在膜片上方的芯片刺入碗杯，就是将芯片的电极与绝缘胶或是银胶粘在一起，芯片将无法工作。为此为了适应手动封装，蓝膜上面的芯片必须翻一个面，即需要经过一次反膜，将芯片的底部露出来，而将芯片的电极与膜片粘在一起。

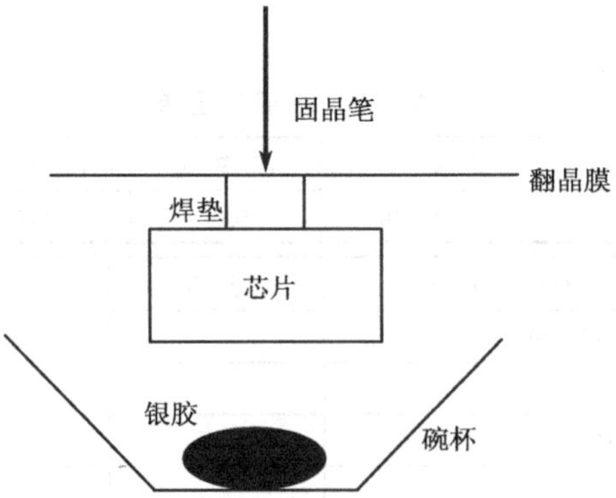

图 3-15　手动固晶示意图

1）撕膜

（1）打开离子吹风机

（2）对着离子吹风机，较快地将蓝膜与黄色离型纸分开，如图 3-16 所示。

图 3-16　撕膜

2）扩张

（1）将扩晶环的内外环脱离，待扩晶机温度达到设置温度后，旋开把柄，抬开工件板，把扩晶环的内环套入扩晶机的圆座上，内环光滑的一面朝上放置；并按扩晶机的“上升”键，以通气，排除机器内剩余的尾气，如图 3-17 所示。

（2）将撕好的蓝膜芯片放在扩晶机的下压膜上，注意有芯片那面朝上，放下工件板，扣紧锁扣，如图 3-18 所示。

图 3-17　放置扩晶环的内环

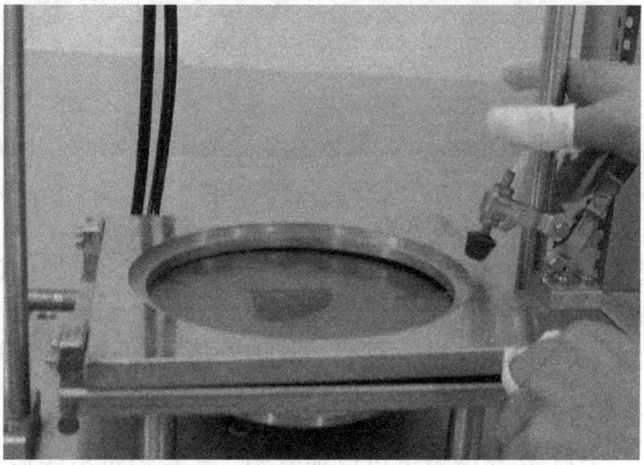

图 3-18　放入蓝膜芯片

（3）按“扩张”键，下压膜向上运动，使蓝膜芯片扩开，如图 3-19 所示。

图 3-19　芯片扩张

（4）待芯片扩张到我们所需要的间距时，将扩晶环的外环套上，如图 3-20 所示，注意扩晶环的光滑面要相互匹配。

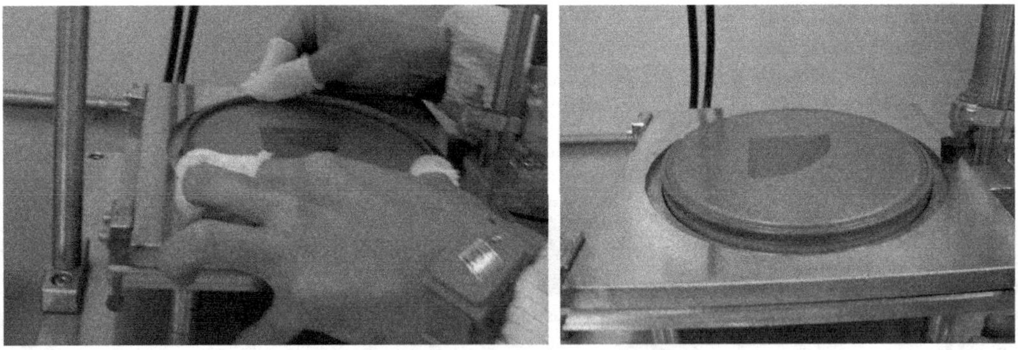

图 3-20　套上扩晶环的外环

（5）按“压圈”键，上压膜下降，使扩晶环的内外环重合，然后上压膜回升，如图 3-21 所示。

（6）旋开锁扣，打开工件板，将芯片取出，放平下压膜旋紧锁扣，扩晶完成，可用剪刀将周围多余的蓝膜剪掉，如图 3-22 所示。

（7）在显微镜下可以观察到，芯片经过扩张后，芯片与芯片之间的间距大概为一个芯片的宽度，如图 3-23（a）所示。图 3-23（b）所示为扩晶后的芯片，由图中可以看出，扩晶后芯片和芯片之间的间距变大。

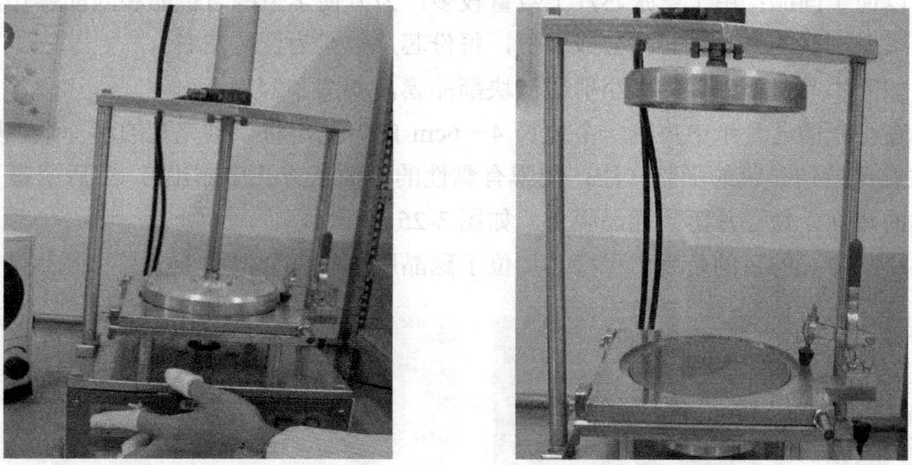

图 3-21　压圈

图 3-22　扩晶完成

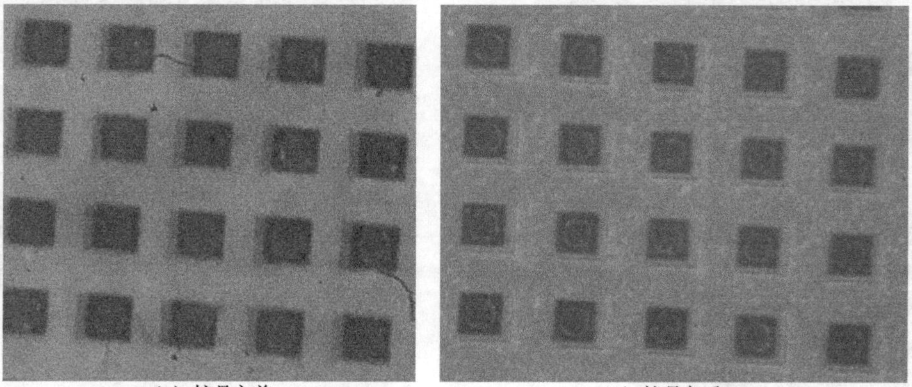

(a) 扩晶之前　　　　(b) 扩晶之后

图 3-23　扩晶前后对比

3）刮晶、反膜、再扩张

已经扩好的蓝膜芯片适用于自动固晶机，但是手动固晶操作中，需要将蓝膜芯片再次反膜扩张，以便于固晶；由于一张芯片上数量较多，为方便学生练习扩晶和固晶操作，节约芯片，可以采取刮晶的方法将芯片分成多份，每份芯片数量为百粒左右。

（1）按照扩晶机下工件的大小剪出一块翻晶膜，如图 3-24 所示。

（2）在小张的芯片纸中央割一个边长 4～6cm 的方孔，将该割完孔的芯片纸上贴到翻晶膜上，注意保持翻晶膜的平整（注：使膜有黏性的一面从方孔中露出）；然后用镊子头部轻轻刮蓝膜的背面，使芯片落到翻晶膜上，如图 3-25 所示。

* 注：割方孔的目的是为了保持芯片位于翻晶膜中央部分，利于扩晶和固晶操作。

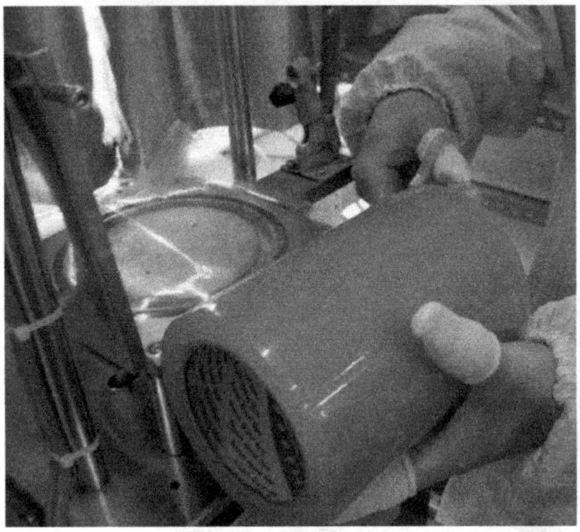

图 3-24　裁剪翻晶膜

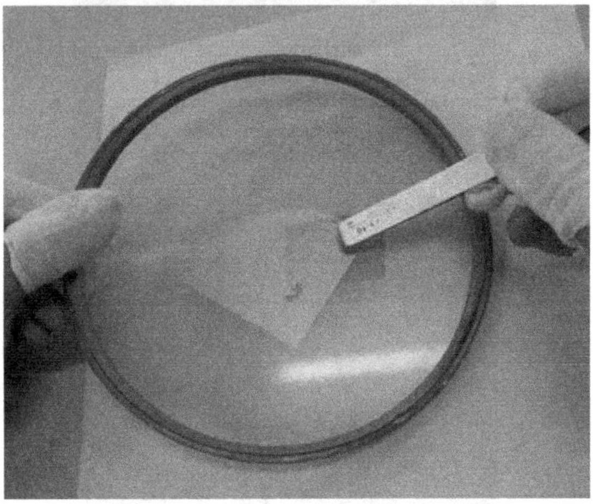

图 3-25　用镊子刮晶

（3）当翻晶膜上粘上了一些芯片，便将其放在扩晶机的下压膜上，放下工件板，捏紧锁扣，单击下压膜“下降”按钮，使下压膜与工件板相平或鼓起一点，如图 3-26 所示。

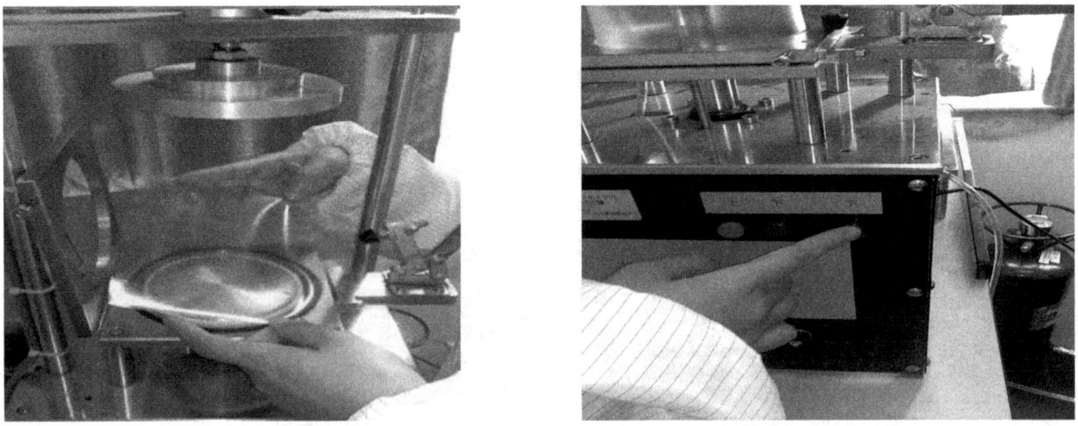

图 3-26　放置好翻晶膜

（4）放下绷子的外环，光滑面朝下，单击上压膜的“下降”按钮，保持一会再放开，如图 3-27 所示。

图 3-27　套入扩晶环外环并下压

（5）旋开锁扣，捏开工件板，将绷子取出，至此翻晶完成，芯片的正极应该是黏着翻晶膜的，如图 3-28 所示。

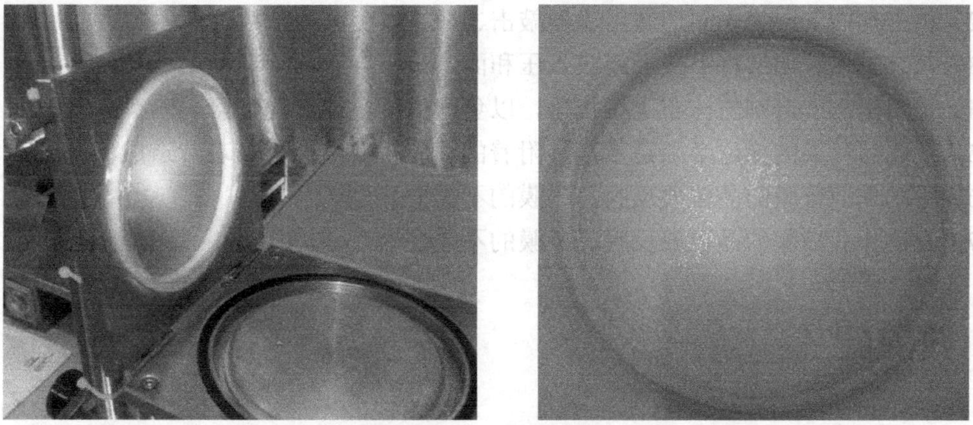

图 3-28　翻晶完成

4）挑晶

（1）在显微镜下观察扩张好的芯片，此次示例操作的为单电极红光芯片 CL-CALR708U，它应是反面（金黄色衬底）在上，正面（圆形电极）黏着白膜。

（2）如果发现芯片位置不对，则用挑晶笔将芯片正反面调整即可，如图 3-29（a）所示。

（3）挑晶完成后，在显微镜下应该是看到芯片的衬底，如图 3-29（b）所示。

3．工艺要求

（1）蓝宝石衬底撕膜应在离子风机下进行（撕膜时间应控制在 10～20s）。

（2）扩晶时，芯片间隔扩散至原来的 2～3 倍。

（3）反完膜的晶粒间距应大致相同，大小适中。

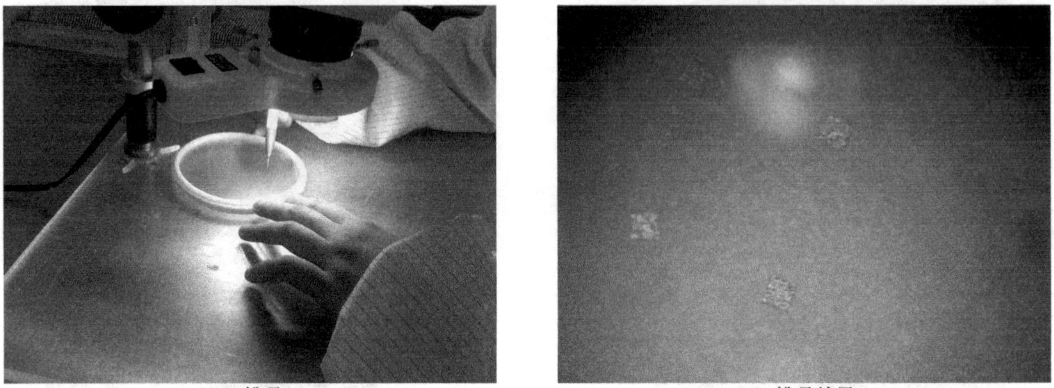

（a）挑晶　（b）挑晶结果

图 3-29　挑晶

4．注意事项

（1）扩张机每开一次机时，应先拨动几次上下气缸的开关，以通气。

（2）扩张剂的下压膜表面切勿用锐器敲击、摩擦以免形成伤痕。

（3）气缸工作时切勿将手接近或放入压和面。

（4）切勿用水或溶剂的抹布擦拭机器，以免产生漏电或燃烧危险。

（5）放置芯片膜的部位必须是干净，附着的油脂、灰尘会污染芯片造成不良品。

（6）手动作业蓝膜的晶粒要反膜，白膜的不需要。

（7）自动作业白膜的晶粒要反膜，蓝膜的不需要。

3.2　排支架

排支架是点胶的前一道工序，目的是为了提高整体效率。

排支架需要用到的材料为支架。

需要用到的工具设备为夹具、压板、防静电托盘、防静电手环、手指套，夹具和压板如图 3-30 所示。

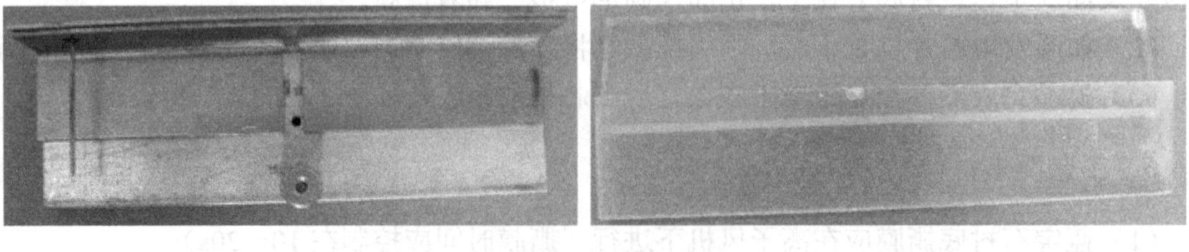

图 3-30　夹具和压板

3.2.1　支架的结构与分类

支架是 LED 最主要的原物料之一，与芯片金线相连，负责导电与散热，在 LED 封装中起到重要作用。

在 LED 封装时，支架一般都是数十个连接在一起，到封装胶体后要将其断开。如图 3-31 所示的支架为常用的 2003 碗杯，由 20 个碗杯相连。

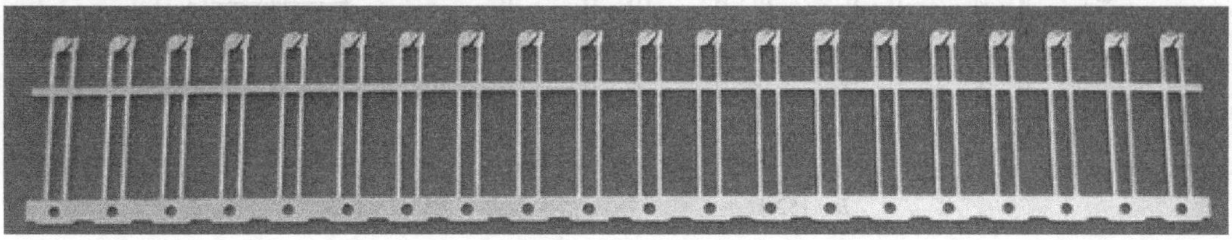

图 3-31　2003 碗杯支架

1．支架的结构与尺寸

支架的类型：大致可分 Lamp LED 支架、SMD 支架、食人鱼支架、大功率支架。

支架的材质：其材质为通常为铁材（SPCC 或 SPCC-SB），根据需要可选择铜材；支架厚度通常为 0.5mm，支架外部电镀 Ag、Cu、Ni 或 Sn 等物质。

支架的成型：LED 支架是由厚度为 0.5mm 的铜片经冲压成型，冲压包括上、下冲模与冲头，然后再冲压成 20 或 30 连体支架。

支架的电镀：支架电镀可分为半镀和全镀，半镀是电镀支架上 Bar 下约 2mm 以上区域，全镀为整个支架电镀。半镀可节省支架成本，目前使用的 2002 系列支架大部分为半镀支架。一般电镀厚度在 60″。

支架的结构如图 3-32 所示，支架主要由碗杯、焊线区、功能区、上 Bar（即上部连接筋）、下 Bar（下部连接筋）组成。

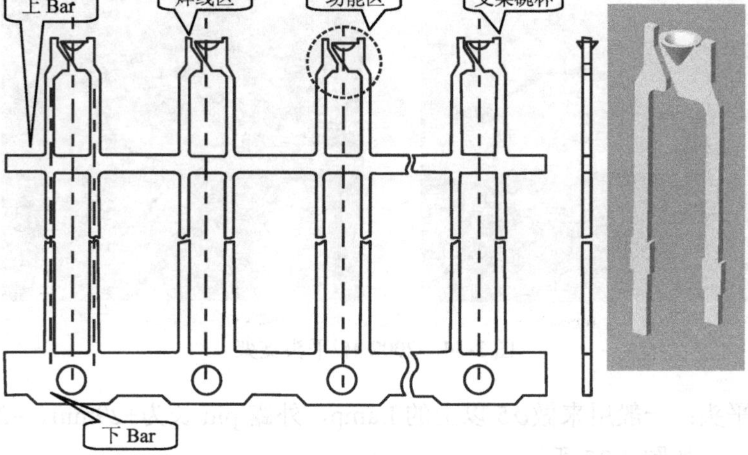

图 3-32　支架的组成

支架的重要尺寸：以 2002 杯/平头支架为例说明，如图 3-33 所示。

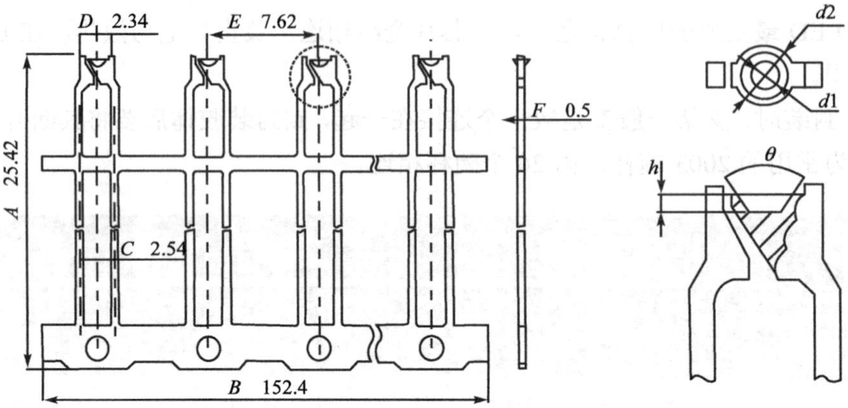

图 3-33　2002 杯/平头支架的尺寸

- 总高 *A* 尺寸：短支架长度约为 25.42mm，长支架约为 36.08mm；
- 总长 *B* 尺寸：20 连体支架长 152.4mm，30 连体支架长 228.6mm；
- PIN 距 *C* 尺寸：一般 2.54mm；
- 间距 *E* 尺寸：7.62mm；
- 厚度 *F*：0.5mm；
- 右图 *h*、d1、d2、θ根据不同需要选用。

2. 支架的分类

（1）按原理来分就是两种：聚光型（带杯支架）和大角度散光型的 Lamp（平头支架）。

- 2002 杯/平头：此种支架一般做对角度、亮度要求不是很高的材料，其 Pin 长比其他支架要短 10mm 左右，Pin 间距为 2.28mm，如图 3-34 所示。

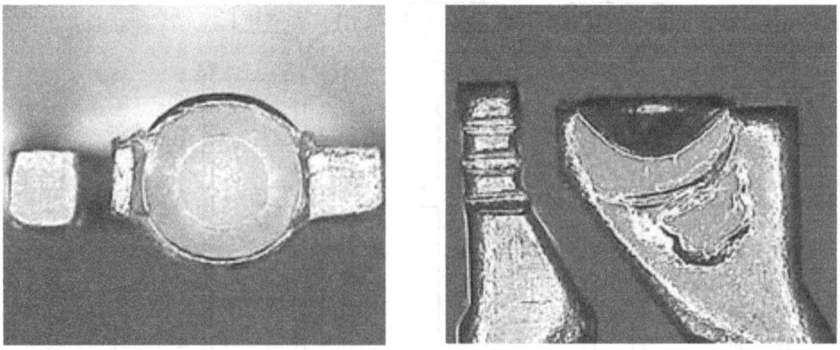

图 3-34　2002 杯/平头支架

- 2003 杯/平头：一般用来做ϕ5 以上的 Lamp，外露 pin 长为+29mm、–27mm，Pin 间距为 2.54mm，如图 3-35 所示。

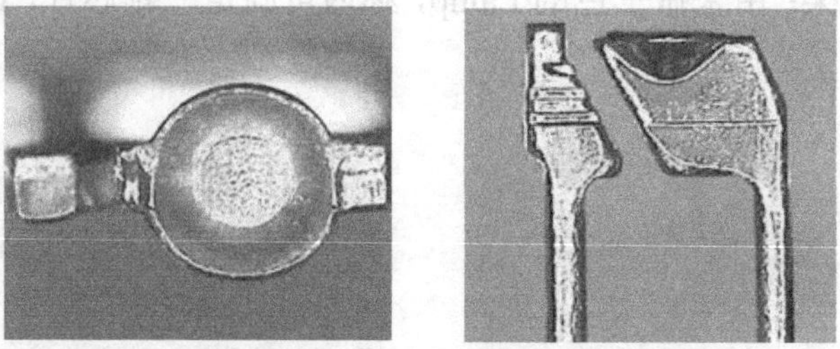

图 3-35　2003 杯/平头支架

- 2004 杯/平头：用来做ϕ3 左右的 Lamp。Pin 长及间距同 2003 支架。用来做蓝、白、纯绿、紫色的 Lamp，可焊双线，杯较深，如图 3-36 所示。

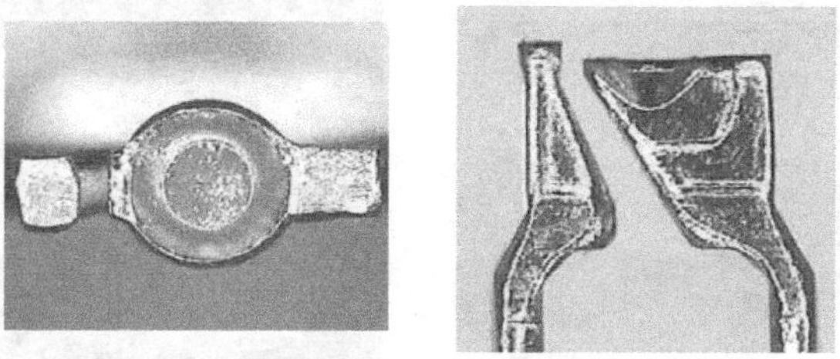

图 3-36　2004 杯/平头支架

- 2006 支架：两极均为平头型，用来做闪烁 Lamp，固 IC 焊多条线，如图 3-37 所示。

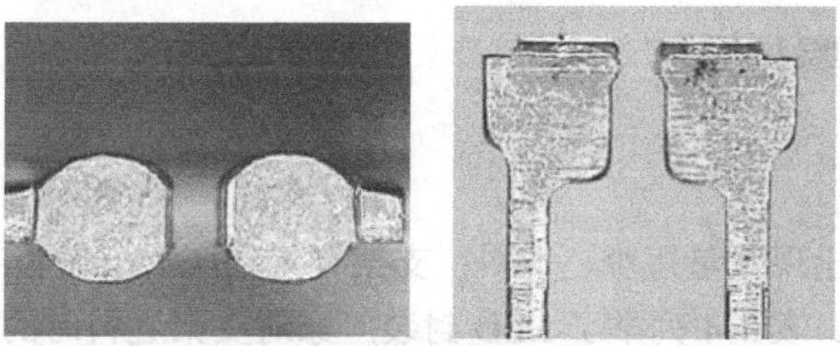

图 3-37　2006 支架

- 2009 支架：用来做双色的 Lamp，杯内可固两颗芯片，三支 Pin 脚控制极性，如图 3-38 所示。

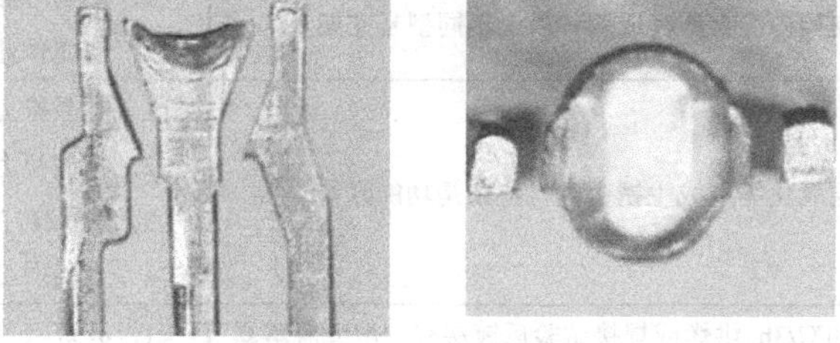

图 3-38　2009 支架

• 2009-8/3009 支架：用来做三色的 Lamp，杯内可固定三颗芯片，四支 Pin 脚，如图 3-39 所示。

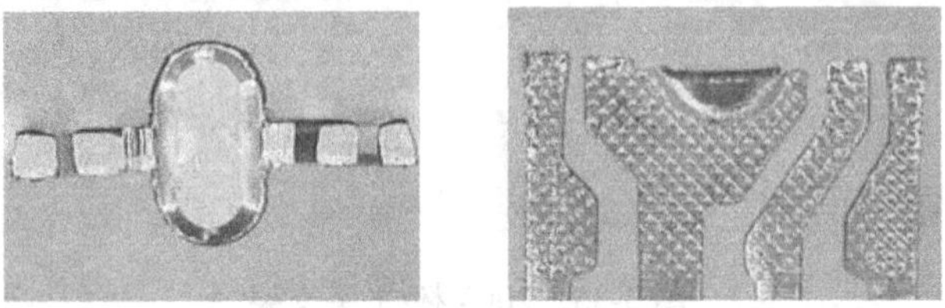

图 3-39　2009-8/3009 支架

• 724-B/724-C 支架：用来做食人鱼的支架，如图 3-40 所示。

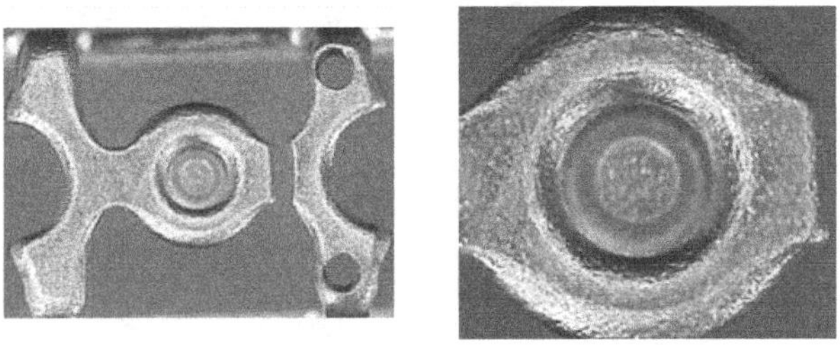

图 3-40　724-B/724-C 支架

（2）按 LED 封装产品分 Hi-Power、Top View、Side View、特殊支架等。

3.2.2　支架的检验与保存

1. 支架的检验

主要检查支架是否出现数量短少、混料；支架有无刮伤、压伤、毛边；支架碗口是否变形；支架是否电镀不均。表 3-4 列举了 LED 封装厂家对支架进料时的检验内容。

表 3-4　LED 封装厂家对支架进料时的检验内容

项　目	不 良 说 明	对 LED 造成的影响
数量短少	抽检时每 1kg 装内少的数或少整千包的数	1. 影响数量管控； 2. 成本增加
混料	同批支架内混有两种或两种以上不同型号支架	1. 影响产品特性； 2. 造成作业困扰，增加挑选工时
生锈变色	电镀层氧化等造成生锈变色（特别是功能区）	1. 固晶推力不足； 2. 打线拉力不足； 3. 成品 V_f 值增加； 4. 水清产品造成外观上不良
镀层气泡脱落	经 150℃/3h 烘烤或焊接试验后镀层有起泡或脱落露出铜层	1. 死灯（影响产品寿命）； 2. 成品 V_f 值增加

续表

项　目	不良说明	对 LED 造成的影响
弯曲变形	焊点及碗偏离中心轴线向前后左右偏移（支架弯曲管控：0.5mm）	1．成品偏心； 2．造成焊线跨度距离过远或过近； 3．造成焊线滑球
支架扇形弯曲	支架立于水平面上，量测底部与平面的间隙大于 0.2mm	1．造成焊线跳高现象（虚焊）； 2．损伤磁嘴
支架倾斜	支架阴阳极前后左右偏移大于 0.5mm	成品偏心
支架压伤	支架上 Bar 阴阳极或下 Bar 有压伤痕迹（压伤面积超过 0.1mm×0.1mm，深度超出 0.03mm）	1．影响 LED 外观； 2．对 LED 的组装造成一定影响
支架刮伤	有刮伤痕迹造成电镀层脱落等（受损面积 0.05mm×0.05mm）	1．影响 LED 外观； 2．影响 LED 焊接
碗口变形	杯碗因受损而造成变形	1．影响作业（严重时）； 2．影响成品光斑、角度、亮度
凹凸不平	碗底或二焊焊台有凹凸高低不平现象	1．芯片倾斜造成固晶推力不足、焊线掉晶； 2．芯片未固到底与碗底接触不良造成电性问题； 3．二焊不平造成虚焊
阴阳极变形	杯子或二焊偏离中心点（阴阳极位置不在一条直线上或同时往一边偏离）	1．成品偏心不良； 2．造成焊线跨度距离过远过近，严重造成黏固不牢形成死灯
冲压不良	支架任何部位因冲压过程造成不规则变形者	尺寸不符，无法使用
电镀不均	支架银层有厚薄不一而造成银层颜色差异	1．造成成品亮度有差异； 2．烘烤变色造成外观不良
支架污染	杯内及二焊焊台有残留脏物或水纹污染	1．影响成品外观； 2．造成焊接不良
支架烧焦	支架有烧黑烧糊状物质（由于电镀厂商制程中瞬间电流过高所致）	严重外观不良，无法使用
碗底粗糙	碗底有粗糙不光滑现象（素材冲压不平）	造成芯片与支架连接空隙过大对电性造成影响（阻抗增大、V_f值上升）
脚弯曲	支架脚弯曲大于 0.05mm（脚中心值须符合公差内）	1．影响 LED 外观； 2．影响 LED 切脚； 3．影响 LED 组装
支架粗糙	支架阳极焊点面有粗糙现象大于 1/3 基板（pad）者	1．粗糙过大造成无法焊线； 2．造成焊接不良
银残留	支架镀层表面附着不规则多余银物质	1．影响 LED 外观； 2．对插件造成影响
支架弯头	支架杯及阴极有左右偏离或上下偏离（可由测绘仪量测）	1．成品偏心； 2．严重者无法焊线
支架毛边	支架上 Bar 及下 Bar 均有毛刺现象，上 Bar 毛边大于 0.03mm，下 Bar 毛边大于 0.05mm	1．影响 LED 外观； 2．影响切脚作业

续表

项　目	不良说明	对 LED 造成的影响
支架异物（脚及下 Bar 发白）	支架上 Bar 以下脚上有发白现象者	1．影响 LED 外观； 2．影响 LED 组装焊接
支架电镀过薄	支架表面镀层厚度上 Bar 为（100±10）μm（上 Bar 横挡以上 1mm）。全镀下 Bar 为（75±10）μm；半镀下 Bar 不低于 10μm	1．造成成品亮度有差异； 2．烘烤变色造成外观不良； 3．影响焊线
烘烤检验	150℃/3h 下有变色、气泡、银层脱落现象	1．死灯（影响产品寿命）； 2．成品 V_f 值增加； 3．变色造成外观不良及焊接问题
焊线耐热试验	420℃/6s 下有变色、气泡、银层脱落现象	同上

2．支架的保存

在未打开包装的条件下，仓储放置条件：25℃以下，相对湿度小于 65%；请勿用徒手接触支架。作业环境应保持恒定，控制于 25℃以下，相对湿度小于 65%，以防止支架氧化生锈。LED 支架在烘烤箱内，在维持烘烤箱正常运行下，其排气口尽量关闭。

在低温季节，要尽量减少裸支架在流程中的存放时间。

当支架表面变色时，要停止使用。

3．支架使用注意事项

为了减小 LED 镀银支架在仓储及使用中的不良现象，在使用方便的同时，请关注以下事项：

（1）镀银支架在使用前必须密封保存。

（2）勿用手直接接触支架。（汗液加速银氧化变色）

（3）封装完毕的支架尽快镀锡处理。

3.2.3　排支架流程与工艺要求

1．准备工作

（1）核对配料单，确认产品型号、支架型号。

（2）备好支架和夹具。

2．操作过程

（1）将支架按一定方向（碗朝一边）、按一定数量（为便于统计，一般为十的倍数）放入**支架**夹具中，其中生锈、氧化、变形的支架应挑出。

（2）针对平头支架，可每条对齐装入夹具，如图 3-41 所示；而针对碗状支架，应使其碗杯错位相放（一般以三根为一组）。

（3）在显微镜下观察支架的平整性，若支架不平整，应用镊子将其整平或者用压板拍平。

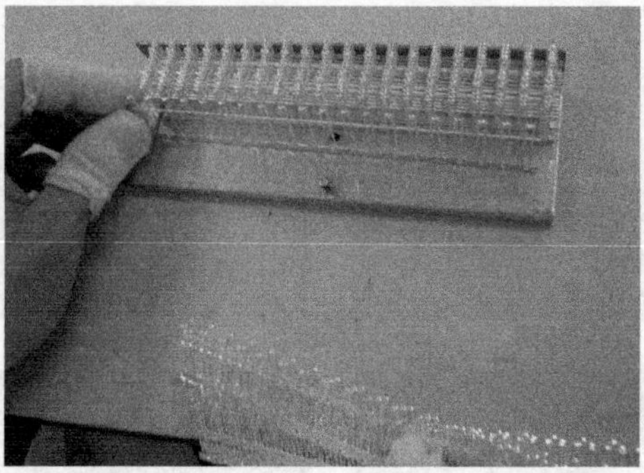

图 3-41　排支架

（4）支架排好后，将夹具螺钉锁紧，固定好支架，如图 3-42 所示。

图 3-42　已排好的支架

3．工艺要求

（1）带指套作业。

（2）确保支架方向一致。

4．注意事项

（1）装支架的夹具应足够平整，不能产生晃动。

（2）若支架间高度相差半个晶粒应挑出重装，以免影响固晶质量。

（3）要在带手指套的条件下操作。

3.3　点胶

点胶是利用点胶机将银胶或绝缘胶点入支架的碗杯中。

点胶需要用到的材料为银胶或绝缘胶、支架、脱脂棉。

需要用到的工具设备为不锈钢棒、夹具、压板、手指套、防静电手环、托盘、点胶机、显微镜。

如图 3-43 所示，不锈钢棒用来搅拌银胶或绝缘胶，夹具用来固定支架，点胶针筒是用来装入银胶，脱脂棉用来清洁。

点胶针筒

支架夹具

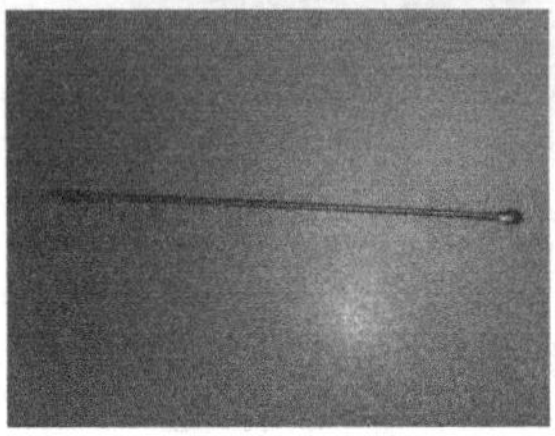

不锈钢棒

脱脂棉

图 3-43　点胶所用到的部分工具

3.3.1　银胶、绝缘胶

银胶也称导电银胶，它是一种固化或干燥后具有一定导电性能的胶黏剂，它通常以基体树脂和导电填料即导电粒子为主要组成成分，通过基体树脂的黏结作用把导电粒子结合在一起，形成导电通路。银胶的主要成分是银粉占 75%～80%、EPOXY（环氧树脂）占 10%～15%、添加剂占 5%～10%，如图 3-44（a）所示。

银胶在 LED 封装中的作用：固定芯片、连接芯片和支架及导热、导电。

银胶常用于需要芯片基底导电的封装中，而绝缘胶则用于无须导电的封装中。

绝缘胶是具有良好电绝缘性能的多组分复合胶。以沥青、天然树脂或合成树脂为主体材料，常温下具有很高黏度，使用时加热以提高流动性，使之便于灌注、浸渍、涂覆，如图 3-44（b）所示。

绝缘胶在 LED 封装中的作用：固定芯片、绝缘及导热。

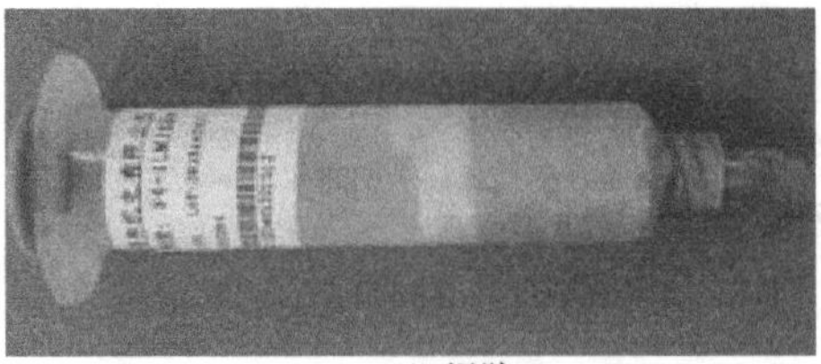

（a）银胶

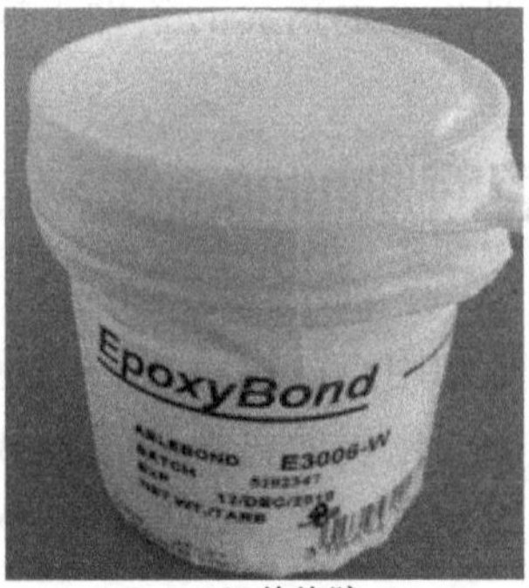

（b）绝缘胶

图 3-44　银胶和绝缘胶

1．银胶、绝缘胶的作业条件

表 3-5 是银胶和绝缘胶的作业条件。

表 3-5　银胶和绝缘胶的作业条件

材 料 名 称	银　　胶	绝 缘 胶
使用条件	在常温 25℃、湿度为 50%～70%环境下回温 90min 以上，搅拌 10min 以上	在常温 25℃、湿度为 50%-70%环境下回温 90min 以上即可使用
保持条件	–40℃以下保存一年；–10℃以上保存三个月	–40℃以下保存一年；–10℃以上保存三个月
烘烤条件	恒温 150℃，30min 就硬化，为保证其结合度，标准烘烤条件 150℃/1.5h	恒温 150℃，20min 就硬化，为保证其结合度，标准烘烤条件 150℃/1.5h

2．银胶和绝缘胶的操作标准及注意事项

银胶/绝缘胶使用前必须检验其是否有过期、变质及是否有异物，表 3-6 是银胶和绝缘胶的操作标准及注意事项。

表 3-6　银胶和绝缘胶的操作标准及注意事项

胶　　类	操 作 标 准	注 意 事 项
银胶	1．银胶采购回来后，置于冷冻柜保存，由当站品管每日查核冰箱温度，记录结果于《冰箱核查记录表》； 2．在欲使用银胶之前一日，由冷冻柜改放冷藏室保存； 3．使用前 3h，将银胶自冷藏室取出，置于室温下回温再开罐（大罐新银胶需回温 3h，小罐分装后之银胶需回温 1h）； 4．开罐后，以玻璃棒或不锈钢搅拌（搅拌前，搅拌棒应以丙酮先擦干净），搅拌方式应顺向由下往上，搅拌时间需 10min 左右； 5．银胶分装前，先将分装容器擦干净，再将胶装入带盖的容器中；如使用时将银胶置于针筒内； 6．开始点胶作业； 7．固晶烘烤后做推力测试	1．银胶回温时，切勿打开容器盖，避免银胶吸潮； 2．回温达到规定时间后，先用布擦干瓶罐表层，并查看瓶罐表层是否沾有水汽，如沾有水汽必须继续回温，应由其自由挥发完全方可，回温很重要，按标准作业才能保持质量稳定； 3．因银胶对温度较敏感，不宜使用其他材质搅拌；搅拌银胶时，速度不能太快，防止产生热使银胶变稠；且要防止太大力刮到罐壁，造成塑料屑被刮下与银胶混在一起； 4．因银胶内含硬化剂及银片，其厚度约为 0.1~0.2mm，需充分搅拌（10min 左右）与树脂混合； 5．因银胶之胶为悬浮物，如置久不使用时会使银与胶分离（银在底层，胶在上层），故分装的银胶最好配合产量一天使用完毕为最佳，若在自动线使用，应于 3~5 次内使用完；未作业完，银胶第二次使用时需再次搅拌； 6．因银胶有其使用寿命，残留在瓶罐盒内及罐盖之银胶，若不清理干净，易与新银胶混合，旧银胶因置久造成气化或凝固，致使混合后之银胶有较大颗粒，故在倒入新银胶时瓶罐必须清洗干净方可作业； 7．固晶后之推力应过 80g 以上，做推力测试时应注意作业方式需标准，不能因人为操作不当造成数据过大或过小而不准确
绝缘胶	1．绝缘胶采购回来后，置于冷冻柜保存； 2．在欲使用绝缘胶之前一日，由冷冻柜改放冷藏室保存； 3．使用前 3h，将绝缘胶自冷藏室取出，置于室温下回温； 4．开始点胶作业，未使用完之绝缘胶再置于冷藏室保存； 5．固晶烘烤后做推力测试	1．回温达到规定时间后，先用布擦干瓶罐表层，并查看瓶罐表层是否沾有水汽，如沾有水汽必须继续回温，应由其自由挥发完全方可，回温很重要，按标准作业才能保持质量稳定； 2．固晶后推力应过 80g 以上，做推力测试时应注意作业方式须标准，不能因人为操作不当造成数据过大或过小而不准确

续表

胶　类	操作标准	注意事项
备注	银胶和绝缘胶烘烤注意事项： 1．银胶、绝缘胶都必须一次性烤干，若有软化、松动现象，为前一次未烤干，取出材料后空气进入银胶再次加温膨胀导致结合度变差； 2．银胶、绝缘胶烘干硬化后不能立即从烘烤箱中取出，应待其自然冷却后再取出银胶、绝缘胶烘烤时注意时间不能过长过短，进出烘烤箱时都需落实做好记录，检验员做好监督	

3．银胶与绝缘胶的区别

（1）银胶需搅拌，绝缘胶不需要搅拌。

（2）银胶硬化速度比绝缘胶慢，银胶推力比绝缘胶小。

（3）银胶散热性较好，绝缘胶散热较差。

（4）银胶较绝缘胶吸光性强、反光性弱，成形产品中银胶亮度较绝缘胶低。

（5）银胶推力较小，绝缘胶推力较大。

（6）绝缘胶可与荧光粉混合在一起配制成杯底绝缘胶做白光。

4．银胶、绝缘胶固化温度

表 3-7 列举了几种常用品牌的银胶和绝缘胶的固化温度和固化时间。

表 3-7　银胶和绝缘胶的固化温度和时间

品　牌	型号 TYPE NO	固化温度和时间
SMM	T-3007-20	150℃/30min
AMICON	C-850-6	125℃/60min
ABLEBOND	84-1LMIT	150℃/60min
肥特浦	EP-5053MV	150℃/60min
上海树脂厂	DAD-87	150℃/40hm

5．银胶、绝缘胶的检验

表 3-8 列举了银胶和绝缘胶的检验内容和标准。

表 3-8　银胶和绝缘胶的检验内容和标准

检查项目	质量特性及标准	使用设备
包装检查	1．检查有否按规定进行包装放置；	目视
	2．检查封装有否遗漏银胶	目视
标示检查	1．材料型号是否与进料单相符；	目视
	2．数量是否短少；	目视
	3．标示是否清晰。	目视
外观检查	外观色泽是否有异状、异物、硬块	目视
特性检查	1．银胶高度须在芯片高的（1/3～1/4），推力值须大于 80g， 2．焊线拉力值大于 5g 以上	固晶机 推力机 焊线机 拉力机

3.3.2　点胶机的组成与操作

点胶机是用来给 LED 发光二极管、数码管、点阵及各种 PCB 上点银浆、点环氧树脂等。它一般采用拨码器调整，时间、气压参数设定准确，对比直观；可通过调整注胶时间、气压大小来调整胶量；有脚动和自动两种使用方式；最小点胶直径为 0.5mm；有空气过滤装置。

1. 主要组成

点胶机主要由四部分组成，如图 3-45 所示。

（1）架子：用来放点胶针筒。

（2）点胶针筒：用来盛放银胶。点胶针筒的容量有 10～50ml 之分，如果是教学用，可以选用小针筒；点胶的针头型号有 5#～20#（即针头孔径为 0.5～2mm）之分，应根据支架碗杯的大小选用合适的针头。常见几种不同型号的点胶针筒和针头如图 3-46 所示。

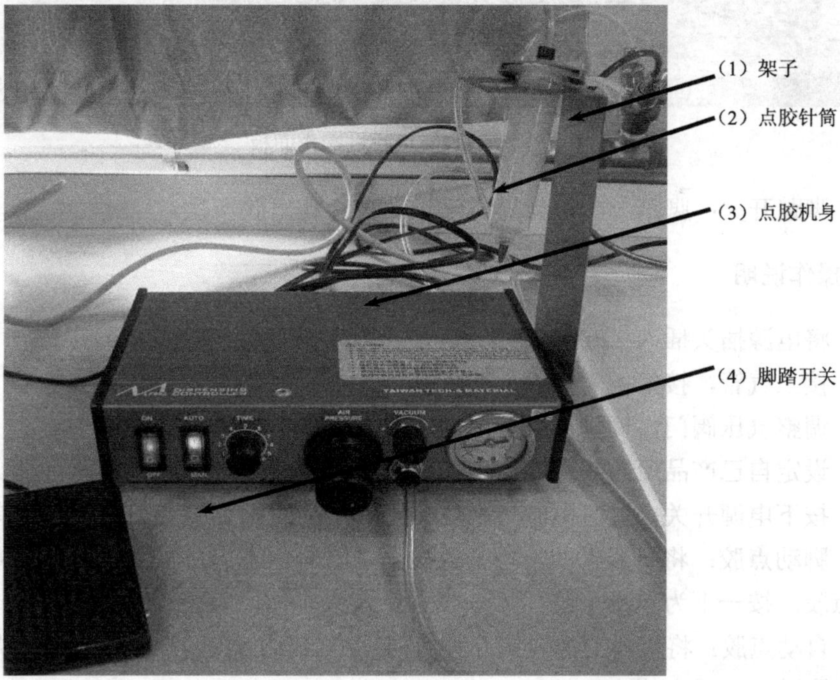

图 3-45　点胶机

（3）点胶机身：如图 3-47 所示，从左到右的按键旋钮——红色按键为电源开关；绿色按键为“自动 AUTO/手动 MAN”切换按键；TIME 为时间旋钮，点胶时间为 0～10s，通过调节时间旋钮，控制出胶的时间；AIR RRESSURE 为气压旋钮，调节此旋钮可以控制气压的大小；VACUUM 为真空调节旋钮；最右边为气压指示表。

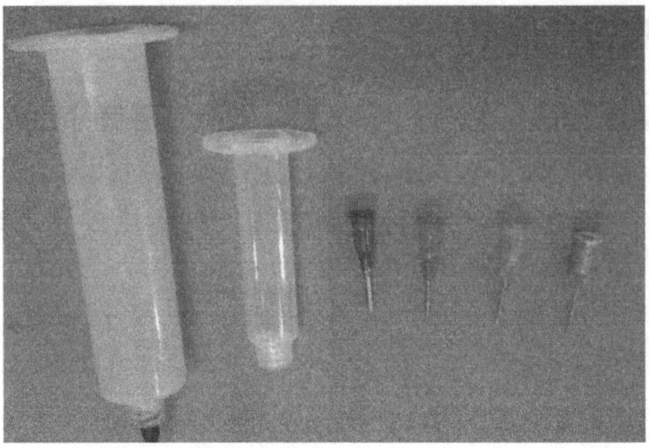

图 3-46　不同型号的点胶针筒和针头

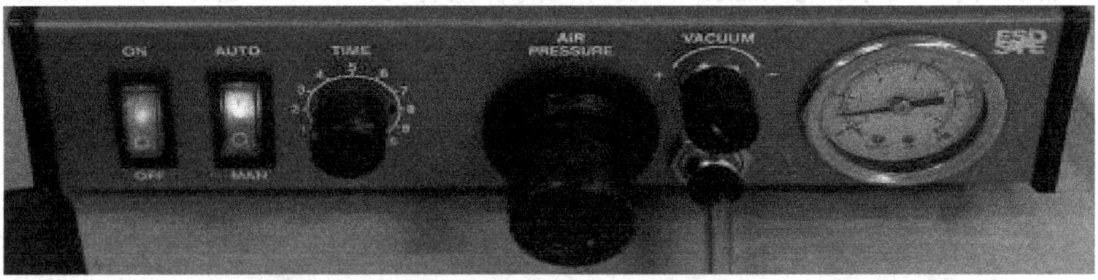

图 3-47　点胶机操作面板

（4）脚踏开关：脚踏一次，针筒通气一次，针孔出胶一次。

2．操作说明

（1）将电源插头插入 220V 插座。

（2）接上气管，接好所需针筒、选择针头大小。

（3）调整气压阀门，调到一般额定气压，气压表指针在 0.3～0.4。

（4）设定自己产品所需胶量的大小，可以通过调整点胶时间和气压大小实现。

（5）按下电源开关，这时电源指示灯会亮，不亮时则要检查熔断器是否有损坏。

（6）脚动点胶：将机器上的转换开关拨向“MAN（脚动）”位置，踩下脚踏开关不动则为连续点胶，按一下为单次点胶。

（7）自动点胶：将机器上的转换开关拨向“AUTO（自动）”位置，无须脚踏即可完成自动点胶；脚踏下时就会停止。

3.3.3　点胶流程与工艺要求

1．准备工作

（1）核对配料单，确认产品型号、支架型号

（2）选择合适的针筒和针头，确保点胶注射器的针孔通畅可用。

（3）根据所生产的 LED 产品的芯片类型备好银胶或绝缘胶，如本书实例所用为红光芯片，则应该备好银胶，如果是蓝光等双极性芯片，则应该备好绝缘胶。

（4）备银胶：从冰箱中取出银胶，室温解冻 30min，待完全解冻后，搅拌均匀（20～30min），如图 3-48 所示，再用不锈钢棒将其装入点胶注射器内。

（5）调节机器：调节点胶机时间为 0.2～0.4s，气压表旋钮在 0.3～0.4，再调节点胶旋钮，查看其出胶量，可以先用脱脂棉检验点胶机针孔的出胶量。

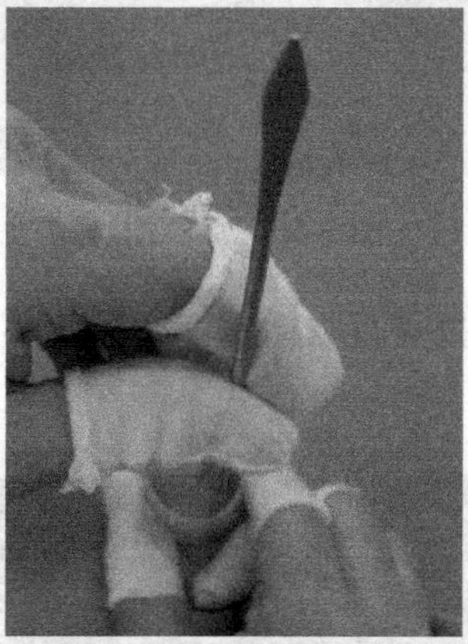

图 3-48　用不锈钢棒搅拌银胶

（6）将排好的支架放到夹具上，再用压板压平，准备点胶。

2．操作过程

（1）将排好的夹具放到显微镜下，将显微镜调到最佳位置（调节显微镜高度和放大倍数，以看清支架碗杯区底部为准），如图 3-49 所示。

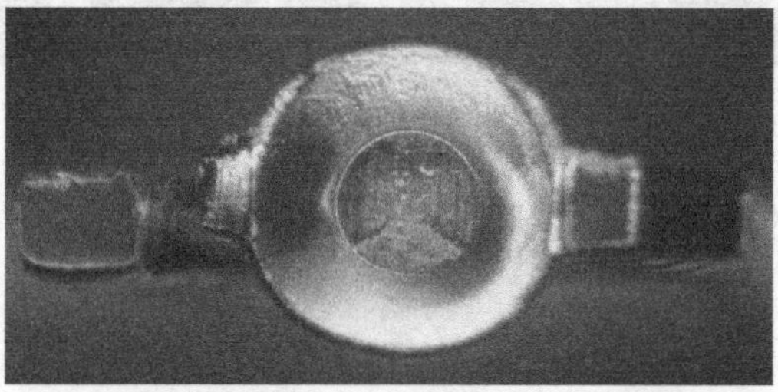

图 3-49　调节显微镜后的观察效果

（2）试点第一条支架；点完之后送检，检测胶量是否符合要求。如果胶量不符合要求，则再次调节点胶机的时间和气压，使出胶量合乎标准。

（3）当胶量调好之后，找到最右侧的第一排碗杯，用点胶针头将银胶点到支架碗杯中心，如图 3-50 所示。

图 3-50 点胶图示

（4）重复步骤（3）的操作，按竖直方向点完一排碗杯，再向左顺次点相临的一排碗杯，如图 3-51 所示。

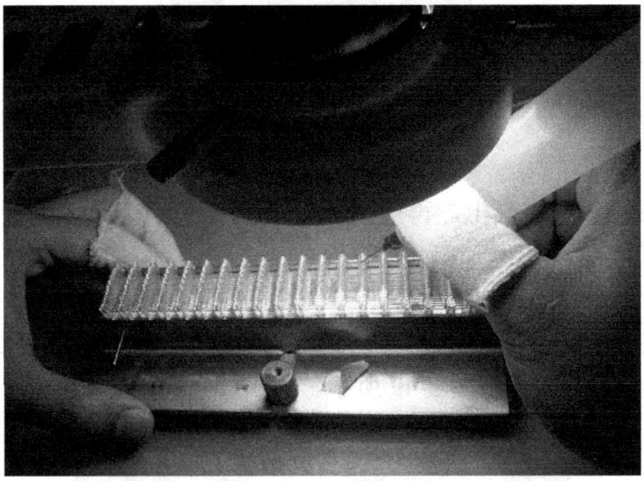

图 3-51 点胶操作

（5）重复步骤（4）的动作，点完夹具的全部支架。

3. 清洗工作

（1）点胶工作结束后，应用沾有丙酮（酒精）的脱脂棉擦拭针筒、不锈钢棒。

（2）若点胶底板上或夹具（压板）有银胶，要用沾有丙酮的脱脂棉拭去。

（3）针头是不易疏通的，所以要浸泡在丙酮中，然后再用点胶机通气以检查是否疏通。

4. 工艺要求

（1）因为点胶的位置对 LED 的发光角度，发光品质会有影响，因此银胶应点到支架碗杯中心。

（2）点银胶量要适度，让固晶时银胶能包住芯片，银胶高度在芯片高度后 1/3 以下，1/4 以上，偏心距离小于芯片直径的 1/3。

5. 注意事项

（1）每天生产所使用的银胶或绝缘胶，必须由领班或代班分发和回收（一定是常温解冻过的）。

（2）解冻前，请将针筒或罐子直立解冻，直至完全达到解冻时间才可使用。

（3）加胶前，切记将针筒或罐子上的水汽或水珠擦拭干净。

（4）在加胶过程中，胶量不宜加入太多，大约控制在当天所使用的范围内。

（5）使用当天不得将银胶反复解冻或冷冻，此举动可能造成胶产生气泡，胶干或胶分离现象。

（6）当导电银胶出现拉丝现象，无论导电银胶使用时间长短都要更换。

（7）加胶完毕，必须立刻放入冰箱，延误时间最长不得超过半小时，并认真记录好冰箱温度。

3.3.4 点胶不良现象产生的原因及解决方法

点胶不良现象产生原因及解决方法，如表 3-9 所示。

表 3-9 点胶不良现象产生原因及解决方法

不良项目	不良说明	产生原因	解决方法
漏点	支架点胶区未点银胶	作业员移动支架速度过快疏忽造成	要求作业员工作认真，并做好自主检查
点偏	银胶的圆心和杯底圆心之间的距离大于 1/6 杯底直径	1. 作业员操作不熟练； 2. 作业员对标准不了解； 3. 作业员情绪不佳	1. 领班针对作业员做好岗前培训，先培训再上岗； 2. 督导作业员做好自主检查及质量管理员（QC）做好质量检查
银胶过多	固晶后银胶量高于芯片高度的 1/2	1. 点胶气压调太大； 2. 点胶时针头出胶时间停留过长； 3. 作业员“求量不求质”的心理造成； 4. 作业员对标准不了解	1. 注意点胶机气压的调整； 2. 领班讲解标准，加强作业员对标准的了解； 3. 提高作业员的质量意识，并采取质量奖罚的方式约束
银胶过少	固晶后银胶量低于芯片高度的 1/4	1. 点胶时气压调太小； 2. 点胶时针头出胶时间停留过短； 3. 作业员“求量不求质”的心理造成； 4. 作业员对标准不了解	1. 注意点胶机气压的调整； 2. 领班讲解标准，加强作业员对标准的了解； 3. 提高作业员的质量意识，并采取质量奖罚的方式约束
杯壁粘胶	支架杯内壁沾有多余银胶或绝缘胶	1. 点胶速度过快造成； 2. 点胶员作业不熟练； 3. 握针筒的方式不正确	1. 注意速度控制； 2. 加强作业员岗前培训，领班讲解作业标准，培训合格后再上岗

3.4 固晶

固晶是将芯片固定在支架的碗杯中。

固晶需要用到的材料为扩张好的芯片、点好胶的支架。

需要用到的工具设备为固晶笔、挑晶笔、砂纸、手指套、固晶座、防静电手环、显微镜、铁盘。

其中，砂纸可以用来打磨固晶笔和挑晶笔；固晶笔用来固晶；当芯片没固好时，可以用挑晶笔进行调正，如图 3-52 所示。

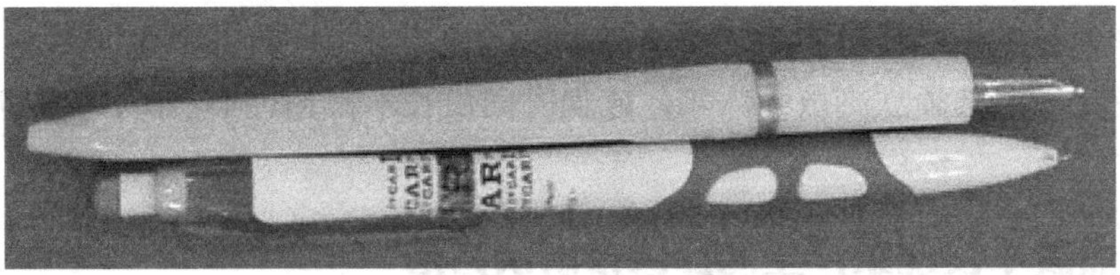

图 3-52 固晶笔（上）和挑晶笔（下）

3.4.1 固晶流程与工艺要求

1．准备工作

（1）核对生产配料单，确认产品型号、支架型号、芯片型号、芯片参数。

（2）在随工单（见第 2 章表 2-5）上填写工作日期、支架型号、芯片的型号批号、操作者的工号、投料数及单管型号。

（3）准备好固晶用的针笔，针笔需用 500 目细砂纸磨好（针笔要从上到下逐渐变细，针尖要尖，四周圆且光滑，不能有毛刺）。

（4）开启显微镜，将扩张好的翻晶膜反面在上、正面（有晶的一面）在下，平稳放入固晶座上。

（5）将固晶座移到显微镜下，对着晶粒调整显微镜的倍率（目镜向外移变大，反之变小）及高度，使眼睛能清楚看到晶粒。

图 3-53 所示为固晶所有的准备材料。

2．固晶步骤

（1）把固晶夹具放在固晶面板上，左手将夹具移到固晶座下，对照翻晶膜下方的晶粒调整固晶座上的四个螺钉，调到晶粒和支架紧密接触，但支架左右移动时不会碰触到晶粒；注意调整时应从高往低调，以免太低抹掉晶粒；最后微调一下显微镜的高度，使眼睛能看清晶粒与支架，如图 3-54 所示。

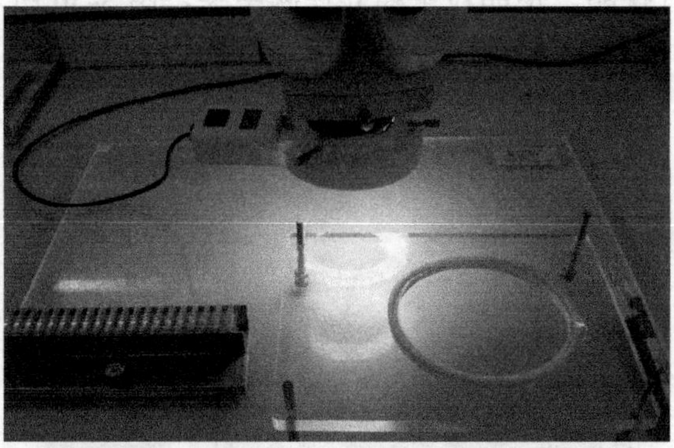

图 3-53　固晶准备材料

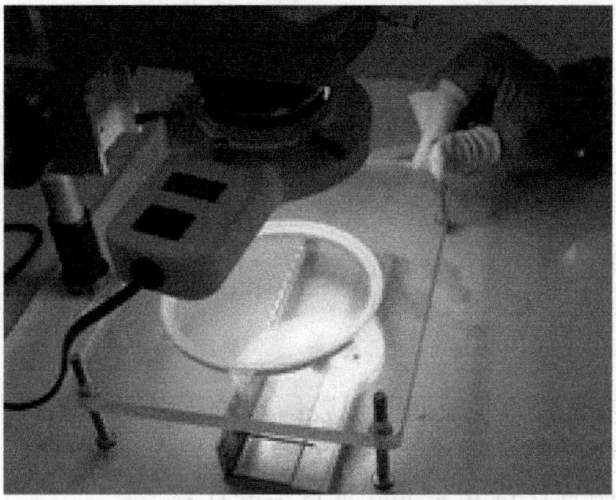

图 3-54　调节固晶座

（2）用固晶针笔将晶粒逐一划到支架碗杯的银胶上，如图 3-55 所示。

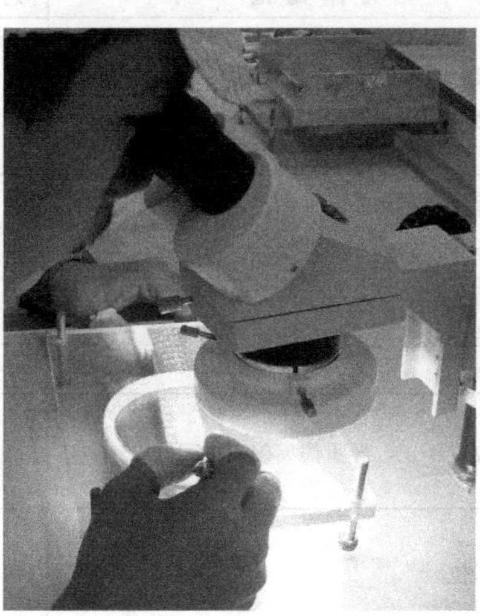

图 3-55　固晶操作

（3）固完一批后进行扶晶，使晶粒平稳立在碗中央，图 3-56 所示为较好的固晶结果。

图 3-56　固晶图示

（4）固晶结束后，将支架（带夹具）放入铁盘中，每盘按适当的数量放好后送 QC 站检查。

（5）整道工序结束后，关闭显微镜，盖上防尘罩；用酒精或丙酮清洗针筒、针头、不锈钢棒等工具；未固完的芯片应用防静电袋装好放入干燥箱。

（6）认真填写随工单。

3．工艺要求

固晶操作的基本工艺要求为晶粒四面包胶；晶粒要平，且在碗中央；杜绝斜片、晶粒固反；芯片不可悬浮在银胶上，固到底，免掉芯片。

表 3-10 详细列举了固晶的规范要求及常见问题处理。

表 3-10　固晶的规范要求及常见问题处理

固晶图面	固晶规范	判　定	处理方式
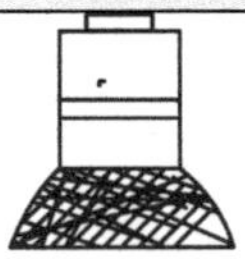	芯片任一个面银胶胶量占芯片高度的 1/3～1/4，并保持芯片周围 2/3 以上不粘胶。	OK	
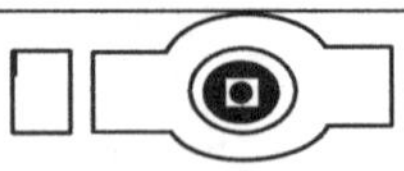	保持焊垫和芯片表面不粘胶，芯片不能偏离碗底中间位置，碗壁不能粘胶。	OK	
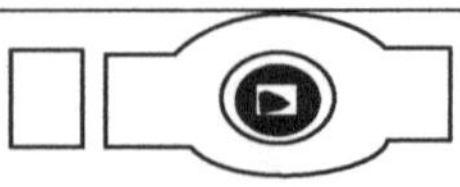	焊垫粘胶或有污染物、杂物	NO	焊垫粘胶或有污染物应挟掉芯片，搁置一边，另作处理
	芯片位置不正，严重偏离碗底中间位置	NO	用固晶笔将芯片轻轻推至碗底中间位置
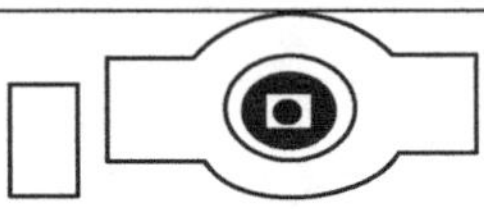	支架错位	NO	用镊子将错位支架纠正

续表

固 晶 图 面	固 晶 规 范	判　定	处 理 方 式
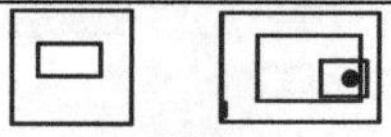	芯片没有固在固晶区（此种情况主要是用平头支架固晶时出现）	NO	用固晶笔将芯片轻轻推至支架中间位置
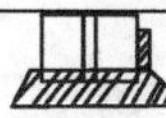	芯片倾倒	NO	挟掉芯片并重新补固芯片
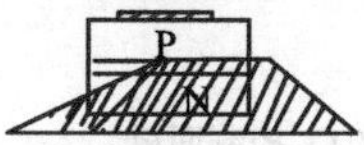	银胶量太多超过 P-N 结，或芯片四个面的其中一个面粘胶量超过 P-N 结	NO	挟掉芯片并重新补固芯片
	银胶量占芯片高度的 1/5 以下，胶量太少	NO	用镊子挟起芯片，补点银胶后将芯片固回
	芯片固歪	NO	用固晶笔将歪斜芯片固正
	芯片底部没有完全接触到银胶	NO	将银胶补点均匀，用固晶笔将芯片固正
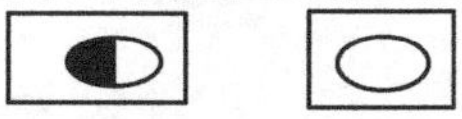	铝垫不全或焊垫脱落超过焊垫面积的 1/4 以上	NO	挟掉芯片并重新补固芯片，若数量过多通知品管人员

4．注意事项

（1）固晶首根应送检，首批送检，检验合格方可批量固晶。

（2）晶粒平稳固在胶的中间，晶粒四面有银胶，银胶高度不应超过晶粒的 1/3。

（3）固完后芯片要扶正，且不能让晶粒粘胶而造成 IR。

（4）固晶时必须戴上防静电手腕以确保芯片不被静电击穿。

3.5　固化

固晶之后，需要对银胶或绝缘胶进行固化，使其性能稳定。

固化需要用到的材料为固好芯片并通过检验的支架。

需要用到的工具设备为托盘、夹具、烘烤箱。

3.5.1　烘烤箱的组成与操作维护

在 LED 封装流程中，有多道工序需要用到烘烤箱，包括固晶后的固化、AB 胶预热、模条预热、短烤、长烤。

LED 封装所用烘烘烤箱一般为精密烘烤箱，采用固态继电器加热方式，温度控制稳定，噪声低，操作方便。适用于烘烤温度在 200℃以下的各种五金，电子产品，尤其对生产单管 LED、数码管、背光源等产品，具有烘干快、不裂胶、支架不变色等优点。

1．主要组成

烘烤箱主要由三部分组成，如图3-57所示。

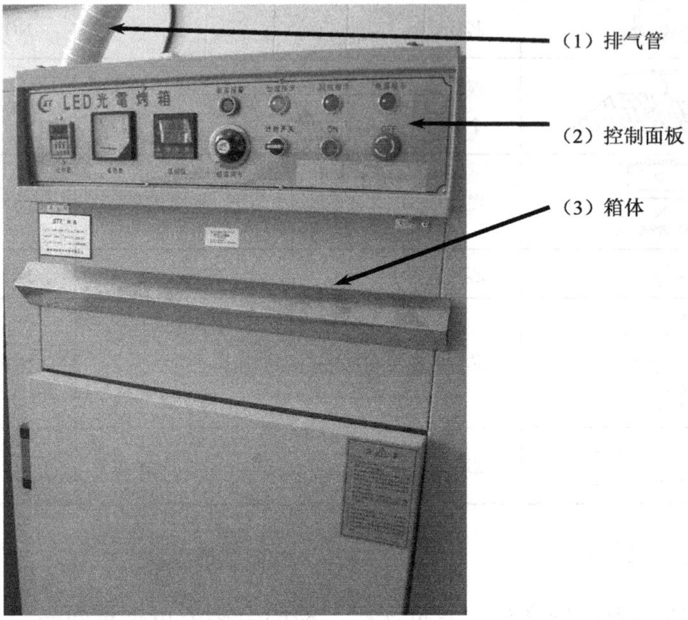

图3-57　烘烤箱

（1）排气管：和鼓风机相连，有效排出烘烤箱的热气。

（2）控制面板：如图3-58所示，从左到右依次是计时器、电流表、温控仪、超温报警指示灯、超温调节旋钮、加温指示灯、计时开关、风机指示灯、电源启动按钮 ON、电源指示灯、总电源按钮OFF。

各按键作用可见下文的烘烤箱操作说明。

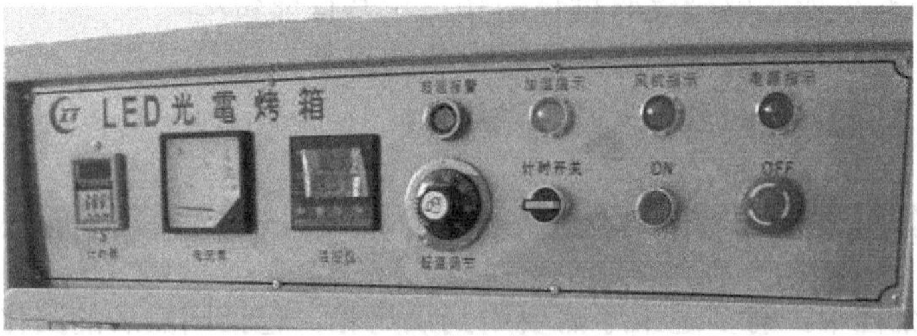

图3-58　烘烤箱控制面板

（3）箱体：表面采用静电烤漆，内腔采用不锈钢板制造，不生锈，经久耐用，如图3-59所示。

图 3-59 内箱体

2．操作说明

（1）每台烘烤箱须单独配备一个隔离开关。

（2）按要求连接好电源（三相五线电源）。

（3）把总电源旋钮 OFF 向右旋转，电源指示灯亮。

（4）轻按 ON 按钮，风机启动，烘烤箱开始工作。

（5）设定定时开关

① 开机计时：先在计时器上设定时间（0～999min 任意设定）。打开计时开关，此时计时器上显示时间开始计时。设定时间到，计时蜂鸣器工作。此时须关闭计时开关。如计时器不关蜂鸣器不停止。

② 到温计时：轻按温控表 SET 键二次，上方红色显示 ST 字样，下方显示 0，此时按上升/下降键设定所需要的时间（0～999min 任意设定）。

③ 温度设定：轻按 SET 按钮一次，上方红色显示 SP 字样，下方显示数字，此时轻按上升/下降键，设定所需要的温度。

④ 设定到温计时功能：当温度达到所设定的温度时，计时器开始工作，到设定的时间后，烘烤箱自动关闭加热系统。风机继续运转确保烘烤箱内气体流通。

⑤ 继续设定：重复原步骤。

⑥ 当电源启动至 NO 位置，电机指示灯亮，电机工作。当加热系统开始工作时，加热指示灯亮，温控表显示温度。电流表显示工作电流，当温度达到设定温度，电流表复位。

⑦ 超温报警设定：将超温报警器温度设置至比温控器所设定的温度高于 10℃的位置，当温度超过设定温度时，报警器报警。

3．一般性故障及维修

烘烤箱的故障原因及维修如表 3-11 所示。

表 3-11　烘烤箱的故障原因及维修

故障类型	故障原因	清除办法
总电源旋钮开关开至 NO 位置指示灯不亮	1．电源没接好； 2．总电源旋钮开关损坏； 3．断路器烧坏； 4．热过载继电器没复位； 5．超温报警器断开； 6．总电源指示灯损坏	1．检查电源； 2．检查总电源旋钮开关； 3．检查断路器； 4．检查热过载继电器； 5．检查超温报警器或调高设定温度； 6．检查总电源指示灯
风机旋钮开关开至 NO 位置，风机指示灯不亮，鼓风电机不工作	1．风机电源指示灯损坏； 2．风机旋钮开关损坏； 3．风机交流接触器损坏； 4．鼓风电机损坏	1．检查风机电源指示灯； 2．检查风机旋钮开关； 3．检查风机交流接触器； 4．检查鼓风电机
加热旋钮开关至 NO 位置，加热指示灯不亮，温控器不显温度	1．加热电源指示灯损坏； 2．加热旋钮指示灯损坏； 3．温控器损坏； 4．风机电源没启动； 5．电流表损坏	1．检查加热电源指示灯； 2．检查加热旋钮开关； 3．检查温控器； 4．检查鼓风机是否开启； 5．检查电流表
电流表不显示或显示不足电流，烘烤箱不升温	1．电热管交流接触器损坏； 2．电热管损坏； 3．温控表损坏； 4．高温接线端子老化； 5．电流表损坏	1．检查电热管交流接触器； 2．检查电热管； 3．检查温控表是否有电源输出； 4．检查电源是否到电热管； 5．检查电流表

4．注意事项

（1）严禁烘烤易燃、易爆、有剧毒化学物品。

（2）烘烤箱是高温作业设备，在使用时手及身体部分不要直接接触烘烤箱内任何物体，以免烫伤。

（3）设备配电箱内电源为 380V，如电源控制出现故障须维修时，须切断电源再维修，不得随意打开控制箱，以免发生危险。

（4）设备应安装在室内，严禁有雨水或阳光直射。

（5）烘烤箱左右空间不应少于 500mm，后背距墙壁不得少于 200mm。

（6）如烘烤的产品含有化学物质，建议用内径 50mm 的软管连接排气管来排除废气，确保操作人员身体健康。

（7）烘烤箱内应保持清洁，干燥，若长期停机应切断电源，用气泡纸或软体纸包装。

3.5.2　固化流程与工艺要求

1. 准备工作

（1）打开烘烤箱，检查烘烤箱内是否有东西，核对需要烘烤产品的产品型号，材料型号。

（2）打开烘烤箱电源开关、鼓风、加热，设定烘烤箱温度（150℃）及固化时间（105min），如图 3-60 所示，此时烘烤箱温度为 110℃，处于加温过程中。

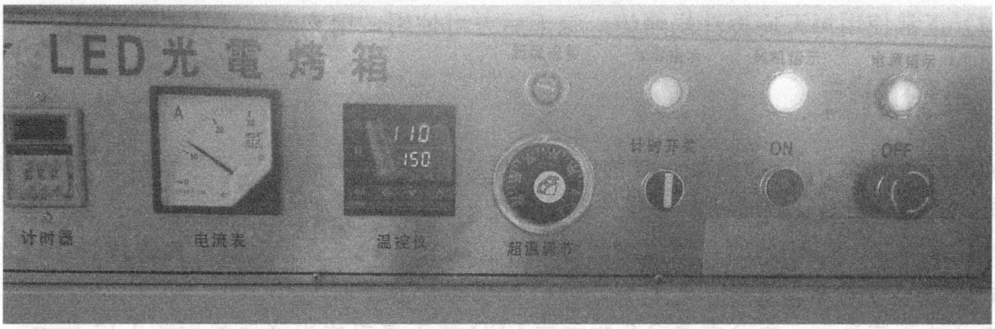

图 3-60　设置烘烤温度

2. 烘烤步骤

将固好芯片的支架送 QC 站检验，检验合格方可放入烘烤箱烘烤，并真实记录时间与温度。

（1）待烘烤箱的温度达到设定值时，将支架送入箱内进行烘烤，并启动计时开关，如图 3-61 所示，此时烤箱已开始计时 34min。

（2）烘烤完将支架取出烘烤箱，送 QC 站检验是否完全固化。

（3）检验合格方可放入冷却区，使其自然冷却，以待焊线。

（4）固化结束后，关闭烘烤箱，认真填写随工单。

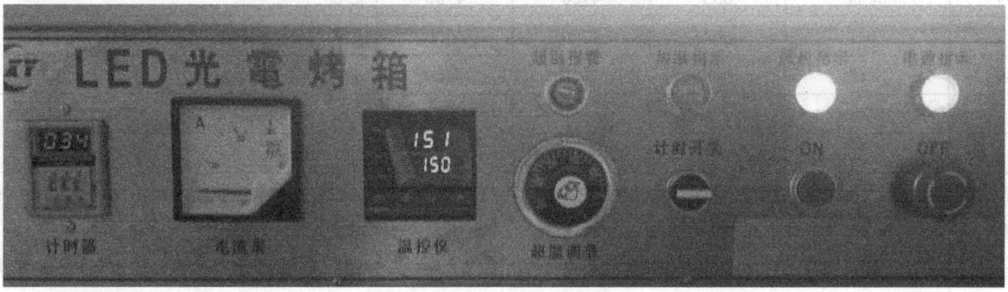

图 3-61　烘烤过程

3. 工艺要求

烘烤时间要足够；温度要设定正确。

4．注意事项

（1）勿混产品，随工单与产品要跟随对应。
（2）冷箱体时，必须将箱体预热到设定的温度才能开始烘烤。
（3）热箱体时，必须确保温度与设定的温度相符合。
（4）烘烤产品出烘烤箱完成后，必须马上关闭烘烤箱门，以免造成温度流失。
（5）烘烤箱在烘烤状态下，严禁打开烘烤箱门。
（6）除烘烤箱操作人员外，其他人员未经允许严禁调整或使用。
（7）正常使用每天应擦洗烘烤箱，晾干后方可使用，用完应及时关闭烘烤箱电源。

知识小结

固晶环节是整个 LED 封装过程的起始操作，它涉及芯片、支架等基本原材料的检测；涉及扩晶、点胶、固晶、固化等基本操作，是整个 LED 封装过程中很重要的一环。固晶的目的是将芯片固定在支架碗杯的合适位置。而芯片在碗杯中的位置，对其后续的焊线等操作及其成品后的出光角度等参数有很大影响，务必重视其细节要求。

固晶环节结束后，第 2 章表 2-5 所示的 LED 随工单中的内容填写如表 3-12 所示。

表 3-12　固晶结束后的随工单

<table>
<tr><td colspan="2">产品型号</td><td colspan="3">9554SR-85/40</td><td>晶粒型号</td><td>CL-CALR708U</td></tr>
<tr><td rowspan="2">大圆片</td><td>批号</td><td colspan="4">001</td><td>支架型号</td></tr>
<tr><td>参数</td><td colspan="2">电压：1.99～2.02V
波长：620～623nm
亮度：94～104mcd</td><td>晶粒数</td><td>5500</td><td>2003 杯</td></tr>
<tr><td>日期</td><td>工作站</td><td>工号姓名</td><td>投料数</td><td>合格数</td><td colspan="2">不合格品分类</td></tr>
<tr><td>4-9</td><td>扩晶</td><td>001</td><td>5500</td><td>4500</td><td colspan="2">芯片浪费</td></tr>
<tr><td>4-9</td><td>点胶</td><td>002</td><td>5000</td><td>4900</td><td colspan="2">C 品（碗杯损坏、胶太多）</td></tr>
<tr><td>4-9</td><td>固晶</td><td>003</td><td>4900</td><td>4700</td><td colspan="2">C 品</td></tr>
<tr><td>4-9</td><td>QC1</td><td>004</td><td>4700</td><td>4600</td><td colspan="2">C 品</td></tr>
<tr><td>4-9</td><td>固化</td><td>005</td><td>4600</td><td>4600</td><td colspan="2"></td></tr>
<tr><td></td><td>焊线</td><td></td><td></td><td></td><td colspan="2"></td></tr>
<tr><td></td><td>QC2</td><td></td><td></td><td></td><td colspan="2"></td></tr>
<tr><td>备注</td><td colspan="6">点胶起止时间：8：30～11：00（学生手动点胶一根支架约 3 分钟，配备 5 台点胶机，故需用时约 2.5 小时）
扩晶起止时间：8：30～9：30
固晶起止时间：9：10～11：40（学生手动固晶一根支架约 10 分钟，配备 15 台显微镜，故需用时约 2.5 小时）
固化起止时间：11：45～14：00
焊线起止时间：14：10～16：10（学生手动焊线一根支架约 3 分钟，配备 6 台焊线机，故需用时约 2 小时）</td></tr>
</table>

版本 1.0　　　　SC-B-001-01

注：因为实际 LED 生产中采用自动化生产，故扩晶、点胶、固晶都合为一个工序，在自动固晶机上完成，所以第 2 章表 2-5 所示的随工单只有体现“固晶”工作站；而学生学习过程中，都为手动操作，因此把固晶站分开为扩晶、点胶、固晶三道工序。

思考题 3

1．为什么要对芯片进行扩晶操作？
2．请选择一张芯片，通过芯片后的标签来识别芯片的基本信息。
3．扩晶工艺进行前，为什么要进行翻膜操作？
4．扩晶过程有哪些环节会产生静电？如何避免？
5．请说出单面电极芯片与双面电极芯片有哪些区别。
6．点胶工艺中，对胶的高度有什么要求？
7．请说出银胶和绝缘胶的使用区别。
8．点胶过程中如不慎在皮肤上沾上了银胶或绝缘胶，应该如何处理？
9．LED 的封装工艺中为什么要进行固晶操作？
10．如何在手动固晶过程中有效进行固晶操作？
11．列举五种固晶失效模式，并写出其处理方法。

第4章 LED封装的焊线环节

知识分布网络

- 焊线环节
  - 焊线
    - 材料和设备：金线、瓷嘴、超声波金丝球焊线机、拉力计等
    - 焊线流程
    - 工艺要求
    - 注意事项
  - 焊线四要素
  - 焊线中常见问题

焊线是 LED 生产中非常重要的一个环节，它是通过焊线机用金线将 LED 的支架引脚和 LED 芯片电极进行焊接，这样才能完成 LED 芯片的电气连接，使之发光。焊线操作完毕后，应在显微镜下进行检查及拉力测试，焊线环节流程如图 4-1 所示。检测合格后，方可进入下一道灌胶工序。

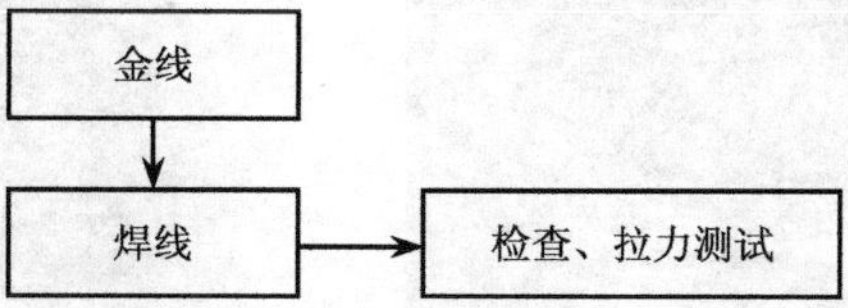

图 4-1　焊线环节流程图

4.1　焊线

固晶结束后经过固化后进入下一个环节，就是焊线，也称引线焊接、压焊、键合等。通常是采用热超声键合工艺，利用热及超声波，在压力、热量和超声波能量的共同作用下，使焊丝焊接到芯片的电极上及支架上，在芯片电极和外引线键合区形成良好的欧姆接触，完成芯片的内外电路的连接工作。

焊线需要用到的材料为焊丝（一般为金线）、待焊线的支架，如图 4-2 所示。

需要用到的工具设备为超声波金丝球焊线机、拉力计、防静电手环、布指套、镊子、螺钉刀、挑晶笔、酒精、钨丝、铁盘、夹具。部分工具如图 4-3 所示。

图 4-2　待焊线的支架

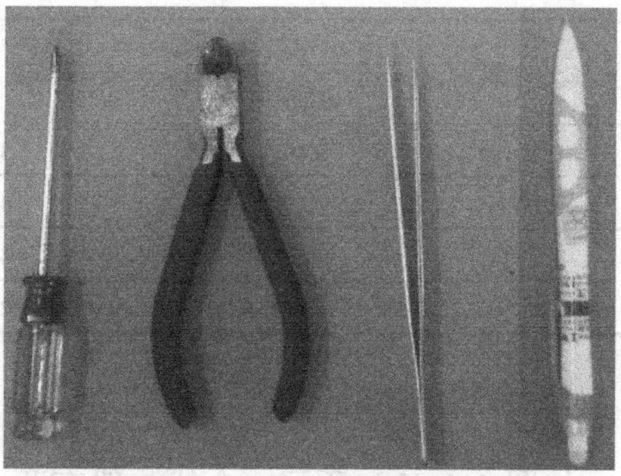

图 4-3　部分焊线工具

焊丝的材料大致可分为三类：金线、铝线、铜线。封装不同的光电器件所使用的材料有所不同，目前，LED 的封装产品主要采用金线。

4.1.1　金线

LED 键合金线是由纯度为 99.99%以上的金（Au）材质键合拉丝而成。目前市面上 LED

键合金线，根据使用范围不同，有 16～50μm 不同的直径；一般每卷长度为 500m，市面上也有每卷 1000m 的金线。成卷金线如图 4-4（a）所示。

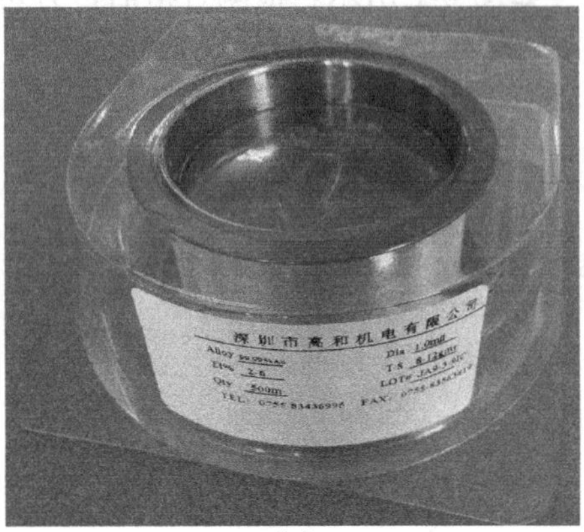

（a）

（b）

图 4-4　金线

金线在 LED 封装中起到导线连接的作用，将芯片表面电极和支架连接起来。当导通时，电流通过金线进入芯片，使芯片发光。

铝线也可以作为 LED 芯片与支架间的连接线。但是，金线具有电导率大、耐腐蚀、韧性好等优点，广泛应用于集成电路；相比较其他材质而言，其最大的优点就是抗氧化性，这是金线广泛应用于 LED 封装的主要原因。表 4-1 对比了常见的金属材料特性。

表 4-1　常见的金属材料对比

金　属	电阻率（欧姆*m）	导热系数（W/m*K）	硬度（设金刚石的硬度为 10 当做标准）	价　格
金	$2.44*10^{-8}$	317	约为 3	昂贵
银	$1.59*10^{-8}$	429	约为 4	昂贵
铜	$1.7*10^{-8}$	401	约为 6	贵
铝	$2.82*10^{-8}$	234	约为 2	便宜

1．金线的拆装

如图 4-4（b）所示，金线一般有两个标记，一为绿色贴；二为红色贴。金线拆开时，应从绿贴处拆开，此是金线的线头，线尾在红贴处。在焊线机上安装时，要使线头（绿贴）朝上，线尾（红贴）处朝下。

注意：拆装过程中绝对不能用手直接碰触金线，双手应该戴上手指套。

2．金线的检验

金线进料检验主要是金线外观和拉力的检测，外观要求金线干净无尘和整洁，拉力测试对进料卷数抽取 30%做拉力测试，取每卷的 5～10cm 做拉力测试，测试结果：1.0mil 金线拉力必须大于 7g，小于或等于 7g 为不合格；1.2mil 金线拉力必须大于 15g，小于或等于 15g 为不合格。金线的检验内容如表 4-2 所示。

注：1mil 为 25μm。

表 4-2　金线检验

类　别	项　目	检 查 内 容	使用工具
外观	产品标签	产品为认定过的品牌	目测
	外观	金线或铝丝缠绕整齐、丝头标识清楚	目测
工艺验证（车间先领用）	拉力	按正常工艺条件焊线 铝线任抽 2 片，每片 5 点，单点拉力不得低于 7g，平均不得低于 8.5g 金线任抽 2 条，每条 5 点，单点拉力不得低于 4g，平均不得低于 5g	拉力计
	外观	金线或铝丝缠绕整齐，中间无断线	目测

4.1.2　瓷嘴

瓷嘴也称陶瓷劈刀，是焊线机的一个重要组成部件；金线通过焊线机的送线系统最后到达瓷嘴；在瓷嘴上下移动的过程中完成烧球、焊线等操作。简言之，金线通过瓷嘴和 LED 芯片、支架进行压焊。

图 4-5 给出了几种常见的瓷嘴型号。

1．瓷嘴的形状

图 4-6 所示为瓷嘴的外观，表 4-3 所示为瓷嘴各个代码的定义。

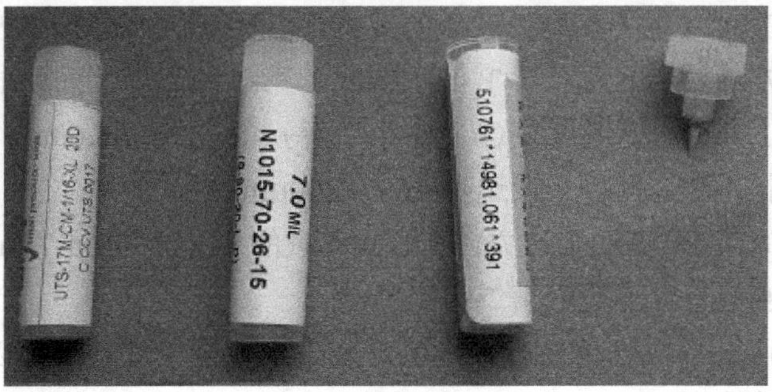

图 4-5　几种瓷嘴型号

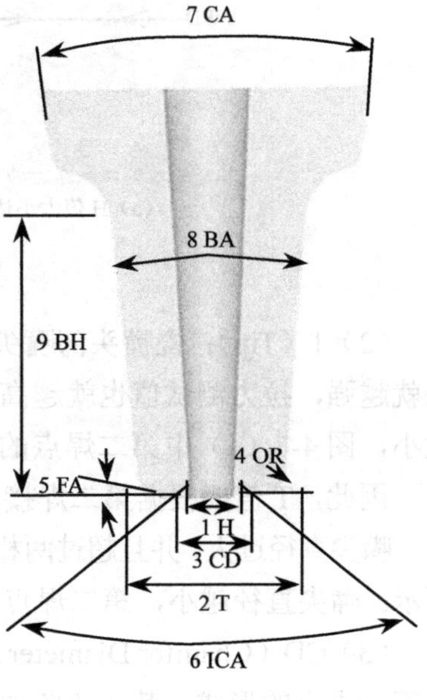

图 4-6　瓷嘴的外观

表 4-3　瓷嘴各个代码的定义

代　　码	定　　义
H（Hole）	孔径
T（Tip）	头部嘴尖直径
CD（Chamfer Diameter）	斜切后头部内倒角直径
OR（Outside Radius）	头部端面外圆直径
FA（Face Angle）	头部端面角
ICA（Inner Chamfer Angle）	内倒角角度
CA（Chamfer Angle）	外端面夹角
BA（Bottleneck Angle）	瓶颈角
BH（Bottleneck Height）	瓶颈高度

（1）H（Hole）：瓷嘴内孔直径，一定要比金线直径大，这非常重要。一般，我们取瓷嘴的孔径为金线线径的（1.2～1.5）倍。例如，25～30μm 的金线就应该使用 15～17 的瓷嘴（为瓷嘴的型号），即孔径为 38～43μm 的瓷嘴。

图 4-7（a）所示为大小适中的孔径大小（图中 WD 为金线直径），而图 4-7（b）所示的瓷嘴孔径则过大，易造成孔径和线径中心不重合，焊接时易断线。

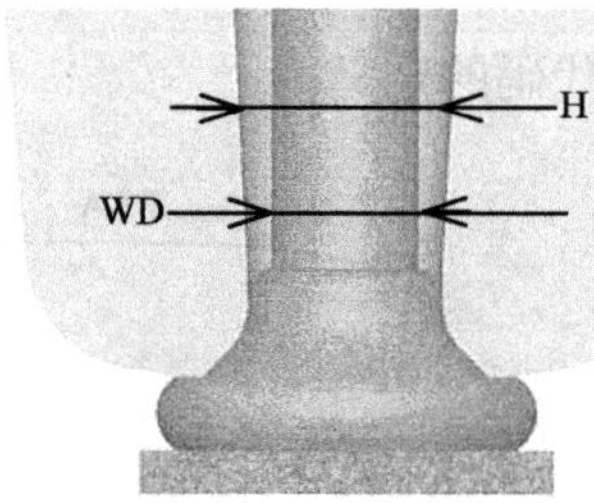

（a）H 值大小适中

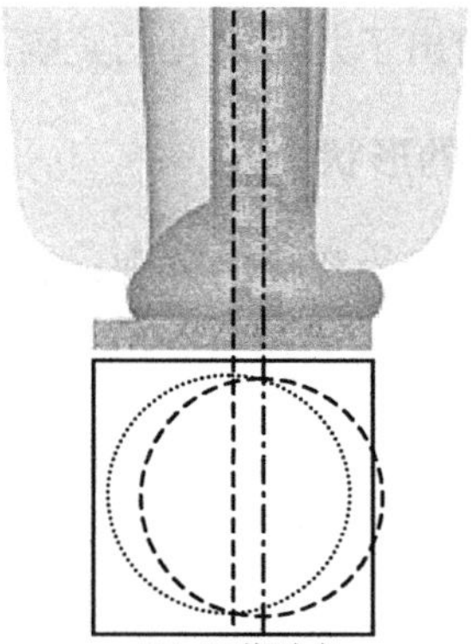

（b）H 值过大

图 4-7　瓷嘴 H 值与线径的关系

（2）T（Tip）：瓷嘴头部嘴尖直径，T 尺寸越大，第二焊点的焊接面积也越大，焊接强度也就越强，拉力测试值也就越高。图 4-7 列举了不同瓷嘴 T 值所造成的第二焊点焊接面积的大小，图 4-7（a）中第二焊点的直径为 1.7mil，而图 4-7（b）中第二焊点的直径为 0.6mil。

因此，T 值要根据第二焊接面的大小进行选择，一般选择 160～200μm。

嘴尖直径过大，并且超过两相邻焊点间最小间距，会造成瓷嘴碰到邻近的金线，如图 4-7（a）所示。嘴尖直径越小，第二焊点面积就越小，容易造成第二焊点断线。

（3）CD（Chamfer Diameter）：斜切后头部内倒角直径，作用是利于形成圆滑的弧度，以及第一焊点的形成。其示意图如图 4-8 所示。

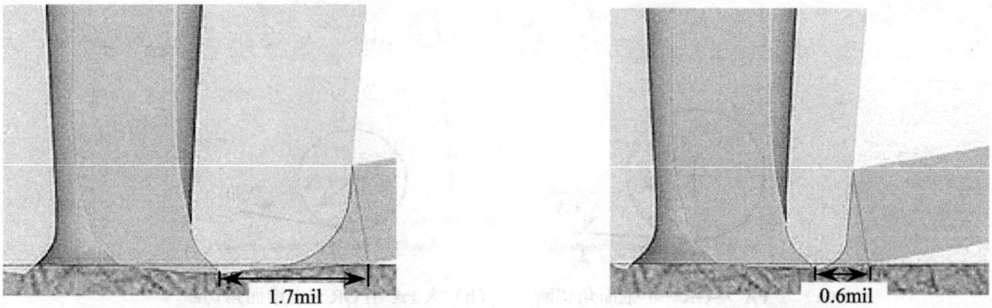

（a）面积较大　　（b）面积较小

图 4-7　瓷嘴 T 值对第二焊点面积的影响

在瓷嘴左右移动过程中，如图 4-9 所示，如果 CD 弧度过紧如图 4-9（b）所示，易损伤金线。

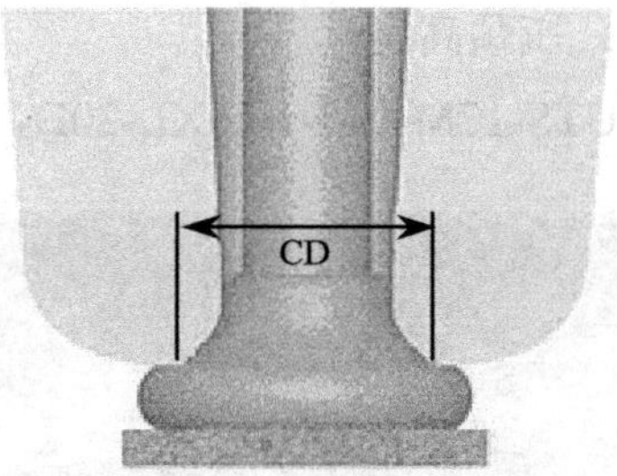

图 4-8　瓷嘴 CD 示意

（a）适中的 CD 值　　（b）CD 值过小

图 4-9　瓷嘴 CD 值对焊线的影响

（4）OR（Outer Radius）：瓷嘴头部端面外圆直径，一般有 0.5mil、0.8mil、1.2mil、1.5mil 等。

（5）FA（Face Angle）：瓷嘴头部端面角，一般可以分为 0°、4°、8°和其他更大的。

一般而言，OR 和 FA 数值需要匹配，这样可以保证第二焊点的质量。图 4-10 描述了不同 OR 和 FA 值时，在第二焊点的金线切断情况。

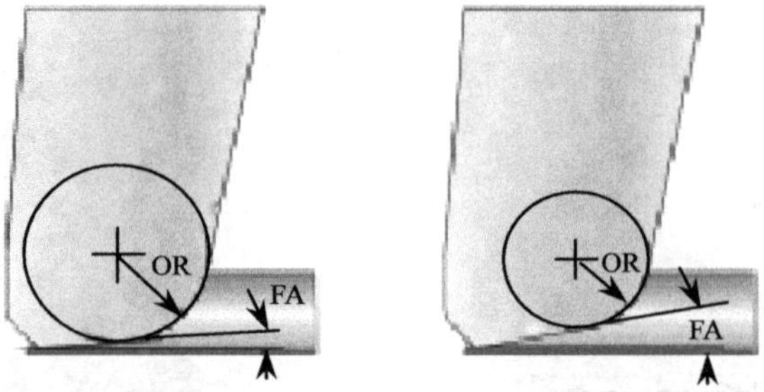

（a）小 FA 大 OR—小锥面角切断　（b）大 FA 小 OR—大锥面角切断

图 4-10　瓷嘴 OR 和 FA 的关系

（6）ICA（inside chamfer angle）：内倒角角度，一般有 90°、120° 和其他。

（7）CA（option cone angle）：外端面夹角，有 10、15、20、30、50 等角度。

（8）BA（bottleneck angle）：瓶颈角。

（9）BH（bottleneck height）：瓶颈高度。

图 4-11 所示为 SPT 的瓷嘴 UTS-17M-CM-1/16XL-20D，它的各个参数如表 4-4 所示。

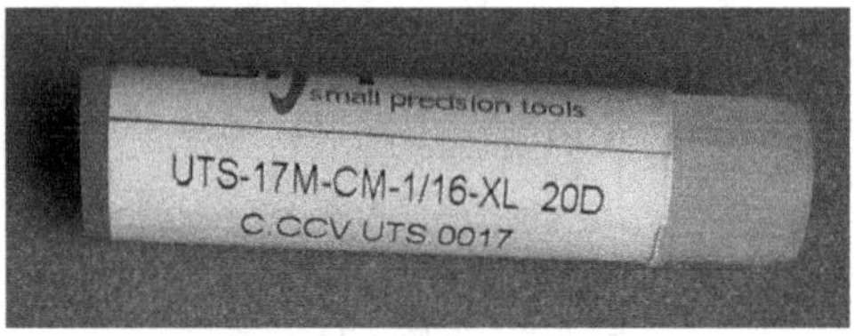

图 4-11　SPT 瓷嘴 UTS-17M-CM-1/16XL-20D

表 4-4　SPT 瓷嘴 UTS-17M-CM-1/16XL-20D 的各个参数

参　数	表 达 意 思
UT	普通型瓷嘴，不适合细间距焊接使用
S	FA 端面角为：8°，其他字母分别表示 Z—0°，F—4°，E—11°
-	ICA 内倒角角度，标准为 90°
17	H 孔径为：1.7mil
M	OR 外半径为：1.5mil
C	T 尖端直径为：9mil
M	CD 倒角直径为：2.9mil
1/16	OD 外径为：1/16 英寸，即 1.58mm
XL	瓷嘴长度为 437mil，此外，L=375mil，XXL =470mil
20	CA 外端面角度为 20°

2. 瓷嘴的选择

一般而言，瓷嘴的选用应综合金线线径、焊垫尺寸、焊垫间距、相邻弧高等因素来考虑。

（1）根据金线线径，选用瓷嘴孔径（H）

估算公式为孔径（H）= 金线线径 + 经验值（0.5～0.8mil）

（2）根据焊垫尺寸选用内倒角直径（CD）大小

估算公式为内倒角直径（CD）= 焊垫尺寸−经验值（0.8～0.9mil）

（3）根据焊垫间距选用瓷嘴头部直径（T）的大小

估算公式为头部直径（T）= 2×焊垫间距−平均金球直径

（4）根据相邻弧高和相邻间距选用瓷嘴头部形状

① 如果相邻间距≤120μm 产品，一般选用 SBN（细间距，T 值小于 165μm）或 FZA（瓶颈类型，即细节距类型劈刀）“打头”劈刀。

② 如果相邻间距>120μm 产品，一般选用 UPS（T 值大于 165μm）或 SZA（普通型瓷嘴）“打头”劈刀。

3．瓷嘴的寿命

在焊接过程中，瓷嘴需要频繁与金线和焊接面接触。如果焊接面坚硬，瓷嘴头就比较容易耗损，寿命就短。但是不是说焊接面柔软瓷嘴寿命就长。如果软了的话，焊接时就容易粘着残留物，致使瓷嘴堵塞，从而使寿命减短。

寿命的标准应根据焊接的外观及焊接面的强度设定。

一般来说，瓷嘴的使用寿命为 150～300K（指焊点数目）。

4．瓷嘴的材料

瓷嘴的材料有陶瓷、红宝石（单晶体/多晶体）、氧化皓、蓝宝石等。即使是陶瓷也是根据结晶氧化铝的粒子直径来区分的，有各种种类。一般 LED 生产中都会选择陶瓷的瓷嘴。

但是，根据焊接面的硬度及其寿命，也可选择其他的材料。

（1）红宝石（单体结晶型号）：容易形成弧形、寿命长，是通常陶瓷瓷嘴的 2.5 倍，但需要清洗干净。

（2）氧化锆：比陶瓷柔软，适用于焊接面柔软的场合。

5．瓷嘴和金线相互作用的过程

金线焊接的基本流程如图 4-12 所示。

（1）焊前准备。使金线通过送线系统穿过瓷嘴。在此过程中，要保持金线的顺直，如果金线弯折，则需用镊子将弯折部分折断后废弃。金线穿过瓷嘴后，需保留一定长度，使之经打火杆放电形成金球。并使金球对准芯片电极，准备实施一焊。

注意：打火面不得有脏污，放电场所不得有孔或凹槽，否则会使金球发生变形。

维修：一周摩擦一次打火杆。

（2）一焊。瓷嘴的 CD 部夹紧金球，下降，施加一定时间的压力，形成第一焊点。

注意：金线路径一旦脏污，会造成弧度变形，或形成高尔夫球球杆状的形状，或瓷嘴堵塞。

维修：24 小时清扫一次线夹。

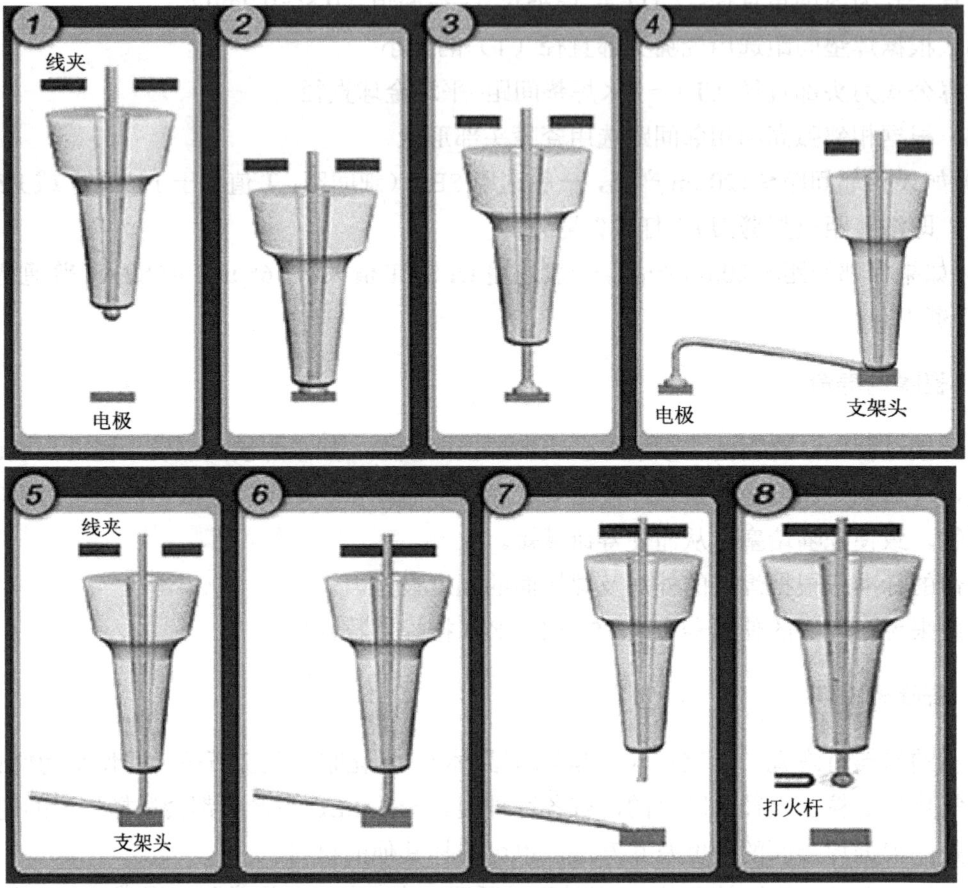

图 4-12　瓷嘴和金线相互作用焊接的过程

（3）一焊结束。一焊结束后，瓷嘴上升。

（4）二焊。向第二焊接点移动瓷嘴，形成金线弧度；并在第二焊点处下降，施加一定时间的压力，形成第二焊点。

（5）二焊焊接完成。瓷嘴上升到一定的高度，此时线夹处于打开状态。

注意点要对金线夹进行清洁并确认合适空隙。一旦脏污就会造成弧度变形，或形成高尔夫球球杆状的形状，或瓷嘴堵塞。

维修：24 小时清扫 1 次线夹，线夹要定期进行更换。

（6）确定尾丝长度。线夹关闭，夹住金线，留出一定长度的尾丝。

（7）形成尾丝。线夹关闭后，瓷嘴上升，将尾丝和第二焊点分离。

（8）焊接结束。本次焊接结束，打火杆放电，形成新的金球，准备下次焊接。

6. 瓷嘴堵塞的解决方法

瓷嘴孔极小，容易被异物堵住，使用中应注意保持清洁并定期清洗。如果堵住，一般采用以下几种方法处理。

（1）轻微堵塞：用镊子夹酒精棉球包住瓷嘴尖部，然后操作焊线机左边面板上的“超声测试”开关或按键，利用超声功率（可适当调大功率）清洗瓷嘴，每次连续时间约 3s；

（2）一般堵塞：用金球黏结法处理。首先在支架上焊接几个金球堆，然后加大压力、功率、加长时间，让瓷嘴在金球堆上焊接，即可将孔内的堵塞物黏拉出或挤拉出，最后重复第（1）项；

（3）严重堵塞：用浓硝酸和浓盐酸混合液（比例为 1:3，俗称 ? 水）浸泡，即可将堵塞物腐蚀掉，然后用清水清洗几次，再重复第（1）项；

（4）特严重堵塞：可用钨丝直接将堵塞物顶出，然后重复第（1）项。

注意：酒精清洗时，拨动超声测试开关或按键的连续时间不要超过 3s，时间太长容易造成超声板烧坏。

经过液体清洗后的瓷嘴应该放在工作台加热体上烘干，然后安装使用，否则会影响焊接效果。

浓硝酸和浓盐酸都为强酸，具有很强的腐蚀性，容易造成人体伤害或其他意外。在使用和保管时一定要非常小心，必须由专业人员操作。使用时不得让容易碰到衣物、设备、皮肤，特别是眼睛，如有碰到，应立即用大量清水冲洗，严重者送医院治疗。

4.1.3　超声波金丝球焊线机的组成与使用

超声波金丝球焊线技术是目前常用的焊丝键合工艺形式，无论是自动机还是手动机，除了操作上的不同，在原理上并没有实质性的差异。

超声波金丝球焊线机的基本原理是在超声能量、温度、压力的共同作用下形成焊点，其工艺过程可简单表示为烧球——一焊—拉丝—二焊—断丝—烧球。

在 LED 手动封装过程中，常用的超声波金丝球焊线机如图 4-13 所示。

1. 主要组成

超声波金丝球焊线机主要由以下六部分组成，如图 4-13 所示。

（1）送线系统：整个送线系统如图 4-14 所示，金线放置在封闭的玻璃罩中，注意防尘保护。

金线的安装：把金线筒座安装在机器正上方的安装位置上，将导丝管的小头穿过筒座中间的橡胶固定环，把金线筒放在金线筒座上，调整导丝管的伸缩量，让导丝管的大头应高于金线筒的上端 20～25mm；金线从导丝管穿出，经过放线系统，最后进宝石孔、线夹和瓷嘴。当需要更换金线时，注意金线的放置方向。应该带红色标记的朝下，绿色抽头朝上。

瓷嘴的安装：将瓷嘴插入换能器孔，用镊子背或其他工具固定住换能器头部，用螺钉刀将螺钉拧紧。

注意：

① 紧固瓷嘴螺钉时，一定要用工具固定住换能器头部，以免换能器移位。

② 瓷嘴螺钉的紧固力要适当。力小了瓷嘴夹不紧，影响超声输出；力大了易拧断瓷嘴螺钉，而在换能器内的瓷嘴螺钉很难取出，甚至造成换能器报废。

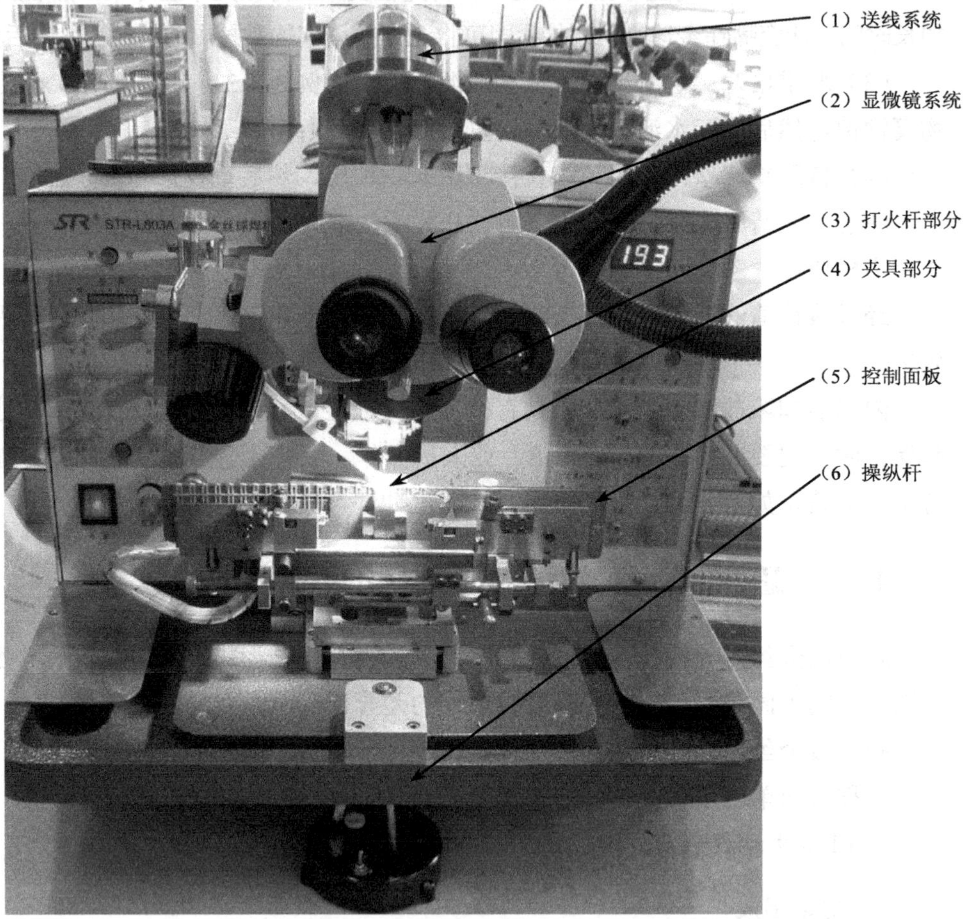

图 4-13　超声波金丝球焊线机

③ 要高度重视送线系统通道的清洁工作，一般每生产 2～5K 要用酒精对导丝管、压丝板、托丝板、导丝环、导丝板（宝石孔）、线夹、瓷嘴等过丝通道进行清洁一次。如过丝通道太脏，则易出现低弧、甩丝、伤丝、堵瓷嘴等现象。

（2）显微镜系统：通过调节显微镜，在焊线时可以看清楚支架和芯片电极。

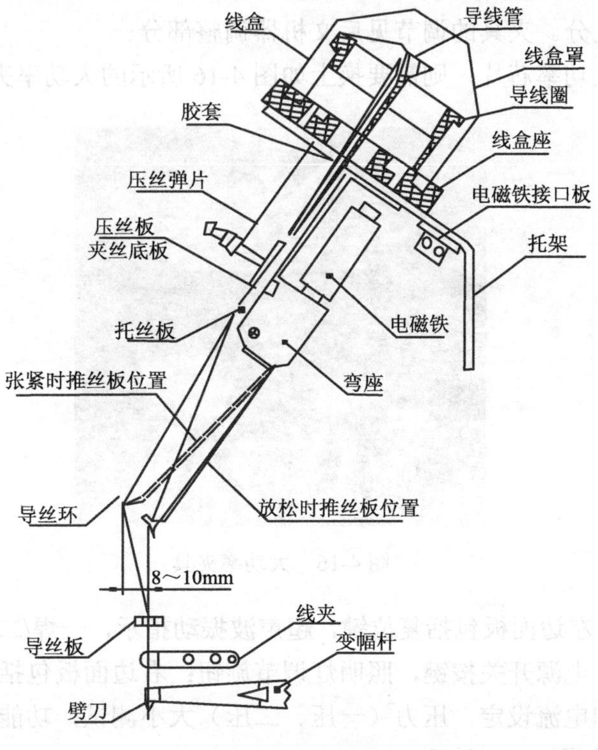

图 4-14　送线系统

（3）打火杆部分：如图 4-15 所示，焊线机工作时，通过打火杆放电，使金线烧结成球。

图 4-15　打火杆部分

（4）夹具部分：所焊接支架不同，夹具也不同，如 02 和 04 的支架高低不同，则其所对应的夹具就有高低之分。夹具的调节见后文机器调整部分。

如果需要焊接大功率芯片，则需要换上如图 4-16 所示的大功率夹具。

图 4-16　大功率夹具

（5）控制面板：左边面板包括复位键，超声波振动指示，一焊/二焊的时间、功率参数调整旋钮，测试按键，电源开关按键，照明灯调节旋钮；右边面板包括温度显示，温度设定及调整，烧球的时间和电流设定，压力（一压、二压）大小测试，功能设定与调整（具体见后文机器时用说明），如图 4-17 所示。

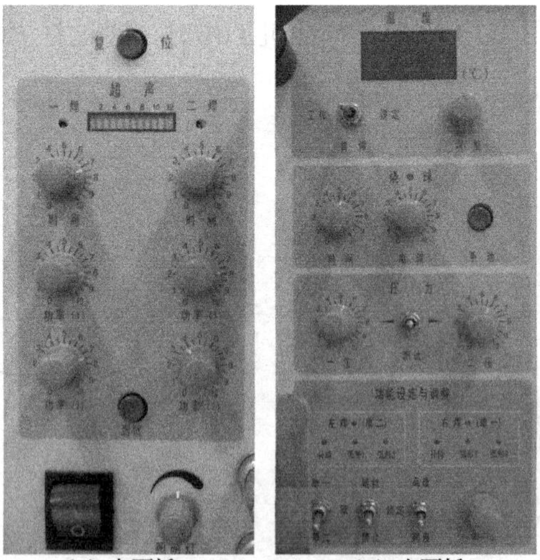

（a）左面板　　（b）右面板

图 4-17　焊线机面板

复位：可以使系统恢复到初始状态，方便进行调节。

一焊：是指对芯片电极的焊接。

二焊：是指对支架的焊接。

超声功率：控制超声波的能量大小。焊线时，利用超声波产生热能，使金线和焊接面软化，形成分子相互嵌合合金。

时间：控制超声能量作用的时间。一般的焊线机时间应该控制在 1～255ms，焊线时间太短是无法形成良好的合金的，焊线时间过长则导致焊线拉力不够或芯片电极损伤。

测试：按下此键时，机器会发出超声波，一般在调整机器时用，以及需用超声波振动疏通瓷嘴时使用。

电源：整台机器的电源开关。

照明灯：调节显微镜的照明灯亮度。

温度显示：当拨动开关拨至“工作”，显示的是当前焊线机工作温度；拨动开关拨至“设定”，显示的是焊线机的设定温度；

温度调整：温度帮助移除焊接面污染物，如潮气、油、水蒸气等，增加分子的活跃程度，有利于合金的形成。不同的金线所需的焊线温度也不一样，表 4-5 列出了常见的键合温度参考范围。

表 4-5　键合温度参考范围

电 极 类 型	铝电极+银胶	铝电极+绝缘胶	金电极+银胶	金电极+绝缘胶
键合温度（℃）	180～200	180～200	200～250	180～200

烧球：形成一焊所需的金球。一般时间越长、尾丝越长、电流越大，所烧的金线球也就越大。

压力：通过压力的作用将金线与焊接位置连接紧密并破坏焊接面表面的污染物，使之适合焊线。一压是指瓷嘴对芯片电极的压力，压力不能过大，过大有可能击碎芯片；二压是指瓷嘴对支架的压力。

功能设定与调整区：是用来设置尾丝长度、弧形高度、焊接宽度、焊接高度等参数，具体调节方法见后文机器调整部分。

在完成上述所有参数的设定后，就可以进行焊接操作。

在具体进行某种产品的压焊操作时，应该根据具体的工艺要求来设置上述参数，以获得合理优良的键合品质。

如图 4-18 所示，该图为单极性红光芯片，芯片电极为正极，通过金线把芯片电极和支架头（俗称“小头”）相连，故支架头为正极；而芯片的负极即底端通过银胶和碗杯（俗称“大头”）相连，故支架碗杯所在的引脚为负极。

对芯片电极的焊接为一焊、一压，对支架头的焊接为二焊、二压。

图 4-19 所示为双极性芯片，芯片上圆形电极为正，扇形电极为负，和芯片正电极相连的支架引脚为成品 LED 的正极，和芯片负电极相连的支架引脚为成品 LED 的负极。

对芯片两个电极的焊接为一焊、一压，对支架头的焊接为二焊、二压。

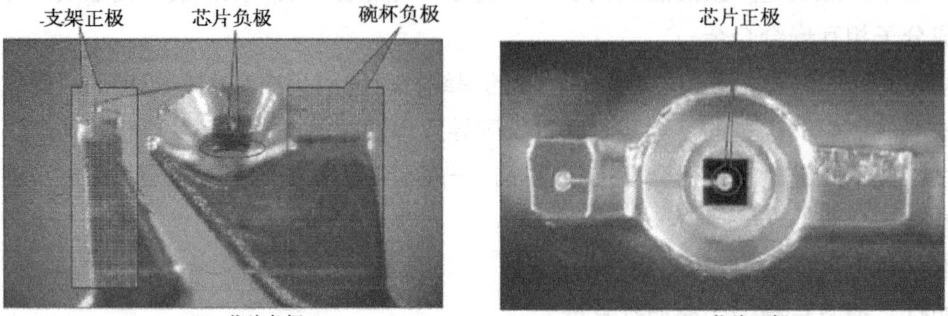

（a）芯片负极　（b）芯片正极

图 4-18　单极性芯片焊接

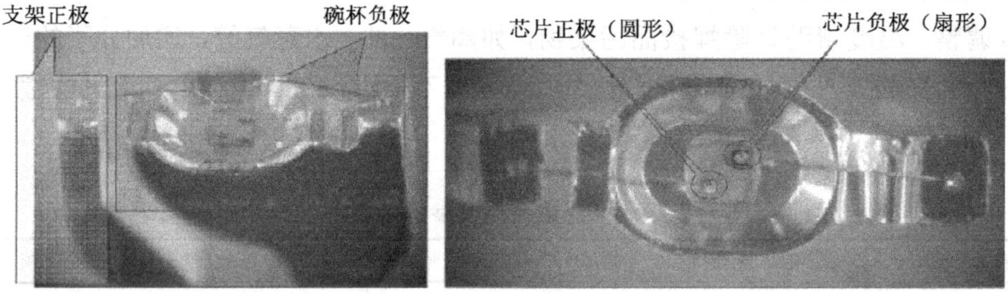

（a）支架正负极　（b）芯片正负极

图 4-19　双极性芯片焊接

（6）操纵杆：其实物图如图 4-20 所示。左侧边的不锈钢按键为过片键，按一下，支架过一个碗杯；白色按键为焊接键，按住该键，瓷嘴下降，对准芯片焊点，松开该按键，一焊完成，再按下改键，二焊开始，松开按键，二焊完成；红色按键为线夹夹紧开关，需要穿金线时，要按下该线夹开关；右边的开关为转换开关，有自动、分步、手动三挡切换。

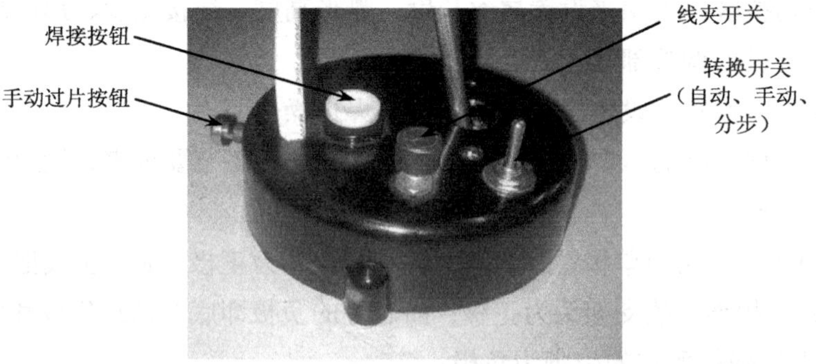

图 4-20　操纵杆

2. 机器调整

1）超声波调节

调节旋钮如图 4-17（a）所示的左面板。根据所需焊点的大小调节时间、功率。同样大小的焊点的情况下，时间长、功率小的焊点效果比时间短、功率大的焊点的效果好，功率过大会损伤芯片。

2）压力调节

调节旋钮如图 4-17（b）所示的右面板。一般在 35～120g（对应面板上的数字第 1 格～第 7 格），压力大，则需要的超声波功率小，反之，则大。压力太大，易焊烂，压力太小，焊接不可靠。

3）温度调节

调节旋钮见图 4-17（b）所示的右面板。将拨动开关拨至“设定”位置，调节温度调节旋钮，显示器上显示的值即是设定的温度值；然后，将拨动开关拨至“工作”位置，当温度升到设定值时，会自动恒定下来。“暂停”状态只显示工作台实际温度值，不加热（注意：在“设定”状态也不加热）。

4）尾丝调节

将如图 4-17（b）所示的功能设定与调整区的尾丝开关拨至“尾丝”位置，待到完成二焊，瓷嘴上升，拉出一定长度的金线（即默认的尾丝长度），瓷嘴自动停止。通过显微镜观察瓷嘴尾部的金线长度，并调节尾丝调整螺钉，即可调节尾丝长短。调好后，将“尾丝”开关拨回“锁定”位置，则瓷嘴自动回到初始位置，并烧球。若在 20s 内未调好，瓷嘴会自动复位。焊线机的尾丝调节螺钉如图 4-21 所示。

注意：尾丝长度不能调至零。即尾丝调节螺钉钉不能紧逼换能器座，否则瓷嘴不能上下活动，焊头检测不到位置，使机器动作异常。

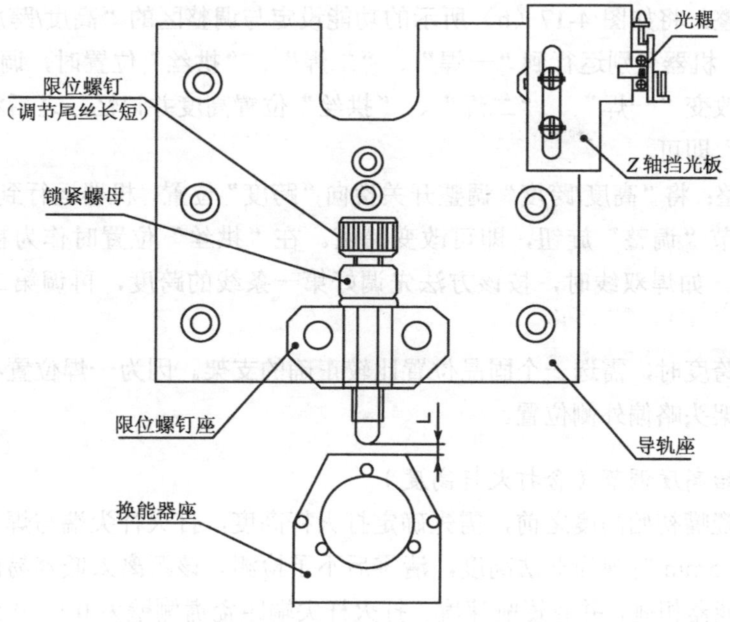

图 4-21　焊线机的尾丝调节螺钉图示

5）打火调节

调节旋钮见图 4-17（b）所示的右面板。根据所需金球的大小调节时间、电流。金球同样大小的情况下，时间长、电流小的金球比时间短、电流大的金球球度好且表面细腻。

6）照明灯调节

调节旋钮见图 4-17（a）所示的左面板。调节照明灯，使在显微镜操作下能较好地满足焊点照明。

7）金球大小调节

金球大小可由尾丝长短及打火强度的配合调节来完成，根据焊垫大小及焊接难易程度选择适当的金球大小。

在打火强度足够大的情况下，尾丝越长金球越大；反之，则越小。而尾丝固定的情况下，打火强度越小，则金球越小；反之，则越大。

8）清除记忆数据及工作面高度检测

在遇到强干扰破坏了焊线机已设定的高度数据，或工作高度须大幅更改时，可清除原记忆数据，重新测试工作面高度后，再调至所需高度。

（1）按住线夹开关，同时按下复位键，则复位的同时，原高度和跨度数据即被清除；

（2）加热体平面为基本工作面，让瓷嘴对准加热体平面，按下“焊接”按钮，焊头架下降，瓷嘴碰到加热体平面后返回初始位置，即完成工作高度测试。

注意：在瓷嘴尖端与工作面距离小于 6mm 时，机器将视为非法高度，不予检测。

9）一焊/二焊高度、拱丝位置高度调节

（1）高度调整：将如图 4-17（b）所示的功能设定与调整区的“高度/跨度”调整开关拨向“高度”位置，机器分别运行到“一焊”、“二焊”、“拱丝”位置时，调节“调整/跨度”旋钮，则可分别改变“一焊”、“二焊”、“拱丝”位置高度并记忆，之后将“高度”调整开关拨向“锁定”即可。

（2）跨度调整：将“高度/跨度”调整开关拨向“跨度”位置，机器运行到“拱丝”或“二焊”位置时，调节“调整”旋钮，即可改变跨度。在“拱丝”位置时作为粗调，而在二检位置时作为精调。如焊双线时，按该方法先调好第一条线的跨度，再调第二条线的跨度，如图 4-22 所示。

注意：调节跨度时，需选一个固晶位置比较正确的支架。因为一焊位置在芯片电极上，二焊位置应在支架头略偏外侧位置。

10）瓷嘴初始高度调节（含打火杆高度）

（1）在调节瓷嘴初始高度之前，需先确定打火杆高度，打火杆尖端与焊接面距离在 5～6mm 为宜，小于 5mm 时视为非法高度，清零后不予检测。该距离太低容易向工作台放电打火；太高会与换能器相碰，并且影响速度。打火杆尖端距瓷嘴侧壁为 0.1～0.5mm，如图 4-23

所示。

（2）调好打火杆高度后，即可调整瓷嘴初始高度：调整 Z 轴挡光板高度，可改变瓷嘴初始高度，Z 轴挡光板越高，瓷嘴初始高度越低，反之，则越高。正确的初始高度应是瓷嘴尖端比打火杆尖端水平高出 0.2mm。

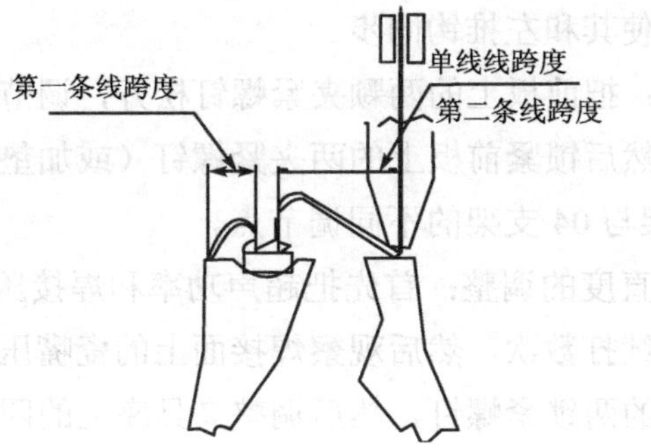

图 4-22　焊线跨度调节图示

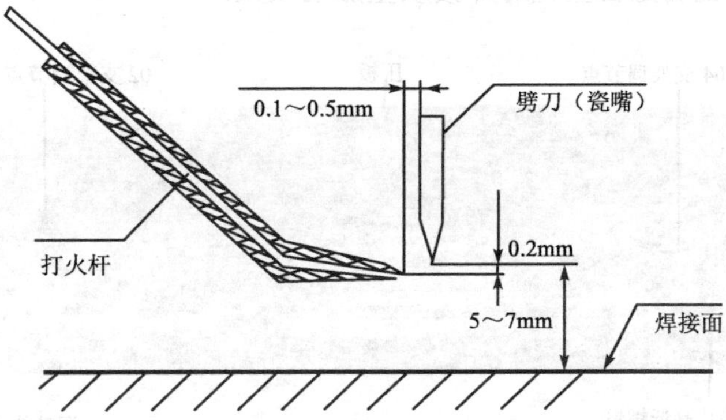

图 4-23　打火杆图示

11）弧度调整

弧形调节：按住焊接按钮，再按下线夹按钮，可选择如图 4-17（b）所示的右面板上的“弧形 1”、“弧形 2”或“弧形 1+弧形 2”。

调整瓷嘴拱丝位置的高度及打火火力强度均可改变弧度。在金线过硬或较粗或不需太大的弧度时，可将摆杆螺线管插头取下，使摆杆不动作。

12）单/双向焊接设定

调节开关在如图 4-17（b）所示的右面板，焊接单极性产品时，将“单向/双向”开关拨向“单向”位置；焊接双极性产品时，将“单向/双向”开关拨向“双向”位置。

13）显微镜的调整

先找出焊接位置，调整显微镜的左右和前后位置，使焊接位置在显微镜的视野范围之内；

再调节显微镜工作高度，使焊接能顺利进行。

14）夹具的调整

（1）过片位置的调整：首先调整左推钩，使推钩垂直焊片，距夹具立板 0.1～0.2mm，转动电机偏心轮，推钩推动焊片往右移动，在偏心轮最高点时，使焊片的两焊脚正好位于两压瓜位置，然后调整右推钩使其和左推钩同步。

（2）焊片高度的调整：把前板上的两颗夹紧螺钉松开，调节前板和后板中间的垫片上下移动至焊片所需的高度，然后锁紧前板上的两夹紧螺钉（或加垫支架垫片）即可。如图 4-24 所示，图中标识出 02 支架与 04 支架的不同调节点。

（3）焊接面与瓷嘴垂直度的调整：首先把超声功率和焊接压力调小（0.5 格以下），瓷嘴未穿金线在焊接面上连续打数次，然后观察焊接面上的瓷嘴压印是否均匀。如果瓷嘴压印不均匀，则松开夹具座上的两锁紧螺钉，然后调整夹具座上的四颗顶紧螺钉使焊接面与瓷嘴垂直。

注意：焊接面与瓷嘴是否垂直对焊接质量影响很大。

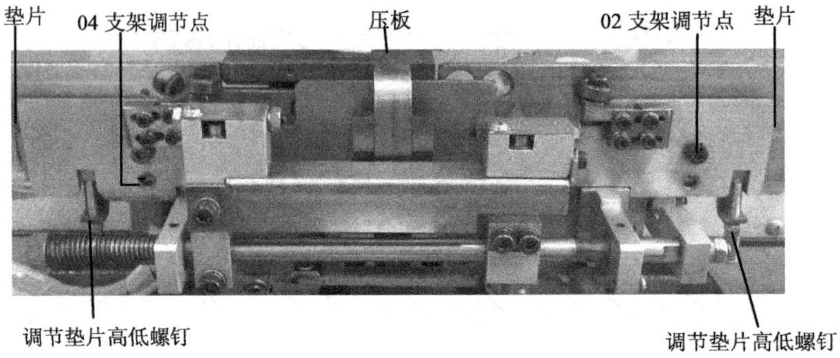

图 4-24　夹具高低调节

3．操作说明

1）首次操作

设置好工作温度，使不同的支架和芯片设定适当的温度，待工作温度达到设定值后方可工作。对于不同的产品，建议先做一次工作面高度的检测，后进行其他参数的设定。设定好参数后，便可作试焊生产。

根据产品的特性和要求，操作者可对焊接进行跟踪调节（如焊接跨度、高度、金球等参数调节）。首根支架试焊完成后，送检；经检测合格后，即可进行实际生产。

2）持续操作

在生产过程中，需中断工作时，可关闭电源或只关闭照明灯和停止夹具加温即可。即使电源关闭，原有设定参数仍然保存在记忆体中，不被清除（除非作数据清除操作）。终止操作时，应按“复位”键使整机恢复至原始位置，保证瓷嘴不被意外碰损。继续操作时，先调整显微镜，让工作面在视野中间，方可进行下一步的操作。

焊线操作的循环图如图 4-25 所示。

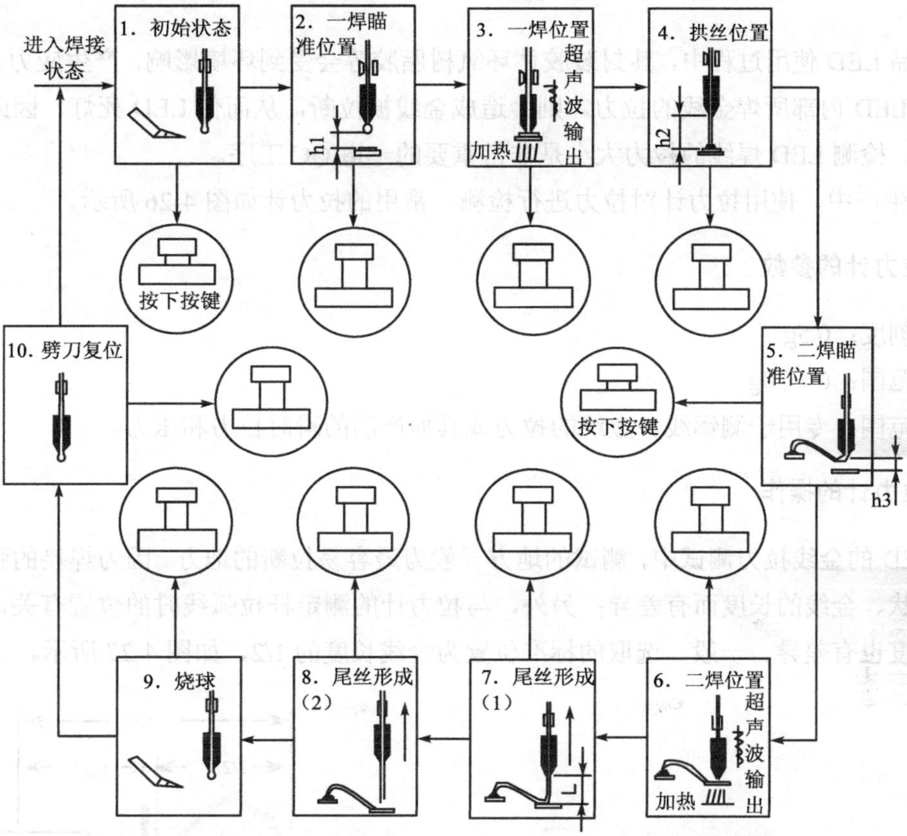

（h1 一焊瞄准位置、h2 拱丝位置、h3 二焊瞄准位置、L 尾丝长度）

图 4-25　焊线机焊接循环图示

4．机器保养

（1）紧固瓷嘴时，不可用力太大，否则，易使换能器或瓷嘴螺钉滑牙；

（2）经常清洗瓷嘴，以保证可焊性（一次/周）；

（3）经常清洗打火杆尖端，以保证成球可靠一致（一次/2K）；

（4）经常清洗焊头触点，以保证焊头动作正常；

（5）定期对活动的导轨、滑轮和轴承进行注油保养（一次/1～2 周，切忌过量造成污染，导轨应加润滑硅脂）；

（6）定期清理工作台面上的残余金线，以免其进入主机内部造成电路短路或造成丝杆堵塞（一次/班）；

（7）定期检查线夹的间隙和张力是否变化（一次/周）；

（8）经常清洗放线系统，以保证过丝顺畅和金线的洁净（一次/2K）。

4.1.4　拉力计的参数与操作保养

在成品 LED 使用过程中，其封装胶体环氧树脂胶等会受到环境影响，产生应力，如果该应力大于 LED 内部所焊金线的拉力，则会造成金线被拉断，从而使 LED 死灯。因此，在焊线环节中，检测 LED 焊线的拉力大小是非常重要的一道 QC 工序。

LED 生产中，使用拉力计对拉力进行检测。常用的拉力计如图 4-26 所示。

1. 拉力计的参数

最小刻度：0.5g

刻度范围：0～30g

适用范围：专用于测铝线、金线的拉力或其他产品的瞬时拉力和压力。

2. 拉力计的操作

在 LED 的金线拉力测试中，测试的地方一般为最容易拉断的地方。因为焊接的强度会因为焊接形状、金线的长度而有差异；另外，与拉力计的测定杆拉弧线时的位置有关，位置有差异，强度也有差异。一般，选取的标准位置为金线长度的 1/2，如图 4-27 所示。

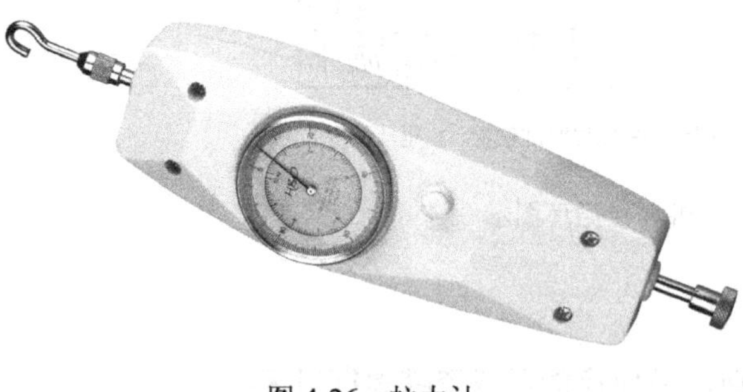

图 4-26　拉力计

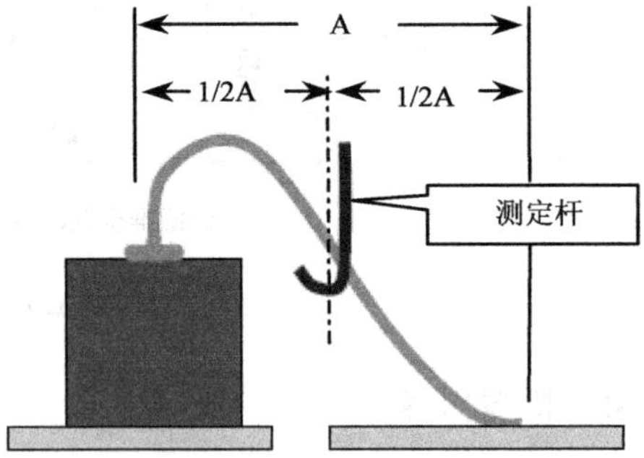

图 4-27　拉力计的测试方式

进行拉力测试时，要判定拉力的断线模式。常见的断线模式有五种，如图 4-28 所示的 A、B、C、D、E 这五处位置。

A：第一焊点和电极之间的脱离；

B：第一焊点上升部位断线；

C：在 B～D 断线；

D：在第二焊点断线；

E：第二焊接点断线。

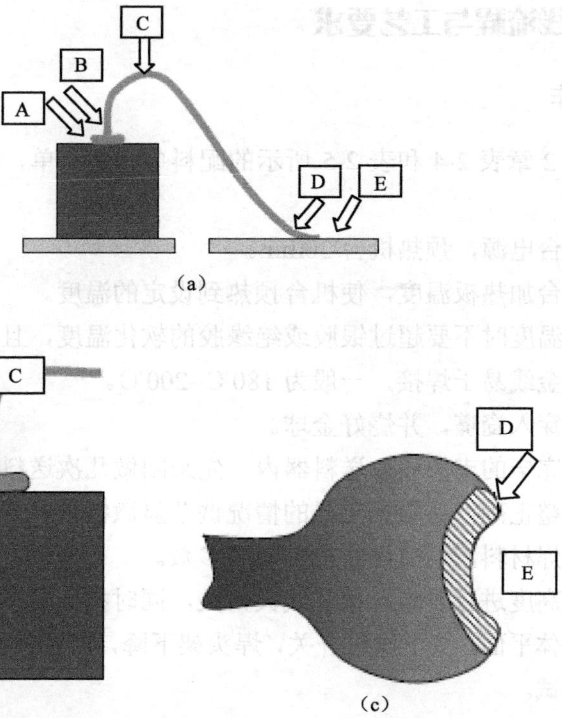

图 4-28　常见的五种断线模式

其中，断线模式 D、E 的不同在于：D 模式时，第二焊点多少有一些残留物；E 模式时，第二焊接点只有压痕，确认不了有熔溃的痕迹。

值得注意的是，拉力也因金线直径大小而变化。其基本设定值如表 4-6 所示。

当断线模式为“A”或“E”时，即使拉力符合要求，也不能作为正常品，应作为非常品处理。因为“A”和“E”处是焊点位置，此处断线代表焊点与金线没有形成良好的电接触。

表 4-6　拉力测试值

金 线 直 径	拉力下限规格值
25μm	5g
30μm	7g

3. 拉力计的维护保养

由于拉力机是极其精密的仪器，所以必须保持推拉力计清洁，防止水、灰尘、腐蚀性气体等侵入机内，以免影响推拉力计的正常工作。

拉力计应该放置于稳定的地方，防止碰撞、划伤或跌落而导致损坏。而且，要在规定的环境温度（10℃～40℃）及湿度（80%以下）中使用，周围应无影响测试结果的振动或其他干扰源，否则，可能造成测试结果达不到要求的精度等级或仪器故障。

4.1.5 焊线流程与工艺要求

1. 准备工作

（1）核对第 2 章表 2-4 和表 2-5 所示的配料单和随工单，确认产品型号、支架型号、金线型号。

（2）接通机台电源，预热机台 20min。

（3）设定机台加热板温度，使机台预热到设定的温度。

注意：设定温度时不要超过银胶或绝缘胶的软化温度，且不要超过支架的耐热温度；同时，温度也要使金线易于焊接，一般为 180℃~200℃。

（4）将金线穿入瓷嘴，并烧好金球。

（5）将固化完毕的支架放入送料器内，先来回做几次送料动作，确定自动送料器的位移距离或轨道已调整正确；并根据自己的情况调节显微镜。

（6）根据所焊材料，调节焊线机的相关参数。

首先对焊接高度进行重置，按住线夹开关，同时按下复位键，清除原高度和跨度数据；让瓷嘴对准加热体平面，按下操纵开关，焊头架下降，瓷嘴碰到加热体平面后返回初始位置，完成工作高度测试。

然后调节一焊、二焊的时间、功率参数，并调节压力和烧球的参数。这些参数一般要对生产产品经过几次试焊接之后，焊接良好且测试拉力大于 6g 才能确定准确数值。

（7）填写随工单（内容：日期、产品型号、支架型号）。

2. 操作步骤

（1）将支架放进轨道移到第一个焊接点，按住操作盒的焊接按钮（白色）不放，机器瓷嘴下降停留在第一预备点（芯片），再按住线夹（红色）按钮，然后单击左上角“复位”按钮，机台回到初始状态，如图 4-29 所示。

图 4-29　对准第一焊点

（2）单击“焊接”按钮，瓷嘴往下探测一次高度，此时，瓷嘴回到复位状态处于重新输入程序状态。

（3）单击“焊接”按钮后，机器自动打到第一焊接点，对准第一焊点（芯片）后松开焊接按钮，机器自动完成第一点的焊接并停留在拱丝设定点，此时瓷嘴离芯片的高度越高，线弧也越高。

（4）再单击“焊接”按钮，瓷嘴从拱丝设定点下降并自动移位到第二焊点（支架），此时将转换开关 K3 打到“跨度”，调节一焊和二焊之间的跨距；然后再打到“高度”挡，调节瓷嘴与支架的距离（瓷嘴离支架上方 0.2mm），如图 4-30 所示。

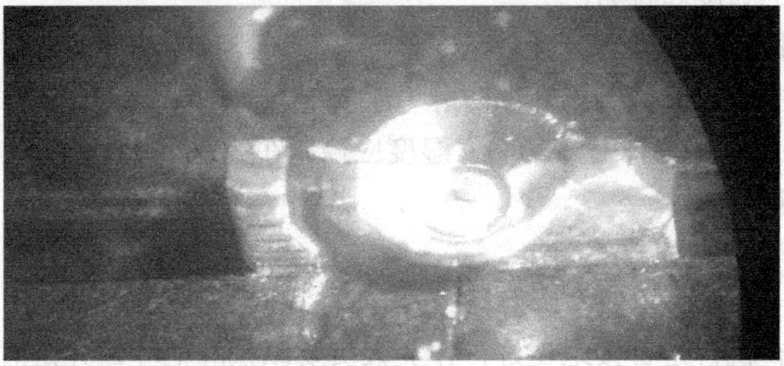

图 4-30　二焊瞄准

（5）松开“焊接”按钮，完成第二焊点的焊接动作，形成尾丝；打火杆高压放电烧球。

（6）按下手动过片送料，完成第一个碗杯的焊接，机器动作行程回到初始位置点，准备第二个碗杯的焊接。

（7）重复步骤（4）~（6）的动作直至焊完整根支架。

（8）完成一根，送去 QC 站作拉力测试，如图 4-31 所示。如果拉力不合格，则需要修改焊线参数。

图 4-31　拉力测试

（9）拉力合格，则继续焊接新的支架，待整个夹具中的支架焊完后放入铁盘中并填写随工单。生产中应定时对支架抽检进行拉力测试，一般为 2 小时一次。

（10）整盘焊完送 QC 站；不良品与良品要分开放置，不良品予以返修。

（11）复位：压焊工艺结束后，按下机台面板上的“复位”按钮，复位瓷嘴位置，以免污损瓷嘴。

（12）结束：关闭电源，整理工位，并将机台防尘罩罩上。完成相关的记录。

3．工艺要求

（1）焊点要正、焊球光滑一致；

（2）无多余焊丝、无掉片、无损伤芯片、无压伤电极；

（3）不同外观的双电极芯片焊接要有正确的走线方向，双线不能交叉、重叠。

（4）要有一定的弧度和拉力；

（5）杜绝虚、松、漏焊；

（6）作业人员应每人佩戴手指套和防静电手腕；

（7）房间温度应控制在 18℃～30℃，湿度应控制在 30%～65%RH，当湿度低于 30%RH 时用加湿器进行加湿。

4．注意事项

（1）作业前检查机台是否接地良好，作业人员要佩戴静电环，并定时检查静电环功能是否正常。

（2）所焊线支架必须是经过标准固化时间的材料。

（3）焊线前必须检查所焊支架规格与随工单是否相符，须经检验确认后方可作业。

（4）支架焊好后作业人员需自主检查支架是否有弯曲，如有发现就立即停止并请维修人员处理。

（5）焊线机温度不能调试过高，以免对芯片造成伤害。

说明：金线加热过高，易造成断线；材料加热过高，易造成掉芯片、铝垫脱落；金线加热过高，材料加热过高，易造成铝垫脱落；金线加热过高，材料加热过低，易造成断线及松焊。

（6）焊线首根送检、测试拉力，根据需要调整时间、功率等，直至检验合格方可。

（7）拉力不得低于 5g；且每 2 小时应测试一次拉力。

（8）真实记录拉力数据及机台时间、功率。

（9）首批焊完应送 QC 站检验。

（10）每天使用完应关闭机台电源；并清洁机台各部件卫生。

（11）做好防静电保护：操作、检查人员接触产品时必须佩戴防静电手环和手指套。严禁徒手接触支架，以免支架污染或者受汗渍腐蚀而氧化发黄，同时避免静电的传导。

（12）生产废料处理：生产中由于穿金线会产生小段金线，所以该金线应放在焊线机专用的小盒子中，统一收集。金线不得随意丢弃，随意丢弃容易引起机台内部线路短路。用完后的装金线的线轴、废支架等废品都应该统一回收。

（13）瓷嘴的正常使用寿命小于 200 万点，超过该寿命后焊点容易变得不均匀或达不到工艺要求，必须更换。

4.2　焊接四要素

成功完成焊线操作必备以下四个条件，俗称焊接四要素：

1．功率

使两种金属键合，单位时间内在金属接触区所加的摩擦及振动能量，称为功率。一般功率越大，可焊性越好，但太大则容易滑球，焊点太烂，损伤晶片；反之，可焊性变差，不易焊上。

2．压力

在两种金属键合时，应对金属施加一定的压力，保证两种金属在摩擦振动的同时，紧密接触。一般压力越大，可焊性越好，但太大则焊点扁，容易损伤晶片，掉电极；反之，可焊性变差，不容易焊上。

3．时间

两种金属在功率和压力作用下键合时，应持续一定的时间。一般时间越长，可焊性越好，太长则影响效率、焊点质量变差；反之，可焊性变差，不易焊上。

4．温度

温度升高，被键合金属的原子活性增强，使功率作用更有效，焊接性能加强。一般温度越高，可焊性越好，太高则容易导致晶片烤坏、支架氧化、银胶或绝缘胶软化；太低则可焊性变差，不容易焊上。

焊接四要素的调节方法见上文焊线机调节部分。经过调节后，所焊线的焊点应满足：第一焊点呈圆形且边沿有一定厚度、有光泽、大小一致；第二焊点呈鱼尾形、有细腻感、有一定厚度；并且焊线无伤痕，弧形一致。

4.3　焊线中的常见问题与解决方法

焊线时要注意：焊线机温度一般设置为 180℃～200℃；第一焊点的压力设置为 55～70g，第二焊点压力设置为 90～115g；焊线拉力适中，焊线弧度高度应大于 1/2 芯片高度并小于 3/2 芯片高度；第一焊点直径为金线直径的 2～3 倍，焊点应有 2/3 以上在电极上；焊线不能有虚焊、脱焊、断焊，能承受 5g 以上拉力；尾丝不能太长。

表 4-7 总结了常见不良焊线产生的原因和解决方法。

表 4-7　不良焊线产生的原因和解决方法

不良项目	不良说明	产生原因	解决方法
塌线	金线与芯片边缘接触或碗边与正极塌线短路	1. 材料搬运拿取时不小心导致； 2. 弧度过高导致容易塌线	1. 搬运材料务必要小心，做到轻拿轻放； 2. 将焊线弧度调试标准状态
断线	第一焊点与第二焊点之间任何一处断线（A、B、C、D、E）	1. 金线温度过高材料虚焊导致断线； 2. 因机器故障导致弧度变形、拉断	将机台调至稳定状态
虚焊	第一焊点焊球脱离芯片或第二焊点松焊	1. 功率、压力、时间调试过小； 2. 作业人员操作不熟练、偏焊引起虚焊； 3. 芯片电极氧化问题	1. 将时间、功率、压力加大； 2. 针对不熟练作业加强培训； 3. 反映给供货商要求改善
焊垫打穿	焊垫打穿的部分已露出芯片色泽	1. 压力过大、温度过低； 2. 原材料问题	1. 将压力减小，温度升高； 2. 反映给供货商要求改善
芯片松动	焊线后芯片底部银胶碎裂或芯片悬浮	1. 机台调试参数（压力功率）过大； 2. 银胶过少； 3. 银胶未烤干	1. 将机台压力减小； 2. 点胶人员注意胶量控制； 3. 领班、检验员切实确认进出烤箱时间
芯片龟裂	芯片表面或侧面出现裂痕或芯片有缺脚	1. 焊线时压力过大； 2. 芯片本身有问题	1. 根据芯片的材质适当调整压力； 2. 固晶发现芯片破裂现象及时挑出
掉晶	支架上无芯片，只残留银胶	1. 机台调试参数（压力功率）过大； 2. 银胶过少； 3. 银胶未烤干； 4. 作业人员操作不熟练	1. 将机台参数调小； 2. 点胶人员注意胶量控制； 3. 固化应该严格按标准作业（150℃/1.5h）
尾线过长	尾线长度超出 1/3 个芯片宽度（单电极）	1. 焊线机台线夹太松； 2. 二焊焊点多次焊在同一位置上，因金球过多将瓷嘴内金线粘出	1. 将机台线夹扭紧； 2. 二焊金球过多时，应用镊子将金球刮掉再焊接（单电极）
偏焊	焊点与焊垫接触面积小于焊垫面积的 2/3	1. 新手作业，操作不熟练； 2. 作业人员对标准不了解； 3. 作业人员情绪不佳； 4. 作业人员速度过快	1. 领班对作业人员做好岗前培训，先培训后上岗，并讲解作业标准及对不良操作预防及改善； 2. 督导作业人员严格按作业标准作业； 3. 针对偏焊严重者，增加检验次数
倒线	焊线弧线倒向一边，且贴在支架上	1. 因固晶位置不当，造成焊线倒线； 2. 作业人员拿取材料或转料过程中不小心碰倒	1. 督导固晶作业人员务必固于银胶正中心位置； 2. 要求作业人员小心作业，将碰撞倒线支架进行全检
杂线	支架上有多余的金线或其他杂线	1. 因支架存放太久，导致空气中杂线掉入支架中； 2. 第一焊点或第二焊点未焊上线，重焊时未将多余线挑出	1. 固晶站排支架时，就将支架中的杂线用气枪吹干净； 2. 用镊子将多余杂线夹掉

续表

不良项目	不良说明	产生原因	解决方法
弧度过高	深杯的支架：弧度的最高点应与支架的二焊平齐；正常杯的支架：弧度的最高点 f 点应比支架的二焊高出 h/2～h 的范围内（h 为晶粒高度）；平头支架：弧度的最高点应比支架的二焊高 3h/2～2h	1. 焊线机线夹太松； 2. 瓷嘴太脏	1. 扭紧线夹开关； 2. 清洗瓷嘴
弧度过低	同上弧度标准要求，弧度过低超出弧度标准范围	1. 焊线机线夹太紧； 2. 瓷嘴太脏； 3. 作业人员操作不熟练	1. 线夹开关扭松； 2. 清洗瓷嘴； 3. 针对操作不熟练作业人员加强培训
金球过大	金球过大超出焊垫	1. 机台调试不当（功率压力时间）； 2. 空焊造成金球过大	1. 加强作业人员掌握机台基本操作及调试能力； 2. 要求作业人员认真工作
金球过小	金球过小等于线径	1. 线夹太紧； 2. 瓷嘴太脏； 3. 功率压力调试过小	1. 将线夹扭松； 2. 清洗瓷嘴； 3. 将机台调好再作业
拉力不足	于抽样数中随机抽取 1 根支架（20pcs）进行拉力测试，其拉力不可小于 5g	1. 焊线第一焊点或第二焊点参数数值设定过大，导致第一焊点球颈部损伤或第二焊点切点处损伤； 2. 焊线的拱丝设定过高或过低，超出技术要求中的规定范围； 3. 瓷嘴磨损； 4. 金线刮伤	1. 减小一焊、二焊参数； 2. 重新调整拱丝参数； 3. 注意瓷嘴的更换； 4. 清洗过丝系统
漏焊	支架与芯片上无焊线痕迹	1. 作业人员工作不认真； 2. 打线时未打上而直接跳过； 3. 调试机台时疏忽未焊线	1. 加强作业人员质量意识； 2. 作业时加强自主检查意识，针对调机时所焊材料进行全检
掉电极	芯片焊垫掉落无法焊接	1. 温度过高，功率过大； 2. 芯片本身问题	1. 降低温度，减少功率； 2. 反映给供货商要求改善
二焊过近	连于支架二焊之焊球位置过近（靠杯内侧）	1. 焊线跨度距离调试过短； 2. 固晶固偏（太靠杯外侧）； 3. 手动打线时跨度移动距离过小，打上线后未修正	1. 注意机台调试标准； 2. 固晶位置的要求； 3. 作业人员的熟练度要求及质量观念要端正
二焊过远	连于支架二焊之焊球位置过远（靠支架脚外侧）	1. 焊线跨度距离调试过长； 2. 固晶固偏（太靠杯内侧）； 3. 手动打线时跨度移动距离过大，打上线后未修正	1. 注意机台调试标准； 2. 固晶位置的要求； 3. 作业人员的熟练度要求及质量观念要端正
键合失线频繁	总是焊不上线	1. 金线污染或金线品质异常； 2. 线夹不清洁或瓷嘴已经达到使用寿命； 3. 焊线机参数设定不良、参数太小等情况； 4. 支架焊接面不平整或表面不洁	1. 更换金线； 2. 清洗线夹、更换瓷嘴； 3. 改变焊线机参数； 4. 调整支架

知识小结

焊线操作是为了实现 LED 芯片与支架的电气连接。焊线的质量直接影响了 LED 成品的电参数，如反向漏电流、正向电压降等；焊线不良是造成 LED 死灯的最主要原因。因此，必须保证焊线过程中对拉力的测试。

焊线环节中，主要用到的材料和仪器为金线、固化的支架、焊线机，其中应注意焊线机上瓷嘴的清洁和更换。

焊线环节结束后，第 2 章表 2-5 所示的 LED 随工单中的内容填写如表 4-8 所示。

表 4-8　焊线结束后的随工单

<table>
<tr><td colspan="2">产品型号</td><td colspan="3">9554SR-85/40</td><td>晶粒型号</td><td>CL-CALR708U</td></tr>
<tr><td rowspan="2">大园片</td><td>批　号</td><td colspan="4">001</td><td>支架型号</td></tr>
<tr><td>参　数</td><td colspan="2">电压：1.99～2.02V
波长：620～623nm
亮度：94～104mcd</td><td>晶粒数</td><td>5500</td><td>2003 杯</td></tr>
<tr><td>日　期</td><td>工作站</td><td>工号姓名</td><td>投料数</td><td>合格数</td><td colspan="2">不合格品分类</td></tr>
<tr><td>4-9</td><td>扩晶</td><td>001</td><td>5500</td><td>4500</td><td colspan="2">芯片浪费</td></tr>
<tr><td>4-9</td><td>点胶</td><td>002</td><td>5000</td><td>4900</td><td colspan="2">C 品（碗杯损坏、胶太多）</td></tr>
<tr><td>4-9</td><td>固晶</td><td>003</td><td>4900</td><td>4700</td><td colspan="2">C 品</td></tr>
<tr><td>4-9</td><td>QC1</td><td>004</td><td>4700</td><td>4600</td><td colspan="2">C 品</td></tr>
<tr><td>4-9</td><td>固化</td><td>005</td><td>4600</td><td>4600</td><td colspan="2"></td></tr>
<tr><td>4-9</td><td>焊线</td><td>006</td><td>4600</td><td>4400</td><td colspan="2">C 品</td></tr>
<tr><td>4-9</td><td>QC2</td><td>007</td><td>4400</td><td>4400</td><td colspan="2"></td></tr>
<tr><td>备
注</td><td colspan="6">点胶起止时间：8：30～11：00（学生手动点胶一根支架约 3 分钟，配备 5 台点胶机，故需用时约 2.5 小时）；
扩晶起止时间：8：30～9：30；
固晶起止时间：9：10～11：40（学生手动固晶一根支架约 10 分钟，配备 15 台显微镜，故需用时约 2.5 小时）；
固化起止时间：11：45～14：00；
焊线起止时间：14：10～16：10（学生手动焊线一根支架约 3 分钟，配备 6 台焊线机，故需用时约 2 小时）</td></tr>
</table>

版本 1.0　　　　SC-B-001-01

思考题 4

1．在 LED 封装工艺中，为什么要进行焊线操作？
2．LED 封装中焊线操作应该选择什么样的焊线材料？为什么没有选择银作为焊线材料？
3．简述超声波金丝球焊线机的工作流程。
4．劈刀和瓷嘴有什么区别？
5．合格的焊线工艺具有什么特点？画出一个合格的焊线效果图。
6．写出焊接过程中引起芯片掉片的几种原因。
7．焊线过程中，有哪些原因会引起频繁失线？
8．列举 5 种焊接失效模式，并写出其处理方法。

第5章

LED 封装的配胶、灌胶环节

知识分布网络

- 配胶、灌胶环节
  - 配胶
    - 材料和设备：环氧胶、扩散剂、色膏、搅拌机、电子称、真空箱等
    - 配胶流程
    - 工艺要求
    - 注意事项
  - 灌胶
    - 材料和设备：配好的胶水、模条等
    - 手动灌胶流程、半自动灌胶流程
    - 工艺要求
    - 注意事项
  - 短烤
    - 材料和设备：灌胶后支架、烘烤箱等
    - 短烤流程
    - 工艺要求
    - 注意事项
  - 离模
    - 材料和设备：短烤后支架、离模机等
    - 离模流程
    - 工艺要求
    - 注意事项
  - 长烤
    - 材料和设备：离模后支架、烘烤箱等
    - 长烤流程
    - 工艺要求
    - 注意事项
  - 配胶、灌胶中常见问题

配胶、灌胶环节是利用特定的材料将 LED 的芯片和焊线保护起来，并达到一定的出光效果。

Lamp LED 主要采用灌胶封装（简称灌封）的形式。

灌封的过程是先在 LED 成型模粒内注入液态胶水，然后插入压焊好的 LED 支架，放入烤箱让胶水固化，然后将 LED 从模腔中脱出即成型。

因此，配胶、灌胶环节包括配胶、抽真空、灌胶、短烤、离模、长烤等几道工序，其流程如图 5-1 所示。

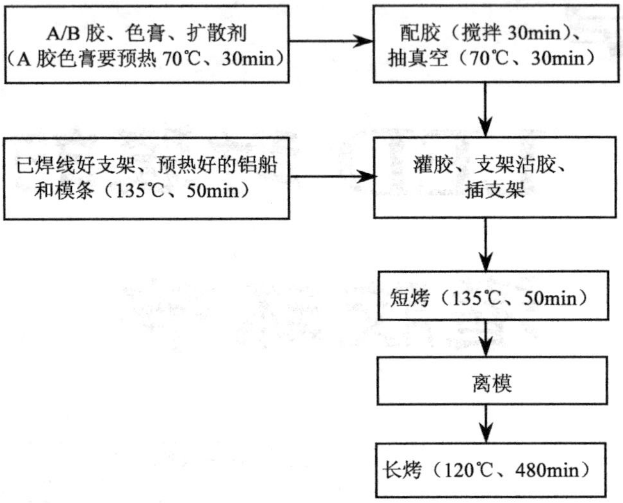

图 5-1　配胶、灌胶工序

LED 支架灌胶前后对比图片如图 5-2 所示。

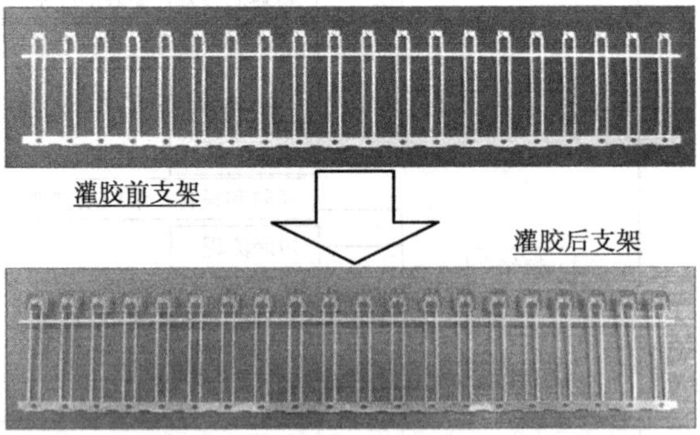

图 5-2　LED 支架灌胶前后对比

在 LED 芯片发光过程中，电子空穴复合产生的光子在向外发射时的损失，主要包括三个方面：芯片内部结构缺陷及材料的吸收；光子在出射界面（芯片结区和空气之间）由于折射率差引起的反射损失，以及由于入射角大于全反射临界角而引起的全反射损失。因此，很多光线无法从芯片中出射到外部。

通过在芯片表面涂覆一层折射率处于芯片和空气之间的灌封胶，从而有效减少了光子在界面的损失，提高了出光效率。此外，灌封胶的作用还包括对芯片进行机械保护；并作为一种光导结构，加强散热，以降低芯片结温，提高 LED 性能。为提高 LED 封装的可靠性，灌封胶还具有低吸湿性、耐老化等特性。

目前，常用的灌封胶包括环氧树脂和硅胶。

插件 LED 主要是用环氧树脂（Epoxy），特点是价格便宜，气密性好，黏结力强，硬度高；但容易变黄，不耐温。

贴片 LED 主要是光学级硅胶（Silicone），特点是耐高温，可过回流焊，不易黄变，性能稳定，透水性强，硬度较低，价格高。

5.1　配胶

焊线结束后，需要进行配胶、灌胶操作。胶水应该根据生产配料单的要求对 A/B 胶、扩散剂、色膏等按照比例进行配比，并进行搅拌和抽真空操作，这就是配胶工序。

配胶工序所用的材料为环氧树脂胶 A 胶、B 胶、扩散剂、色膏。

所用的工具设备及辅料为手套、胶杯、不锈钢棒、电子秤、烤箱、抽真空机、丙酮。

5.1.1　LED 灌胶用胶水

1．环氧树脂胶

环氧树脂胶是一种重要的热固性树脂胶水。尤其是因其具有优良的物理机械性能、电绝缘性能、耐化学腐蚀性能、耐热及黏结性能，用它配制的环氧树脂胶粘剂素有“万能胶”之称，可广泛应用于化工、轻工、水利、交通、机械、电子、家电、汽车及航天航空等工业领域。

性能特点：环氧树脂胶水毒性低，挥发性小，配用比例宽，操作简便，可常温固化，黏结力强，韧性好，明显地优越于一般的单体固化剂。

主要用途：广泛地应用于粘接各种金属和非金属材料，如钢铁、铝材、陶瓷、玻璃、塑料等。

使用方法：将本胶环氧树脂（A 胶）和辅胶固化剂（B 胶）按比例混合均匀即可使用。根据不同用途的要求，可在混合树脂中添加适量的填充剂如瓷粉、铁粉、铝粉、颜料、稀释剂等，浇铸时可用硅油、凡士林、石蜡等作脱膜剂。用于黏结材料时，常温固化两至三天可达最佳性能，升温固化则可缩短固化时间。

环氧树脂胶在 LED 封装中的作用为注入模粒后，高温固化成形，具有保护 LED 内部结构，并导出芯片发出的光，以达到预期的外观与光学效果。图 5-3 所示为环氧树脂胶的实物图，蓝色为 A 胶（环氧胶），白色为 B 胶（固化剂）。

表 5-1 所示为常用的环氧胶 HJ-102A/B 的性能介绍。

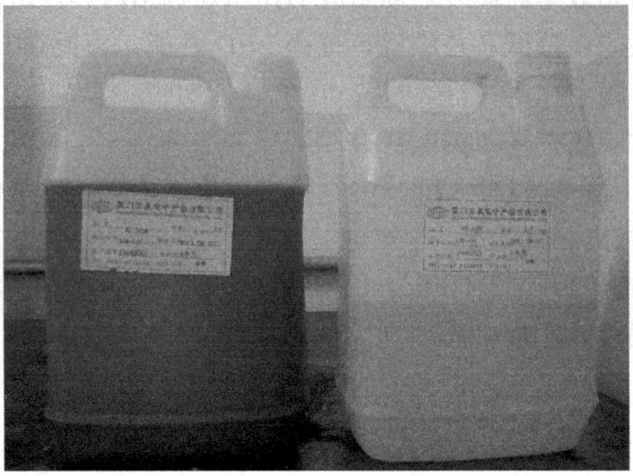

图 5-3　环氧树脂胶 A 胶（蓝色）、B 胶（无色）

表 5-1　HJ-102A/B 的性能

主剂	HJ-102A	固化剂 HJ-102B
颜色	淡蓝色液体	无色透明液体
黏度 25℃	4500～6500CPS	80～120CPS
密度 g/m3cm^3	1.138±0.005	1.26±0.005
保存期限	6 个月	6 个月
混合比例	100：100（重量比）	
混合物黏度	25℃ 800~960CPS	
凝胶时间	130℃×12~15 分钟	
使用时间	25℃~30℃×5 小时	
固化条件	初烤 120℃×1 小时，长烤 130℃×8 小时	
固化后特性：		
表面电阻 25℃	Ohm 2.8×10^{15}	
耐电压 25℃	KV/mm 25	
硬度	SHORE D　87	
吸水率	100℃　1 小时 0.2%	
玻璃转移温度 ℃	152（Tg 点）	
线膨胀系数 cm/cm/℃	6.0×10^{-5}	
HJ-102A/B 对扩散剂及色膏建议用量：　2%～5%		

LED 的产品外部主要是由环氧树脂胶构成，因此，要特别重视环氧树脂胶的检测。表 5-2 为环氧树脂胶的检测规范。

2．硅胶

硅胶与环氧树脂成分不同，其特性也不尽相同，它在碳氢氧化合物中加入有机硅，可提高胶体的抗老化、耐高温等特点，一般用于大功率产品上。图 5-4 所示的硅胶为信越的

KER-2500，一个为 A 成分；另一个为 B 成分。表 5-3 列举了 KER-2500A/B 硅胶的性能参数。

表 5-2　环氧树脂胶的检测规范

类　别	项　目	检查内容	使用工具
外观	厂商	供应商是否为认定过的厂商	目测
	产品标签	产品不得超过或临界于保质期	
	密封性	包装密封性较好，无漏胶现象	
	胶水颜色	A 胶应该为淡蓝色黏稠液体，B 胶应为无色透明液体	
	胶水实体	观察胶质是否均匀、有无浑浊，底部有无杂质或沉淀	
工艺验证	脱模	按正常工艺条件短烤后可以正常脱模	目测
	干透性	按正常工艺条件烘干后完全干透	触觉
	颜色	按正常工艺配方试制后的产品颜色与样品一致	目测

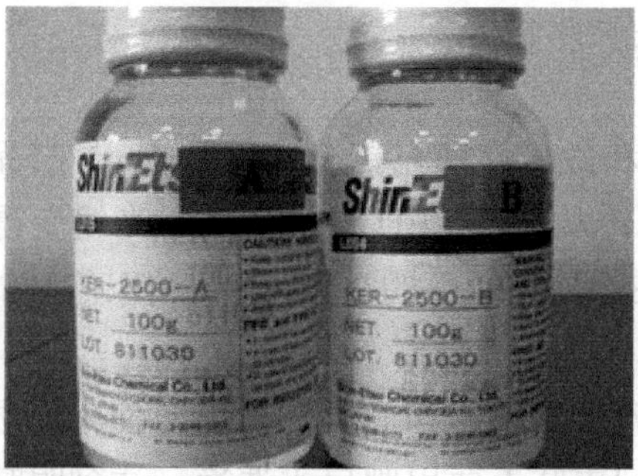

图 5-4　硅胶

表 5-3　KER-2500A/B 参数

	KER-2500A	KER-2500B
颜色	无色透明液体	无色透明液体
黏度 25℃	8300	2700mPa.s
密度 g/cm^3	1.06	1.06
混合比例	100：100（重量比）	
混合物黏度	4300mPa.S	
固化条件	初烤 100℃×1 小时，长烤 150℃×5 小时	
固化后特性		
弹性率	5.6 Mpa	
表面电阻	25℃ 160 TΩ	
耐电压	25℃ 25KV/mm	
硬度	SHORE A　70	
玻璃转移温度℃	123（Tg 点）	
线膨胀系数	272ppm	

3. LED 用胶水使用注意事项

（1）主剂和固化剂混合后即慢慢起化学反应，造成黏度变高，因此须在规定时间内用完，以免因黏度过高无法灌注或产生气泡。

（2）灌注后须立即进烤箱，以免表面吸湿造成产品不良。

（3）固化剂属于酸酐类物质，易于吸收空气中的湿气，形成羧酸类沉淀物，造成产品不良，使用完后须立即盖紧，以免变质无法使用。瓶盖亦擦干净，以避免瓶盖黏连，打开不易。

（4）配好的胶体暂时不用，或倒入胶桶内有剩余时，要用塑料袋封紧，以免表面吸湿，产生产品不良。

（5）配胶时要戴手套作业，如果胶沾到皮肤上要用肥皂水洗净，沾到眼睛要以大量清水冲洗并请医生治疗。

5.1.2 扩散剂与色膏

LED 扩散剂一般由树脂和散光性填充料组成，是 LED 产品的重要辅料。加入扩散剂能使 LED 从点光源变为面光源，从而使 LED 发出的刺眼光线变得柔和。

LED 色膏是用来改变 LED 外观颜色的重要辅料。加入色膏能调节 LED 成品的发光效果，有利于在使用 LED 时辨别其颜色。

色膏经长期放置或在低温下会因饱和而沉淀析出，使用前须预热溶解，并搅拌均匀后才可使用。使用时应注意：沾到皮肤上要用肥皂水洗净，沾到眼睛要以大量清水冲洗并请医生治疗。

扩散剂与色剂与胶水的重量比以 2%～5%为宜。

图 5-5 所示为常用的色剂和扩散剂，图 5-5（a）所示为扩散剂，图 5-5（b）所示为黄色色膏。

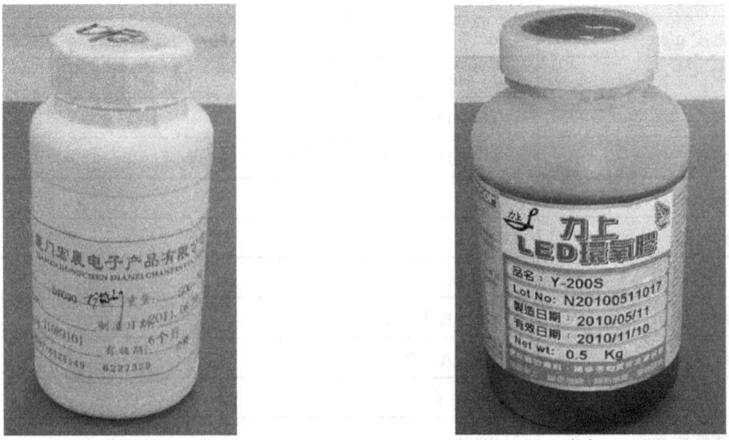

（a）　（b）

图 5-5　色剂和扩散剂

5.1.3　丙酮

丙酮在 LED 封装中的作用：用来清除环氧树脂胶在工具设备上的残余。如图 5-6 所示。

由于丙酮在 LED 生产的清洁工作中使用较为频繁，而丙酮又具有轻微的毒性，所以应该严格按照操作规范进行管理和使用。

（1）操作人员必须经过专门培训，严格遵守操作规程。

（2）配胶、灌胶室全面通风；并远离火种、热源，严禁吸烟；使用防爆型的通风系统和设备；配备相应品种和数量的消防器材及泄漏应急处理设备。

（3）建议操作人员佩戴过滤式防毒面具（半面罩），戴安全防护眼镜，穿防静电工作服，戴橡胶耐油手套。

（4）防止丙酮蒸气泄漏到工作场所空气中。

（5）避免与氧化剂、还原剂、碱类接触。

（6）灌装时应控制流速，且有接地装置，防止静电积聚。

（7）搬运时要轻装轻卸，防止包装及容器损坏。

（8）倒空的容器可能残留有害物，不能随意丢弃。

丙酮在 LED 生产中需大量储备，其储存时应注意以下几点：

（1）存储于阴凉、通风的库房；远离火种、热源；库温不宜超过 26℃；采用防爆型照明、通风设施；禁止使用易产生火花的机械设备和工具；存储区应备有泄漏应急处理设备和合适的收容材料。

（2）保持容器密封；

（3）应与氧化剂、还原剂、碱类分开存放，切忌混储。

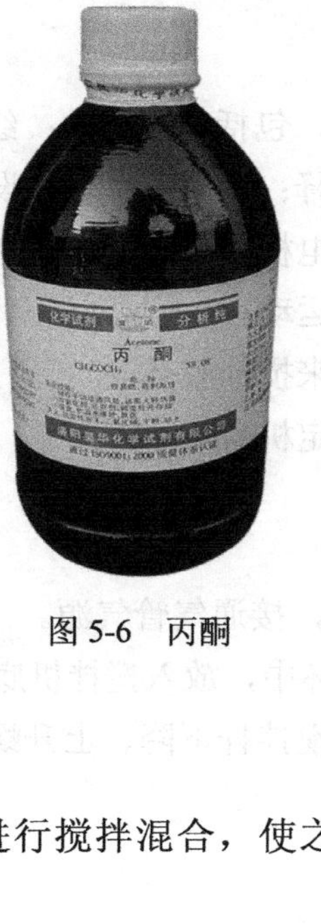

图 5-6　丙酮

5.1.4　搅拌机的组成与操作

搅拌机，是一种能将多种原料进行搅拌混合，使之成为具有适宜稠度的均匀混合物的机器，一般是利用电机驱动滚轴带动叶片旋转。其实物图如图 5-7 所示。

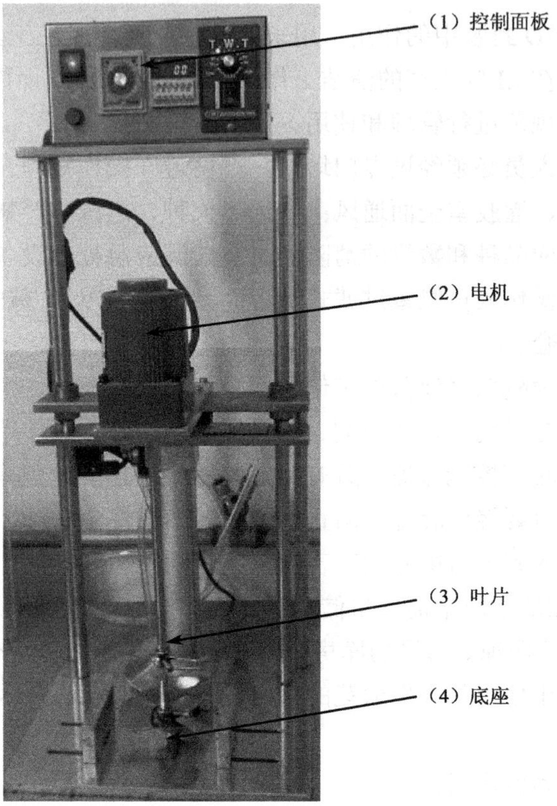

图 5-7　搅拌机

1. 主要组成

（1）控制面板：如图 5-8 所示，包括电源开关；红色圆形的按钮为启动开关——当电源打开之后，按下该按钮，搅拌杆下降；计时开关——设定搅拌时间；左右搅拌时间设定——可以分别设定左、右搅拌的时间；电机转速调节——控制电机的旋转速度，可快可慢。

（2）电机：驱动搅拌杆及叶片运动。

（3）叶片：和搅拌杆相连，用来搅拌胶体。

（4）底座：用于放置胶体及稳定机身。

2. 操作方法

（1）插入 220V/50Hz 电源插座，接通气管气源。

（2）将 A、B 胶按比例配好至杯中，放入搅拌机底板上（可调）。

（3）打开电源开关，通过调节搅拌杆下降、上升螺钉，使叶片降到搅胶的最佳位置。

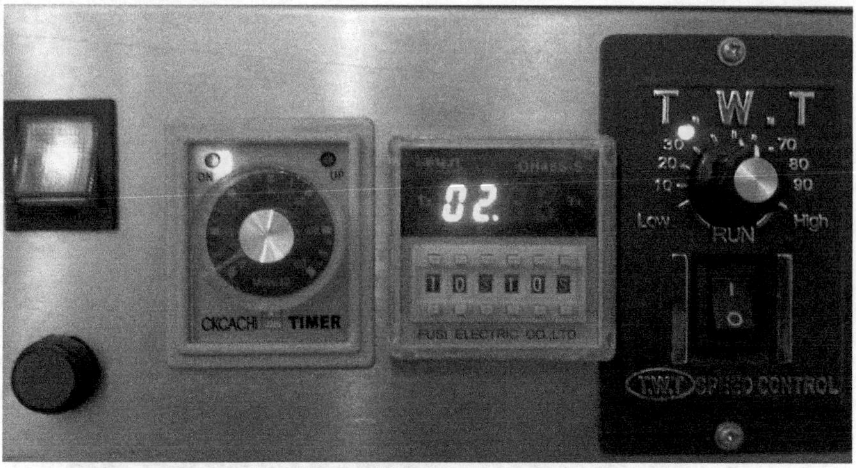

图 5-8　搅拌机控制面板

（4）将计时器设置到搅拌胶体的需要时间，再按启动键，电机运转，叶片开始进行搅拌。

（5）旋转电机调速旋钮，可以调节电机转速。

（6）双叶片设计，自带定时，可以实现正反转交替进行。

3．注意事项

（1）结束时切断电源，断开气源。

（2）用丙酮或酒精擦洗机台及立柱的残余胶水及脏物，保持机台干净卫生。

5.1.5　真空箱的组成与操作维护

配胶后，搅拌胶水时会使气泡混入到胶水中，气泡对 LED 成品有很大的影响，因此灌胶之前必须要对胶水进行抽真空处理。一般是将胶水放入真空箱内进行抽真空操作。

真空箱的组成如图 5-9 所示。

1．主要组成

（1）气压指示部分：包括气压表、抽气阀（左边）、放气阀（右边），如图 5-10 所示。

气压表显示真空箱内的气压值。

当真空箱将要工作时，应先打开抽气阀门，再关闭放气阀门。

当抽完真空后，应先关闭抽气阀门，再慢慢打开放气阀门，直至气压表降到 0 为止。

（2）操作面板：如图 5-11 所示，包括电源各个按钮——启动、停止、总电源旋钮（可用作“急停”），电源指示灯（红色）、加热指示灯（绿色），计时显示，加温控制显示（图 5-11 中设置温度为 70℃，当前温度为 70℃），以及最下方的黑色旋钮为超温报警旋钮。

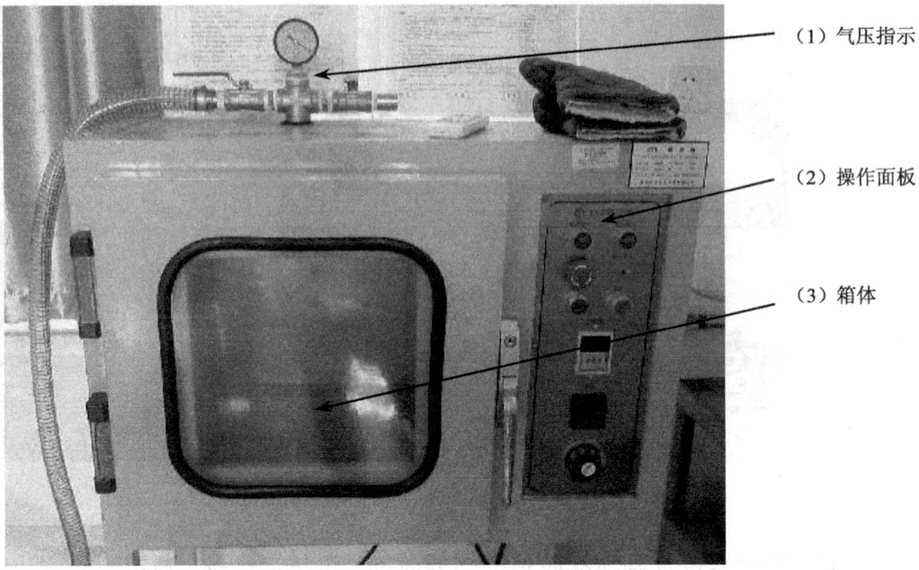

图 5-9　真空箱

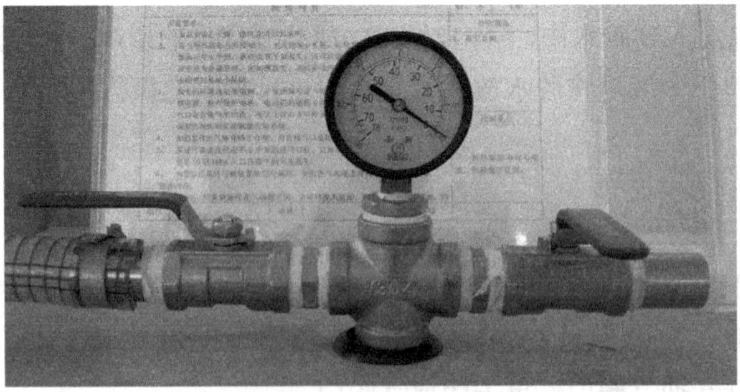

图 5-10　气压指示部分

图 5-11　操作面板

（3）真空箱体：用来放置搅拌好的胶水，如图 5-12 所示。

2．操作说明

（1）接通 380V 电源。

图 5-12　箱体内部

（2）打开总电源开关。

（3）先按下启动按钮，试运行。

（4）打开真空箱门，放入所要抽真空的胶杯。

（5）设定抽胶调整温度 55℃～70℃（禁止超过 70℃，超温会造成胶体损失）。

（6）关紧真空箱门，待温度上升到设定温度时，打开抽气阀门，关闭放气阀门，按下“启动”开关，真空机正常工作。

（7）抽胶时间到后，慢慢打开放气阀门，等气体完全排出箱体时才能打开真空箱门，取出胶杯。

3．一般故障与维修

表 5-4 列举了真空箱一般故障和维修方法。

表 5-4　真空箱一般故障和维修方法

故障类型	故障原因	清除办法
总电源旋钮开关至 ON 位置，指示灯不亮	1．电源没接好； 2．总电源旋钮开关损坏； 3．热过载继电器没复位； 4．超温报警器断开； 5．总电源指示灯损坏	1．检查电源； 2．更换总电源旋钮开关； 3．按热过载继电器复位按钮使之复位； 4．检查超温报警器或调高设定温度； 5．更换总电源指示灯
按启动开关，电动机不工作	1．电源缺相； 2．计时器没有电源进入； 3．零线错接成火线，计时器烧坏； 4．负荷过重	1．检查电源； 2．更换计时器； 3．掉换线路； 4．调松皮带
打开加温开关，温控器不显示或显示温度明显有误	1．加热开关坏； 2．温控器没有输入电压； 3．温控器没有输出电压，显示数值明显有误	1．更换加热开关； 2．检查电源进线； 3．更换温控器
真空箱抽气不干净	1．真空油浑浊； 2．真空机响声不规律	1．更换真空油； 2．对真空泵进行清洗、保养

4．维护与保养

（1）每天开始工作时，要先打开电源开关预热 10 分钟。

（2）每天第一次用时，先用碎布沾上机油擦一次密封胶圈。这样可以防止胶圈老化，但千万不能用丙酮擦洗。

（3）真空泵要及时换油，一般是 15～20 天换一次油，真空油的型号必须和生产商所标配的相符，否则，真空泵容易损坏。

5．注意事项

（1）抽真空时，一定要将放气阀关严。

（2）严禁用尖硬东西去敲击真空箱门密封玻璃。

（3）如出现异响、异味等不良状况，请立即电源，通知维护人员处理。

5.1.6　电子秤的组成与操作维护

电子秤属于平衡器的一种，是利用胡克定律或力的杠杆平衡原理测定物体质量的工具。电子秤主要由承重系统（如秤盘、秤体）、传力转换系统（如杠杆传力系统、传感器）和示值系统（如刻度盘、电子显示仪表）三部分组成。

1．主要组成

电子秤实物如图 5-13 所示。

（1）秤盘：用于放置被秤物品

（2）液晶显示屏：显示被秤物品的质量

（3）操作按钮：包括总重、单位、电源开关、清除、累加、去皮。

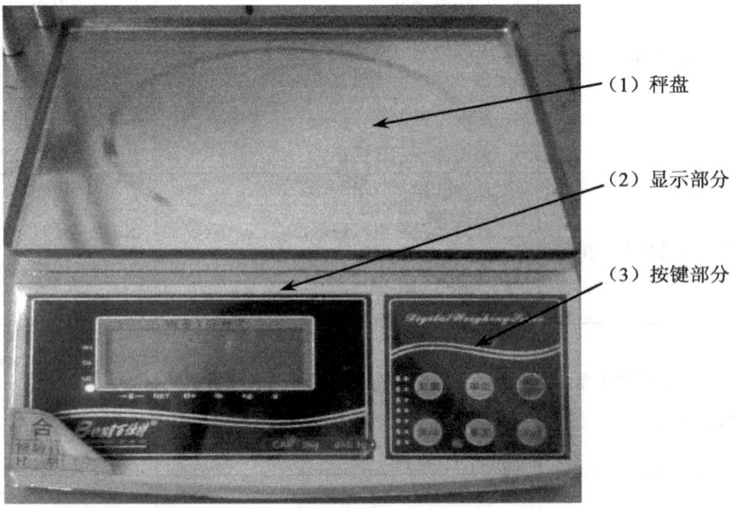

图 5-13　电子称

2．电子秤工作原理

当物体放在秤盘上时，传感器感应到物体的压力，发生形变，从而使阻抗发生变化，导致激励电压的变化。该变化的电压信号经放大电路放大输出到模/数转换器，转换成便于处理的数字信号，并输出到 CPU 运算控制。CPU 根据键盘命令，以及程序将这种结果输出到显示器，显示被测物体的质量。

3．电子秤的常见两种故障解决方法

（1）电子秤无法充电，或充电指示灯不量，或没反应。

① 请先确定充电线是否已牢固的插在秤上的充电座。

② 检查充电线是否因外力因素而造成断路。

③ 检查熔断器是否不良。

④ 检查蓄电池是否不良。

（2）电子秤开机后无任何动作。

① 使用干（蓄）电池者，请先确认干（蓄）电池的电压是否足够？如果电压不足，请更换干电池（蓄电池请充电）。

② 电子秤熔断器是否不良。

③ 检查开关或按键是否损坏。

④ 检查其他电子组件是否故障。

4．注意事项

（1）称物料时要尽量将物料放置于托盘中心。

（2）读值要以秤重稳定后的读值为准。

（3）如出现冒烟、异味等不良状况，请立即切断电源，通知维护人员处理。

5.1.7 配胶流程与工艺要求

以第 2 章表 2-4 所示的生产配料单为例，在配胶、灌胶环节我们所需要了解的生产信息如表 5-5 所示。

表 5-5 灌胶的生产配料单

灌胶	◆ 配方：100 ：100 ：0.9 ：0.6（稀释）（800A 胶：800B 胶：DF090 扩散剂：PC003 颜料）
	◆ 模粒：型号：GR546 挡位：3.0 挡
	◆ 插管方向：无
	◆ 灌胶控制重点：插偏浅、气杂
	◆ 其他：用机台脱模

1. 准备工作

（1）核对配料单，确认产品型号、核对配方（环氧胶、扩散剂、色剂的型号及配比）。

（2）色膏稀释：将色膏和 A 胶按照一定比例（此值应大于生产配料单中配方比例）进行混合，从而稀释色膏。因为色膏用量非常小，如不加以稀释，在配胶过程中，极小的色膏配比误差会导致 LED 成品颜色的较大差异。本示例中，色膏和 A 胶稀释的比例为 1∶9。

（3）材料预热：打开烤箱，检查设定温度（70℃），将环氧胶（主剂 800A 胶、经稀释后的色膏）放入烤箱进行预热，如图 5-14 所示。温度达到设定温度后，再预热 30min，使胶变稀以利于抽真空。切记温度不可过高，否则，会缩短使用时间。

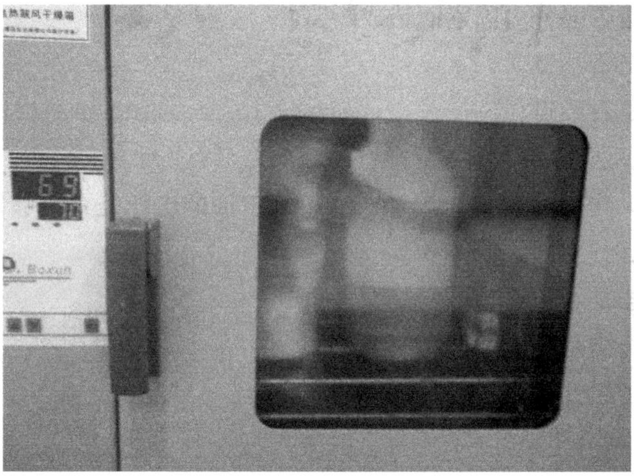

图 5-14　环氧胶预热

（4）打开抽真空机电源，并将加热开关打开，设定温度为 70℃。

（5）插上电子称电源，保持电子称平衡，并打开开关待其稳定。

（6）用丙酮将胶杯、不锈钢棒清洗干净，并用高压气枪吹干。

2. 配胶步骤

（1）将干净胶杯放在电子称托盘中央，检查电子称的单位（设定为 g）并将电子称清零。放偏会带来误差，导致配比出错。

（2）按已定的比例往胶杯中依次倒入稀释后的色膏、扩散剂、A 胶、B 胶。分别如图 5-15、图 5-16 所示。本示例中，稀释后的色膏为 4g，扩散剂为 6g，A 胶为 15g，B 胶为 15g。

注：每倒完一次原料，在配胶记录本上记录实际读数后，再将电子称清零。如果 LED 成品不要配色，发光角度也无要求，则可以不用加扩散剂和颜料。

图 5-15　先配色膏和扩散剂

（a）加 A 胶　　（b）加 B 胶

图 5-16　配胶的过程

（3）用干净的不锈钢棒搅拌混合物，直至各原料均匀混合，目视无明显的絮状物。搅拌时应按同一方向进行，且不要碰到杯壁，如图 5-17 所示。

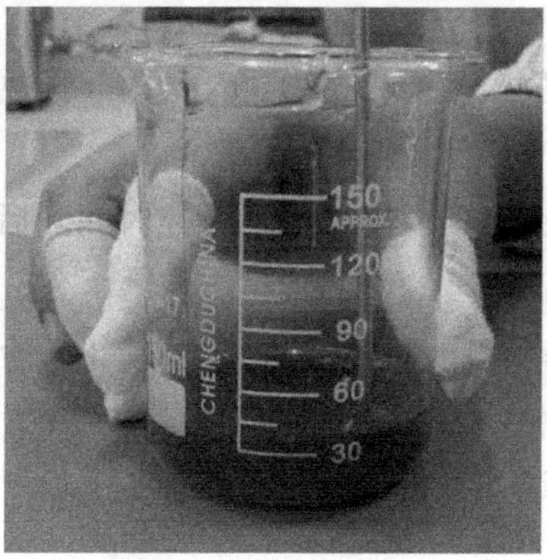

图 5-17　搅拌胶体

（4）如果所配胶水量较大，手动搅拌比较困难，需要使用搅拌机进行自动搅拌，分别如图 5-18、图 5-19 所示。

图 5-18　自动搅拌

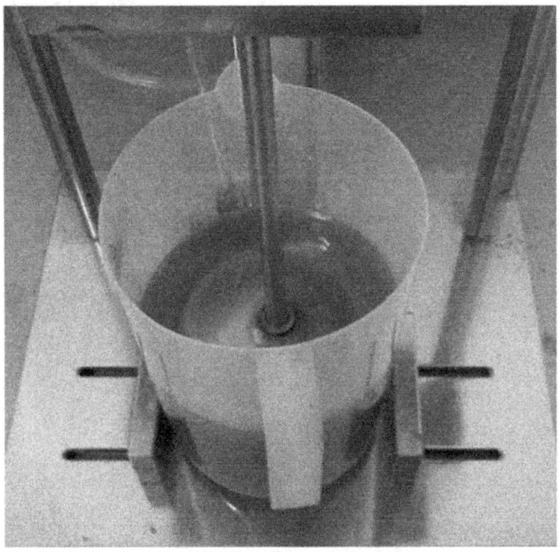

图 5-19　自动搅拌过程中

配胶时应注意：扩散剂和颜料在胶杯底部，应先倒入少量 A 胶搅拌（根据配胶量而定，正常配 1kg 左右可先倒入 A 胶 200g），再将胶杯倾斜，目视胶杯底部无未搅拌起来的扩散剂和颜料，方可再倒入 A 胶；最后倒入 B 胶进行搅拌，搅拌时间不得低于 10min。

3．抽真空步骤

（1）将搅拌好的胶杯水平放入真空机箱内进行预热（预热时间：3～5min），关闭真空箱门，并关闭真空箱的放气阀。

（2）设定抽真空机的抽真空时间（30min），预热时间到后，开启抽真空机电动机开始抽真空，如图 5-20 所示。

（3）计时结束后，真空电动机自动关闭。打开真空箱正上方的放气阀，当气压表指针指到零时，打开真空机门取出胶杯。

（4）目视检查胶无气泡后送下道工序备用。

图 5-20　抽真空

4. 工艺要求

（1）确认配方正确；
（2）严格按配方比例配胶；
（3）环氧胶搅拌均匀；
（4）抽真空要彻底；
（5）每次做有颜色的 LED 产品必须先做三个同样挡位、支架、模粒的样品，并和原始样品对比，需检验确认过方可灌胶。
（6）房间温度应控制在 18℃～30℃；湿度应在 30%～70%RH，当湿度低于 30%RH 时，用加湿器进行加湿；
（7）需戴防静电手腕。

5. 注意事项

（1）必须确认胶杯与不锈钢棒是清洗干净的。
（2）电子称要保持干净。
（3）配胶时要细心并真实记录电子称的读值。
（4）配胶时色膏与扩散剂的量不能够有误差，环氧胶误差则不能够超过±1%。
（5）B 胶易吸湿产生沉淀，故使用后立即盖紧。
（6）已配好的胶应在 4h 内使用完毕。
（7）真空油不要滴到胶杯内。

5.2 灌胶

灌胶所需的材料为配好的胶水、焊好线的支架需要用到的工具设备及辅料为模条、铝船、

注射针筒、铁盘、烤箱、搅拌机、粘胶机、半自动灌胶机、丙酮

5.2.1 模条的组成、使用与检验

模条是 LED 成形的模腔，直插式单管 LED 在封装不同的外形时，都需要用到不同的模条。

模条是由钢片经注塑（TPX 材质）而制成。TPX 有极佳的透明度，具有极佳的耐热性，耐化学品和耐蒸汽性等，且 TPX 在透光性聚合物中比重最轻。

1．模条的组成

模条如图 5-21 所示，一般由四部分组成。

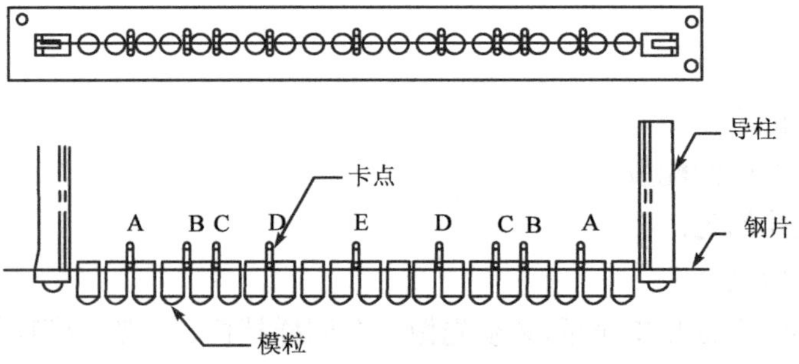

图 5-21　模条示意图

（1）导柱：支架沿导柱插入模粒。

（2）钢片：模条的主体，用以支撑模条。

（3）模粒：浇灌环氧树脂胶，决定 LED 的外形。为了从封装外观上区分 LED 的正负极性，有些圆形模粒具有缺口，如图 5-22 所示。

图 5-22　具有缺口的圆形 LED 模条

（4）卡点：支架头插入环氧树脂胶的深浅由卡点高低决定，一般模条上有四组不同高低的卡点，表示四个挡位（见图 5-21 中的 A、B、C、D），8 个卡点左右对称。卡点影响了 LED 的发光角度。

LED 的发光角度一般由模条模粒的外形和卡位决定的。子弹头形状的角度最小，圆头次之，草帽钢盔的角度最大，具体多少度要根据支架碗杯搭配去实际测试。另外，同样一款模条，其卡位越低，角度也越大。

2．模条的分类

模条因模粒大小形状的不同，大致可分为以下几类：

（1）圆形（ϕ3、ϕ4、ϕ5、ϕ8、ϕ10）；

（2）方形（2×5.5×5）；

（3）椭圆形（5×4，4×3）；

（4）子弹形；

（5）特殊形状（钻石形）；

（6）食人鱼。

3．模条的使用

模粒在使用时，根据不同的产品需求选择使用。

使用前要预热，并喷离模剂。使用时注意观察做出的 LED 外观是否不良，如出现不良现象则应更换模条。因此，模条在使用一定次数后要及时更换，一般使用次数为 50 次。

模条要与铝船一起使用。铝船如图 5-23 所示；将模条装入铝船如图 5-24 所示；不同的铝船及模条型号如图 5-25 所示。

图 5-23　铝船

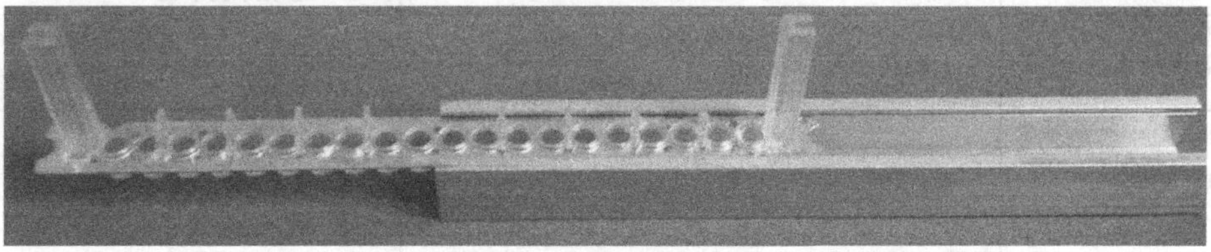

图 5-24　模条装入铝船

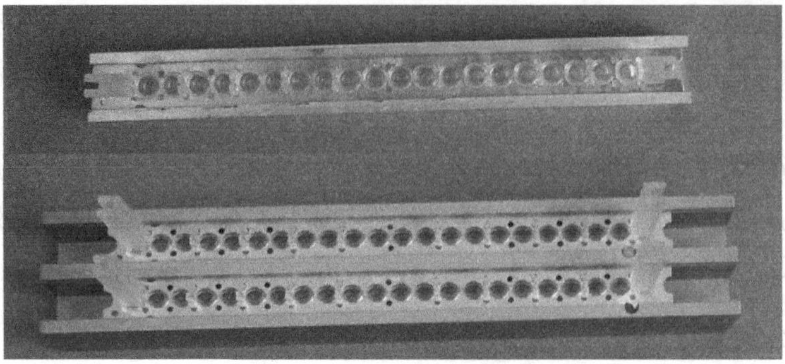

图 5-25　不同型号的铝船和模条

5．模条的检验

外观检查：模粒内是否有杂物、气泡、变形；

尺寸检查：做出 LED 的尺寸与模粒卡点高度是否匹配；

使用寿命测试：抽取 10 根模条，反复使用该批模条直到全部出现不良现象，此时，该批模条的平均使用次数为此型号模条的寿命次数。

表 5-6 是模条进料时的检验内容，进料时要按表中给出的要求严格检验。

5．模粒保存条件

存储过程中主要要注意防湿及防锈处理，具体存放条件：

（1）存放环境无腐蚀性气味

（2）温度为 15℃～35℃

（3）相对湿度 Rh 为 30%～70%

表 5-6　模条进料时的检验内容

项　　目	不 良 说 明	对 LED 造成的影响
型号不符	来料与实际要求不符	1．无法生产； 2．影响 LED 生产进度
模条混装	同批来料中有两种或多种不同型号模条装在一起	1．产品封胶错误； 2．浪费成本
模粒内表面模糊	在模粒内有水纹状物质	1．成形后表面不良； 2．造成外观不良
模粒内表面刮伤	在模粒内有划伤痕迹	1．成形后表面刮伤； 2．造成外观不良
模粒裂痕	模粒帽檐与硅钢片间有裂痕	1．会造成模粒松脱转动； 2．模条周转次数减少； 3．插浅不良
模粒帽檐破损	模粒帽檐有缺损	1．会造成成品毛边； 2．造成外观不良
硅钢片生锈	硅钢片上有生锈痕迹	导致产品有异物

续表

项　　目	不 良 说 明	对 LED 造成的影响
硅钢片变形	硅钢片有弯曲变形（影响装模条作业）	1．影响装模条作业； 2．材料插深或插浅
模条底部塑料残留	模条硅钢片底部有塑料残留（供货商制程不良所造成）	影响装模条作业
卡点脱落	卡点脱落（运输过程搬运不当所致）	1．无法使用； 2．成形后插深或插浅不良
导柱脱落	模条导柱有掉落（运输过程搬运不当所致）	无法使用
圆缺边方向错位	圆边或缺边方向不规则，不在要求的方向（胶杯与硅钢片结合不好）	1．成形后胶体外观不规则； 2．严重外观不良
卡点误差过大（插深或插浅）	经卡点量测仪量测 1．与标准卡值相差 0.1mm 以上； 2．同一支模条对称卡点值相差 0.5mm 以上	成形后插深或插浅
中心间距不等（封胶实验有偏心）	1．杯与杯间距超出标准公差； 2．导柱间卡槽间距过宽； 3．偏心角在 5°以上	成形后偏心不良（支架杯中心明显偏离胶体中心）
胶杯成形不良（封胶实验有光斑不良）	注塑成形胶杯内不规则	成形后光斑不圆

5.2.2　手动灌胶流程

1．准备工作

（1）核对配料单产品型号，模粒型号，模粒挡位。本示例中采用 GR546 模粒，挡位为 3.0 挡。

（2）检查铝船上的模粒方向是否一致。经检合格后，应放入烤箱进行预热，温度为 125℃，时间为 50min。

（3）环氧树脂胶已经完成抽真空作业。

图 5-26 所示为手动灌胶所必须准备好的材料和设备，其中针管是用来抽取配好的胶水并进行灌胶。

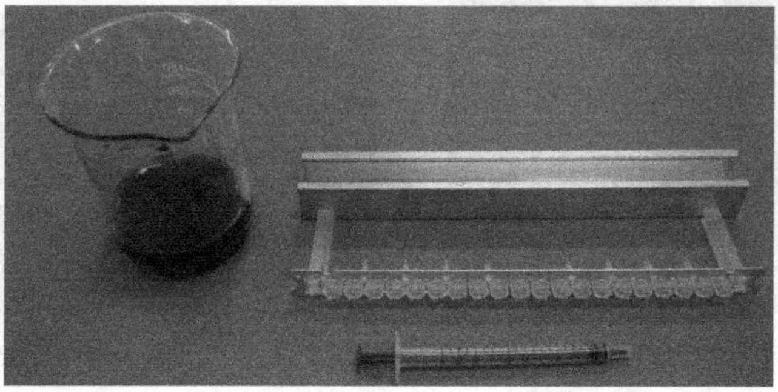

图 5-26　灌胶所需材料、设备

2．手动灌胶步骤

（1）用针筒吸取配好的胶，如图 5-27 所示。

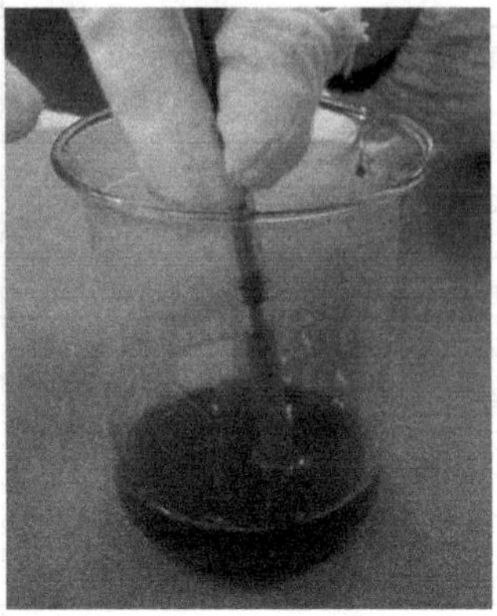

图 5-27　吸取胶水

注：吸胶的过程中，要使针筒的针头完全浸泡在胶水中，这样可以防止在吸胶的过程中针筒出现气泡。

（2）使针筒倾斜于模条（有利于排出模粒中的空气），缓缓地把配好的胶水注入模粒中，如图 5-28 所示。

（3）注入胶水直至其和模粒上表面平行，则该模粒灌胶完成，进行下一个模粒的灌胶。

（4）反复进行步骤（2）、（3）操作，直至一根模条的 20 颗模粒灌胶都结束。

（5）双手拿住支架两端，让各个碗杯对准各颗模粒，以 45°角缓缓浸入模粒中，让碗杯粘胶。粘胶的目的是为了防止灌胶过程中碗杯中会残留气泡，如图 5-29 所示。粘胶好的支架如图 5-30 所示。

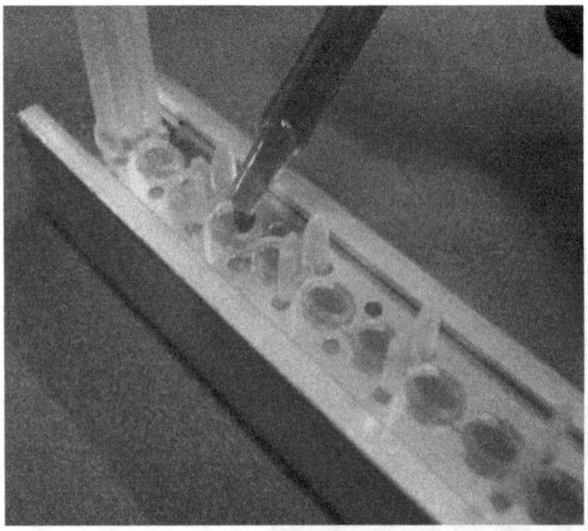

图 5-28　灌胶注入模粒

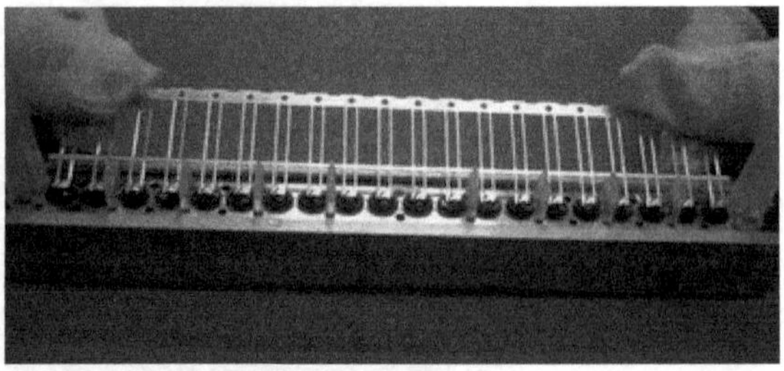

图 5-29　支架粘胶

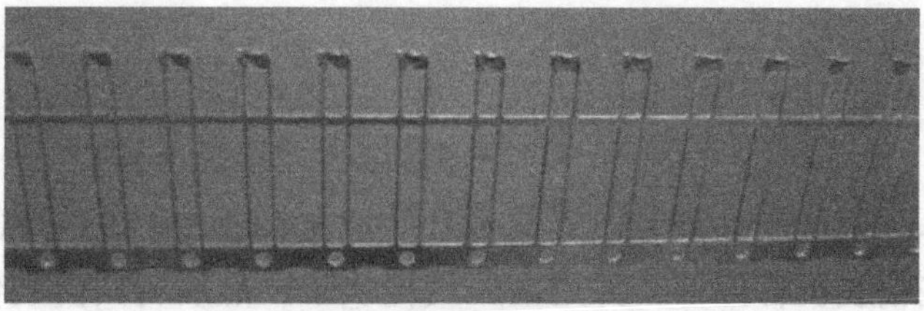

图 5-30　已经粘胶完的支架

（6）粘胶完毕后，再按模条上的导轨将支架插进模粒中，如图 5-31 所示。

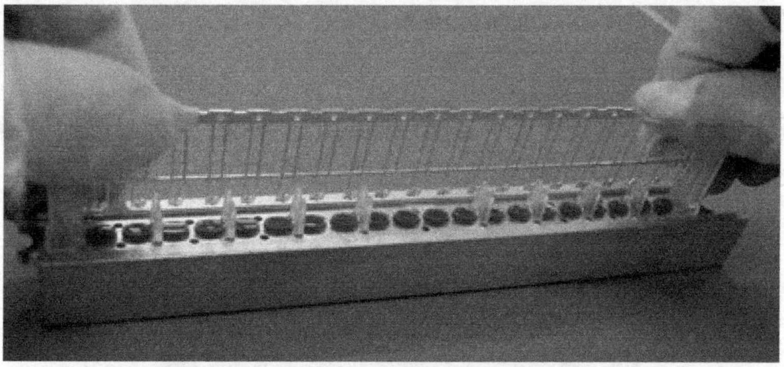

图 5-31　植入支架

（7）双手平压支架顶端，确保支架完全插至规定卡点处。

（8）检查支架是否压到位，胶量是否足够，方向是否正确。图 5-32 所示为经检查后合格的灌胶成品。

（9）将检查好的灌胶成品放入铁盘待烤。待一铁盘都装满，放入烤箱进行短烤。

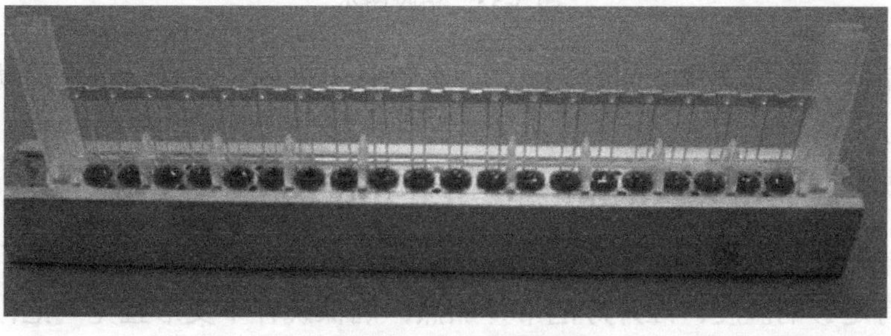

图 5-32　手动灌胶完毕

5.2.3　半自动灌胶流程与工艺要求

半自动灌胶所需的材料为抽真空后的胶水，焊好线的支架。

所需的设备及辅料为装配好的模条，粘胶机，支架间隔夹具，红外灯泡。

1．粘胶流程

1）准备工作

（1）核对配料单，确认产品型号、支架型号并把支架放在125℃的烘烤箱预热50min。

（2）用丙酮清洗粘胶机各部件，并用高压气枪吹干，然后将其拆装件装配好。

（3）将胶杯靠着粘胶机的装胶盒缓慢倒入环氧胶，以免产生气泡。

（4）打开电源及红外灯泡，打开电机旋转开关。

（6）调节电机转速，使粘胶机的滚轴粘胶均匀。

（7）将支架放在粘胶机下方，支架间隔夹具放在支架后方。

2）粘胶步骤

（1）双手固定好支架，粘胶过程中支架应倾斜15°～30°接触滚轴，接触时间1～2s，使滚轮上的胶水沾入支架碗杯，直至支架碗杯内粘胶饱满，如图5-33所示。

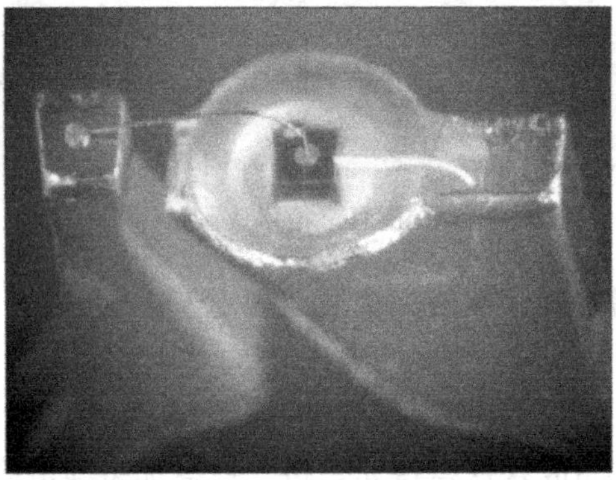

图5-33　粘胶图示

（2）取出粘胶支架依次排入间隔夹具内，并确认方向的一致性，重复此动作直到一整批沾完为此。

（3）每次粘胶完第一批都应在显微镜底下看是否有气泡或有缺陷，从而适当调整粘胶机。

3）工艺要求

保持支架有足够的温度；红外灯泡常开加热；确保碗杯不变形且无气泡；确保支架粘胶饱满；房间温度应控制在18℃～30℃湿度应控制在30%～70%RH（需戴防静电手腕）。

4）注意事项

（1）作业需要提前30分钟左右将已焊线支架放在预热烤箱预热。

（2）粘胶后的支架应按同一方向整齐放入支架间隔夹具中。

（3）粘胶后的支架应及时进行插管，且要保持支架的温度。（必要时使用暖风机加热）

（4）粘胶与灌胶所用胶水同一比例，小心胶水错误。

（5）粘胶饱满是针对深碗状支架而言，平头支架可少量粘胶。

（6）胶水受热且长时间暴露在外，黏度易变高，从而使粘胶易产生气泡，故每 4 小时滚轮要更换新的环氧胶。

2．半自动灌胶流程

1）准备工作

（1）核对配料单产品型号，模粒型号，模粒挡位。

（2）胶水已经抽好真空。

2）灌胶步骤

（1）将胶水顺着不锈钢棒缓慢倒入灌胶机内，盖上顶盖，将剩余的胶放在暖风机下加热。

（2）将注胶开关打到“走胶”挡，反复走胶，排出输送管及机器内空气。

（3）将注胶开关打到“注胶”挡，连续清胶，排出针头内气泡，直至注胶顺畅无气泡为止。

（4）双手拿起模条，倾斜 45° 靠在注胶针头上，踩下脚踏开关，注胶开始；直至将模条的所有模粒灌满，松开脚踏开关。

（5）取出模条，将其放入铁盘中（按同一方向），以待插支架。

（6）重复动作直到整批灌完。

3）注意事项

将胶从胶杯倒入盛胶槽中时要控制速度，保持均匀速度，一次倒胶不得超过盛胶槽的 2/3。同时倒入里面的胶体应让杯壁往下流；灌胶机的下胶速度要调好，不能太快，否则，会容易产生气泡，但不能太慢，否则，会影响生产进度。灌胶机台必须 4 小时清洗一次。

应常观察机器内的胶量，胶量减少至内孔面时应加环氧胶。灌胶时要看胶量是否足够，模粒里面、支架碗内是否有气泡。灌比较特殊且较小的模粒的时候，机器速度要调慢且针头要靠着模粒内壁，杜绝表面气泡。杜绝刺膜现象，要求针头的高度、位置及设备的速度要调整适当。

3．插支架流程

1）准备工作

（1）粘完胶的支架。

（2）灌完胶的模条。

2）插支架操作

（1）先检查模条的方向是否一致。

（2）拿一条支架对准模粒各点，再按模粒上的导轨将支架插进模粒里。

（3）检查支架是否压到位，胶量是否足够，方向是否正确。

（4）检查完的按一定的数量放在铁盘中，以待烘烤。

插支架的流程如图 5-34 所示。

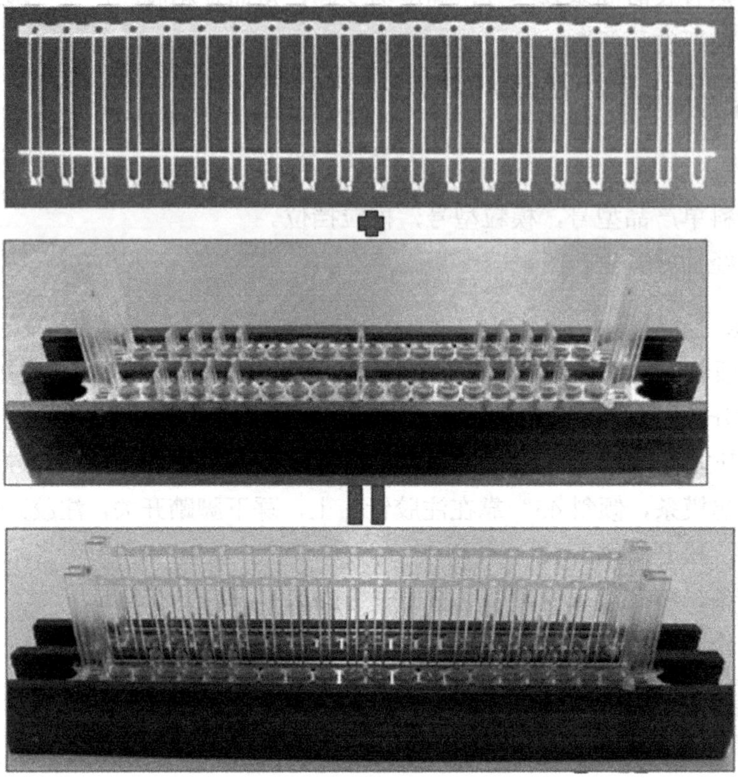

图 5-34　插支架图示

4．工艺要求

（1）支架应压到位，否则，会出现插偏、插浅。

（2）胶量应该足够。

（3）要斜粘，防碗杯产生气泡。

（4）支架、模条应先预热，并保证在灌胶时具有一定的温度。

（5）做新型号时需首根送检，确认产品型号、支架、模粒及挡位是否配合正确，具体参考加工单及模粒型号材料。

（6）房间温度应控制在 18℃～30℃；湿度应控制在 30%～70%RH；当湿度低于 30%RH 时用加湿器进行加湿（需戴防静电手腕）。

5．注意事项

（1）灌胶过程中，胶水滴漏在模条上时，应用脱脂棉沾点丙酮擦拭。

（2）灌胶结束后，应用丙酮清洗针筒；清洗完应在针管内留点丙酮，便于下次使用。

（3）烧杯、不锈钢棒也应用丙酮清洗。

（4）手动插支架是在灌胶和粘胶工序后进行的。

（5）模粒中出现胶过多或过少时，应吸胶或补胶。

（6）插支架时要检查是否插偏、插深、插浅、插反。

（7）吹模粒时每根要吹到位，从左到右、从上到下对准模口来吹两次，每吹好两盘模粒要及时放进烘烤箱，在灌胶前再吹一次。

（8）取支架时要与检验确认好产品型号、数量，最早焊线的半成品先灌，未灌完的支架需标识清楚产品型号（开一台机器时，现场只能有一种待灌胶产品，做多少领多少。）

（9）烘烤箱、抽真空机每天用清水擦一遍。

（10）模条配置时应注意保证生产的连续进行。

5.3　短烤流程与工艺要求

短烤的目的：使环氧树脂胶初步固化，便于离膜；减小铝船和模条的烘烤时间，提高其使用次数。

短烤所需的材料：灌好胶的支架

所需的工具和设备：铁盘、手套、烘烤箱

1．准备工作

（1）打开烘烤箱电源、加热开关，打开鼓风机。

（2）设置烘烤箱温度为 125℃，定时器设为单管 LED 短烤所需时间，通常时间为 50min。不同产品烘烤温度及时间要求如下：125±5℃、40min（ϕ3 单管），125±5℃、45min（ϕ5 单管），115±5℃、85min（ϕ8 以上单管）。

2．短烤操作

（1）将插完支架的模条放入烘烤箱，应按照从右到左，从上到下进行放置。

（2）当温度达到设定温度时，开启计时开关，短烤开始。图 5-35 中烘烤箱设定温度为 125℃，计时已经有 2min。

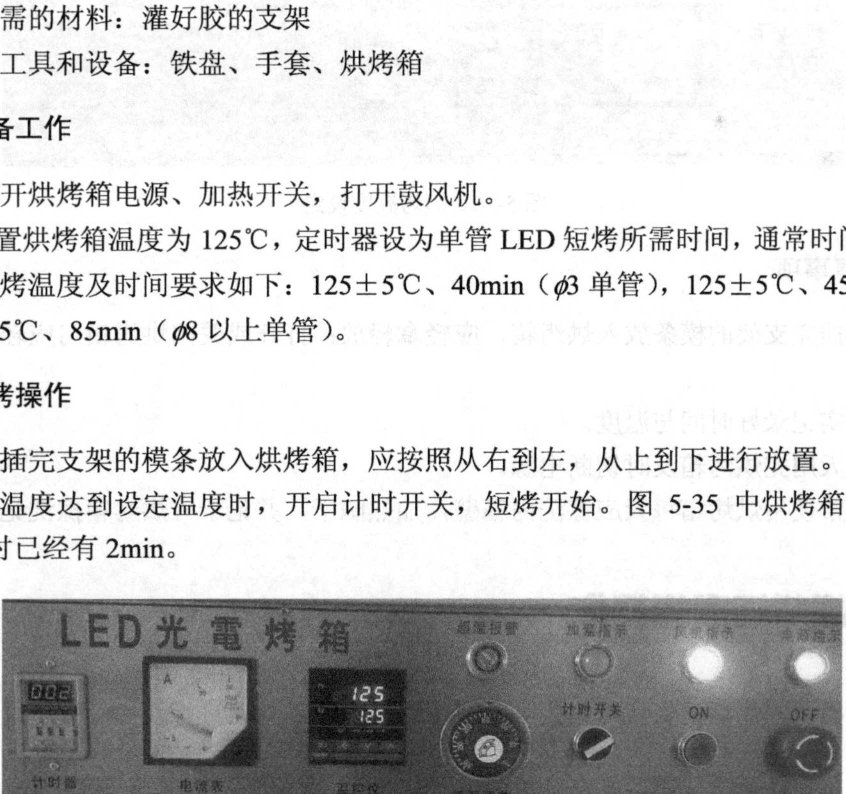

图 5-35　短烤开始

（3）认真做好记录，并写明产品型号，每个烘烤箱第一批进、最后一批进、第一批出的模条都要认真记录好时间及温度。（记录于短烤记录本，以便检验）

（4）烘烤完毕后，取出产品，趁热离膜。

注：LED 生产中，烘烤箱可能会出现箱体内上下温度不一致，且相差较大的情况（用温度计进行测量）。此时，需要通过调节“设定温度”使烘烤箱内平均温度达到 125℃，如图 5-36 所示，经实际测量，该烘烤箱设定温度需为 135℃。

3．工艺要求

（1）确保烘烤时间足够；

（2）确保烘烤箱温度与设定温度是一致；

（3）房间温度应控制在 18℃～30℃，湿度应控制在 30%～70%RH；当湿度低于 30%RH 时用加湿器进行加湿；

（4）需戴防静电手腕。

图 5-36　短烤温度设定

4．注意事项

（1）将插完支架的模条放入烘烤箱，应轻拿轻放；打开或关闭烘烤箱门应轻推，以免振动支架。

（2）真实记录好时间与温度。

（3）每天用完烘烤箱及时切断电源。

（4）正常使用烘烤箱每天应擦洗内箱壁，加热晾干，并记于《烘烤箱擦洗记录》。

5.4　离模机与离模操作

离膜是指将短烤后的支架从模条中脱离出来，以便于支架进行长烤，模条进行再次循环利用。

离模所需的材料：短烤后的支架

所需的工具和设备：铁盘、手套、离模机

5.4.1　离膜机的操作

离模机是用于把短烤后的 LED 支架从模条中脱离出来。一般由气缸、离膜针、底座、脚踏开关等组成，操作简单、方便。离膜机外形如图 5-37 所示。

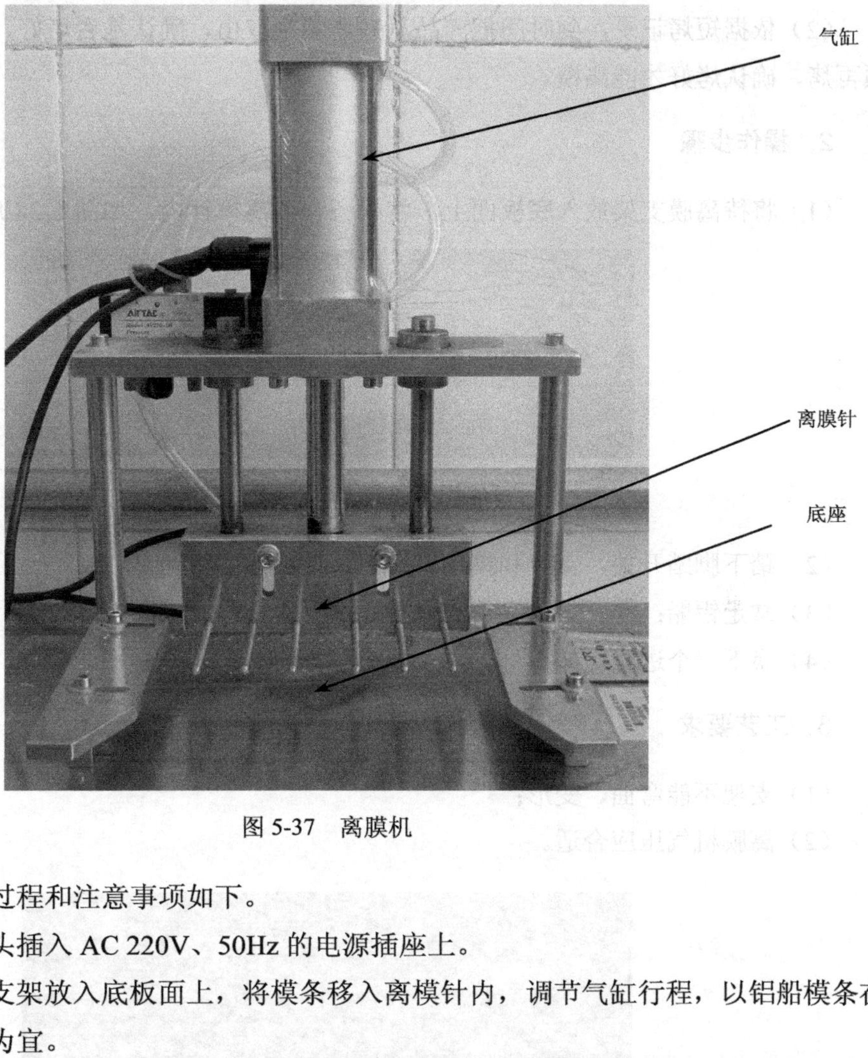

图 5-37　离膜机

离膜机的操作过程和注意事项如下。

（1）将电源插头插入 AC 220V、50Hz 的电源插座上。

（2）将模条及支架放入底板面上，将模条移入离模针内，调节气缸行程，以铝船模条在离模机上操作灵活为宜。

（3）轻踩脚踏开关，调节气缸调气阀，调整气压大小，使离模气压达到最佳状态。

（4）调节完成后，踏下脚踏开关，气缸上升，将模条和支架分离。

（5）必须将模条和铝船向前推出离模针底，才能松开脚踏开关，拿出离出的支架。否则，支架压到铝船上使支架严重变形。

（6）拿取支架时，注意手指安全，严防压撞伤手。

（7）结束时切断电源、断开气源，用酒精或丙酮擦拭机架，保持清洁卫生。

5.4.2　离膜流程与工艺要求

1. 准备工作

（1）打开气阀开关，使离模机通气。

（2）依据短烤记录，到时间把产品从短烤箱中取出，确认是否烤好，未烤好不能离模，须再烤，确认烤好才能离模。

2. 操作步骤

（1）将待离膜支架放入底板面上，将模条移入离模针内，如图 5-38 所示。

图 5-38　放入待离膜支架

（2）踏下脚踏开关，支架和模条分离开，如图 5-39 所示。

（3）拿走铝船；松开脚踏开关，并小心取下支架。

（4）换下一个进行。

3. 工艺要求

（1）支架不能弯曲、变形；

（2）离膜机气压应合适。

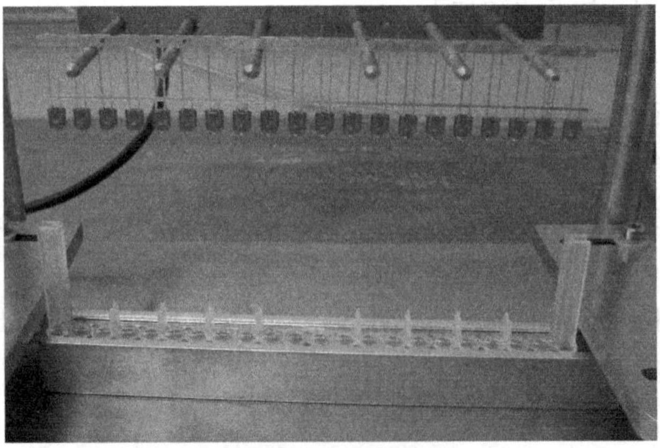

图 5-39　支架离膜

4. 注意事项

（1）拿取支架时，注意手指安全；

（2）不同型号产品应分开离膜。

5.5　长烤流程与工艺要求

离膜后的 LED 产品需进行长烤，其目的是使环氧树脂胶充分固化，保证 LED 成品的性能稳定。

长烤所需的材料：离模后的支架

所需的工具和设备：铁盘、手套、烘烤箱

1. 准备工作

（1）打开烘烤箱电源、加热开关，打开鼓风机，设定烘烤箱温度为 135℃（注：烘烤箱温度有问题，则会另行通知）。

（2）将烘烤箱定时器设为 8 小时。

2. 长烤操作

（1）将脱模好的支架，按照顺序整齐摆放在铁盘上。

（2）烤箱的每个铁架每层均匀摆放两个铁盘，有利于烘烤过程中通风。

（3）当温度达到设定温度时，打开计时开关，长烤开始，如图 5-40 所示。

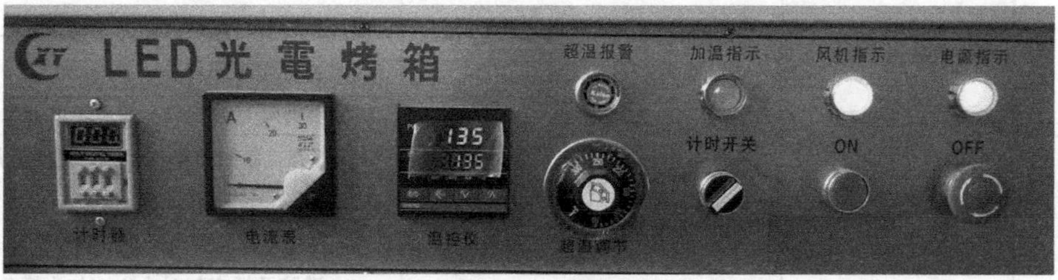

图 5-40　长烤开始

（4）认真填写随工单，写明产品型号、日期、工号、批数、进箱时间、出箱时间及进箱操作人员工号。

（5）认真做好长烤记录（记录于长烤记录本）并写明产品型号，每进一次支架都要真实记录进烘烤箱时间及出烘烤箱时间，放置的层数和数量。

3. 工艺要求

（1）确保烘烤时间足够；

（2）确保烘烤箱温度与设定温度是一致；

（3）房间温度应控制在 18℃～30℃，湿度应控制在 30%～70%RH；当湿度低于 30%RH 时用加湿器进行加湿；

（4）需戴防静电手腕。

4. 注意事项

（1）目视烘烤箱显示器，确保长烤烘烤箱温度是在设定的范围，方可放入支架进行长烤。

（2）认真真实记录好时间与温度。

（3）长烤完成后，取铁盘时应戴手套，防止烫伤。

（4）按照指定位置，将支架放入货架的冷却区。（支架冷却时间需要 30min）

（5）每天用完烘烤箱及时切断电源。

（6）正常使用烘烤箱每天应擦洗内箱壁，加热晾干后方可使用。

5.6 配胶、灌胶常见问题与解决方法

表 5-7 列举了配胶、灌胶常见的问题及解决方法。

表 5-7 配胶、灌胶常见的问题及解决方法

不良项目	不良说明	产生原因	解决方法
多胶	封胶时胶量多出模粒帽檐	1. 点杯内胶时胶量不均造成（胶量要求较小的机种）； 2. 机台未调试好出胶量不均匀； 3. 针头针管有压弯	1. 检查点胶时每个支架杯内之胶量是否一致； 2. 灌胶员按模粒胶量做好首件确认，确认好后将螺钉拧紧再作业； 3. 离模时首轮确认，如发现多胶及时做调整（显示屏特别注意）； 4. 如针管有异常提报领班予以更换
少胶	封胶时胶量未达到模粒帽檐	1. 点杯内胶时胶量不均造成（胶量要求较小的机种）； 2. 机台未调试出胶量不均匀； 3. 胶水溢出胶杯外导致少胶	1. 检查点胶时每个支架杯内之胶量是否一致； 2. 灌胶员注胶做好首检； 3. 离模时首轮确认，如发现少胶及时做调整； 4. 灌胶及插支架时小心，如为模条原因反馈至供货商要求改善
插浅	支架插入胶体深度尺寸相差超出±0.1mm 以上	1. 卡点使用错误； 2. 插支架未插到位； 3. 入烤前及入烤时搬放材料动作不规范造成支架晃动上浮； 4. 供货商本身原因	1. 插支架检查卡点是否正确； 2. 要求插支架作业人员按标准作业并做好自主检查； 3. 要求作业人员在搬放材料时轻拿轻放，针对上浮支架进行重新“插支架”作业； 4. 模条问题反映至质量部 IQC（进料质量管理）处再通知供货商做改善

续表

不良项目	不良说明	产生原因	解决方法
插深	支架插入胶体深度尺寸相差超出±0.1mm 以上	1．卡点使用错误； 2．作业时用力过大导致卡点损坏而造成误差过大； 3．插支架后补压时两边用力不均匀造成； 4．模条周转次数过多； 5．模条本身卡点误差过大	1．插支架检查卡点是否正确（核对标示卡）； 2．作业人员插支架及压支架时注意用力均匀，且不能用力过猛（手动）自动机作业按标准参数设定作业； 3．模条到一定周转次数报废处理； 4．模条问题反映至质量部 IQC 处再通知供货商做改善
插反	插支架方向与生产任务单不符（正常以支架阴极对模粒缺边）	1．灌胶站人员将模条装反； 2．自动灌胶站人员将整盒材料放反； 3．焊线时将支架个别放反，而点胶及插支架时未发现； 4．领班、质量管理员、作业人员在首件确认时出错	1．模条装好后上线前全检； 2．自动机作业人员严格做好自检； 3．要求前段作业时不能放反材料，且点胶员及插支架员作业时细心观察是否有放反，发现后及时改正； 4．质量管理员、领班务必正确确认支架正、反装配，对特殊 LED 须认真核对作业图纸，如有疑问及时提出
杯内气泡	杯内有残余空气造成杯内气泡（在芯片及金线旁或上方，影响发光及寿命）	1．点胶时胶量过薄或时间过短导致未点满胶； 2．支架与点胶轮之间调试过宽导致未点到或未点满； 3．胶水抽真空未到时间就取出； 4．胶水配胶后停留时间过长胶水变稠； 5．插支架速度过快； 6．抽真空机异常导致抽真空不净	1．点胶作业前将胶量厚薄、时间、支架与点胶轮之间搭配调试好； 2．严格要求抽真空时间在 15～30min； 3．胶水抽真空后至灌胶完成时间不能超过 1h； 4．要求插支架速度不能过快； 5．如查明为抽真空原因须申请工程维修或委外维修
胶色不一	胶水颜色与正常相比存在差异	1．用错胶水； 2．配胶比错误； 3．配不同种类产品时前次配胶未处理干净或机器未冲洗干净	1．配胶时严格按任务单要求作业； 2．配胶员做好自主检查，质量管理员做好监督、复算，不能计算错误； 3．质量管理员确认配胶杯及换产品种类时机台清洗是否干净
混模条	同一批模条内混有其他不同尺寸外观的模条	1．拆模条时放错位置在用时未发现； 2．离模人员端错模条	1．督导作业人员细心，按任务要求装箱应规格模条，领班质量管理员确认； 2．督导要求作业人员装好全检一遍
烘烤箱温度误差	烘烤箱温度设定与标准设定不符及实际温度与标示温度不符	1．调试不正确（违规操作）； 2．烘烤箱温度异常	1．严格要求作业人员按标准作业，提高质量意识； 2．进烤箱前核对烘烤箱温度与实际所需温度是否相符； 3．如属烘烤箱故障申请工程维修，未修复前不能允许正常作业（可挂暂停牌）

续表

不良项目	不良说明	产生原因	解决方法
刮伤	胶体表面有划伤，痕迹影响外观及发光	1．插支架用力过大插伤模粒； 2．材料未摆放好，刺伤胶体； 3．人员的指甲过长，且未戴手套	1．针对特殊模条（如UP529）要求作业人员插支架时小心； 2．离模后注意材料用薄纸包装好后摆放要整齐有序； 3．作业人员的指甲不能留得过长，在作业及转料过程中须戴手套作业
表面气泡	封胶时空气残留胶体内形成表面气泡	1．胶水抽真空时间不够未抽干净； 2．胶水在空气中停留时间过长冷却； 3．手动灌胶压胶时气泡未完全排除干净； 4．灌胶作业时速度过快	1．胶水抽真空务须按标准要求作业； 2．从配胶、抽真空至灌胶完进烘烤箱时间尽量控制在1h内完成； 3．作业前压胶时将气泡排除； 4．灌胶时速度不能过快，特别是内凹等特殊材料
偏心	支架碗中心明显偏离胶体中心位	1．支架本身偏心（①边距误差过大；②各杯中心距有误差）； 2．模条各胶杯中心距的公差过大； 3．支架变形（阴阳极不在同一在线，上下偏离）； 4．模条导柱松动造成左右偏心（①人为抓导柱造成；②导柱与钢片结合度不良）； 5．插支架不熟练，支架未完全卡在模条卡槽内	1．用高精度测绘仪检查支架之边距、杯中心距，以及模条胶杯中心距是否在标准范围内； 2．进料及作业人员自主检查支架是否有阴阳极变形； 3．杜绝人为抓导柱的行为，如属导柱与钢片结合度问题反映至供货商要求改善； 4．插支架作业人员进行教育训练，并灌输质量意识，不能只求量不求质
杂物	胶体表面有明显黑点或其他杂物	1．模条吹尘不净或未吹尘； 2．灌胶环境卫生差，桌面、地板不净造成； 3．烤箱未定时保养形成杂物； 4．人员（插支架、灌胶、离模人员）手套使用过久、脏污造成； 5．新人着便衣将异物带入车间造成； 6．料盒不干净，前一工序将异物带入灌胶车间； 7．车间环境未密闭，外来空气中杂物进入车间造成	1．模条第一轮使用前务必进行吹尘而且吹尘力度要够； 2．切实做好量产前确认工作（环境5S），领班与质量管理员同时执行； 3．烤箱切实定时保养（1个星期一次）； 4．在不浪费的前提下做好手套更换工作（插支架用手指套每天更换一次、灌胶及离模人员每两天更换一次，雾状一天更换一次）； 5．新人上线后安排上线就发工作服，焊线站的料盒每星期用气枪进行吹尘作业； 6．将车间玻璃等用密封胶封好
表面不良	胶体表面模糊不清，点亮时严重影响外观	1．喷离模剂过少导致离模困难，经多次拔模后造成对模条的损伤； 2．喷离模剂过多造成离模后表面残留离模剂量；	1．喷离模剂时注意喷剂量的控制； 2．使用前认真检查核对模条之周转次数表； 3．灌胶时严格注意灌胶方式，不能有戳伤模粒；

续表

不良项目	不良说明	产生原因	解决方法
表面不良	胶体表面模糊不清，点亮时严重影响外观	3．模条已到周转次数还在使用； 4．注胶时针头戳到模条内侧或底部造成； 5．模条供货商材质有问题	4．做好首检，模条问题由质量检验员反映到模条商，并由质量检验员追踪原因分析及改善结果
卡点错误	模条卡点高度与生产任务单要求不符	模条上线前确认错误	装模条时须看标识卡与任务单要求是否相符

知识小结

配胶、灌胶环节是 LED 封装过程中决定 LED 产品外观的关键环节。

此环节所用到的材料包括：环氧树脂胶、色膏、扩散剂等；所涉及的仪器包括：电子秤、真空箱、搅拌机、粘胶机、灌胶机、烘烤箱、离膜机等。要求操作者注意操作安全，按照操作规范进行操作。

通过此环节的操作，第 2 章表 2-6 的后道随工单填写如下表 5-8 所示。

表 5-8　切脚后的 LED 后道随工单

执行单号：

<table>
<tr><td colspan="2">产品型号</td><td colspan="3">9554SR-85/40</td><td>烘烤箱号</td><td>01、02</td></tr>
<tr><td rowspan="2">烘烤条件</td><td>日　期</td><td colspan="2">短烤—烘烤箱
温度/进出时间</td><td colspan="2">调整
温度/时间</td><td>长烤烘烤箱
温度/进出时间</td></tr>
<tr><td>4-10</td><td colspan="2">125℃/
（11：50~12：40）</td><td colspan="2">无</td><td>135℃/
（15：30~23：30）</td></tr>
<tr><td>日　期</td><td>工作站</td><td>工号姓名</td><td>投料数（个）</td><td>合格数（个）</td><td colspan="2">不合格品分类</td></tr>
<tr><td>4-10</td><td>灌胶</td><td>008</td><td>4400</td><td>4300</td><td colspan="2">C 品</td></tr>
<tr><td>4-10</td><td>QC1</td><td>009</td><td>4300</td><td>4250</td><td colspan="2">C 品</td></tr>
<tr><td>4-10</td><td>短烤</td><td>010</td><td>4250</td><td>4250</td><td colspan="2">无</td></tr>
<tr><td>4-10</td><td>QC2</td><td>011</td><td>4250</td><td>4200</td><td colspan="2">B 品</td></tr>
<tr><td>4-10</td><td>长烤</td><td>012</td><td>4200</td><td>4200</td><td colspan="2">无</td></tr>
<tr><td>4-11</td><td>QC3</td><td>013</td><td>4200</td><td>4200</td><td colspan="2">无</td></tr>
<tr><td></td><td></td><td></td><td></td><td></td><td colspan="2"></td></tr>
<tr><td></td><td></td><td></td><td></td><td></td><td colspan="2"></td></tr>
<tr><td></td><td></td><td></td><td></td><td></td><td colspan="2"></td></tr>
<tr><td></td><td></td><td></td><td></td><td></td><td colspan="2"></td></tr>
<tr><td>备
注</td><td colspan="6">灌胶起止时间：9：30～11：30（学生手动灌胶一根支架约 5 分钟，配备 10 套灌胶针筒，故需用时约 2 小时）</td></tr>
</table>

版本 1.0　　　　SC-B-001-02

思考题 5

1．目前，LED 封装工艺中所使用的胶体材料有哪些？请说出各自的优点和缺点。

2．环氧树脂胶应该如何保存？

3．色膏和扩散剂在什么情况下需要使用？

4．简述丙酮在 LED 封装工艺中的作用，并简述其使用的注意事项。

5．请说出模条在 LED 封装工艺中的作用。

6．请说出在整个 LED 封装过程中需要用到烘烤箱的工序，以及各自所需的烘烤时间和烘烤温度。

7．LED 手动封装中，灌胶工序需要用到哪些工具和设备？并简述各自的作用。

8．简述手动灌胶和半自动灌胶的区别。

9．配胶、灌胶环节中哪几步工艺过程容易产生气泡？应该如何避免？

10．哪些工艺过程会造成封装失效？应该如何避免？

11．列举几种灌胶失效模式，并针对这些情况提出改进措施。

第6章

LED封装的切脚、初测环节

知识分布网络

- 切脚、初检环节
  - 一切
    - 材料和设备：长烤后支架、一切机等
    - 一切流程
    - 工艺要求
    - 注意事项
  - 初测
    - 材料和设备：一切后支架、排测机等
    - 初测流程
    - 工艺要求
    - 注意事项
  - 二切
    - 材料和设备：初测后支架、二切机等
    - 二切流程
    - 工艺要求
    - 注意事项

已经长烤完的 LED 性能已经稳定，但还是数十颗 LED 在支架上相连，因此必须将其分离开，才能成为独立的一颗颗 LED 产品。这就是切脚、初测环节。该环节包括一切、初测、二切这三道工序，其顺序如图 6-1 所示。

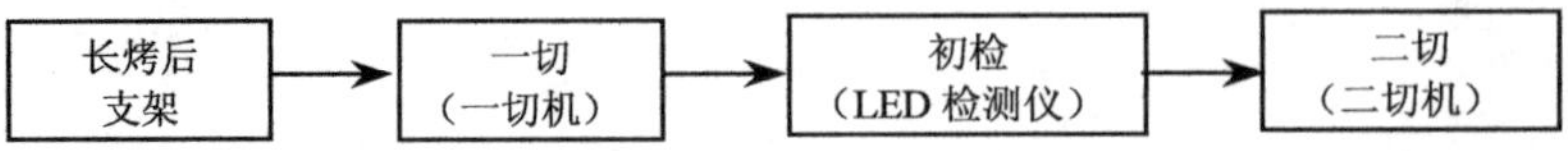

图 6-1　切脚、初测环节

一切也称半切、前切，是利用一切机将长烤后的 LED 灌胶支架的连接筋切断，使 20 颗 LED 成为共阴或共阳方式，便于初测。

初测包括目测和基本电性能参数检测。

二切也称全切、后切，是指利用二切机将一切后的 LED 支架切成独立的一颗颗 LED。

图 6-2 给出的实物图从上到下依次为长烤后的 LED 支架、一切后的 LED 支架和二切后的单颗 LED。

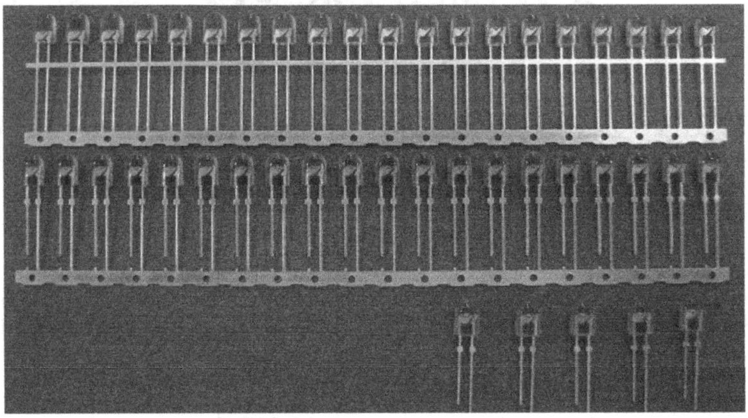

图 6-2　一切、二切实物图

6.1　一切（半切、前切）

一切需要用到的材料为已长烤后的 LED 支架。

需要用到的工具设备为防静电手环、手指套、刷子、离子吹风机、一切模具、一切机。

6.1.1　一切机的组成与操作维护

一切机的原理是液压冲床，使用一切模具将 LED 支架的连接筋切断。它具有冲压速度快，操作方便，易于维护等特点。

1．一切机的组成

一切机的外观如图 6-3 所示，主要由五部分构成。

（1）油缸冲头：通过液压作用，使之上升、下降，并带动一切模具工作。

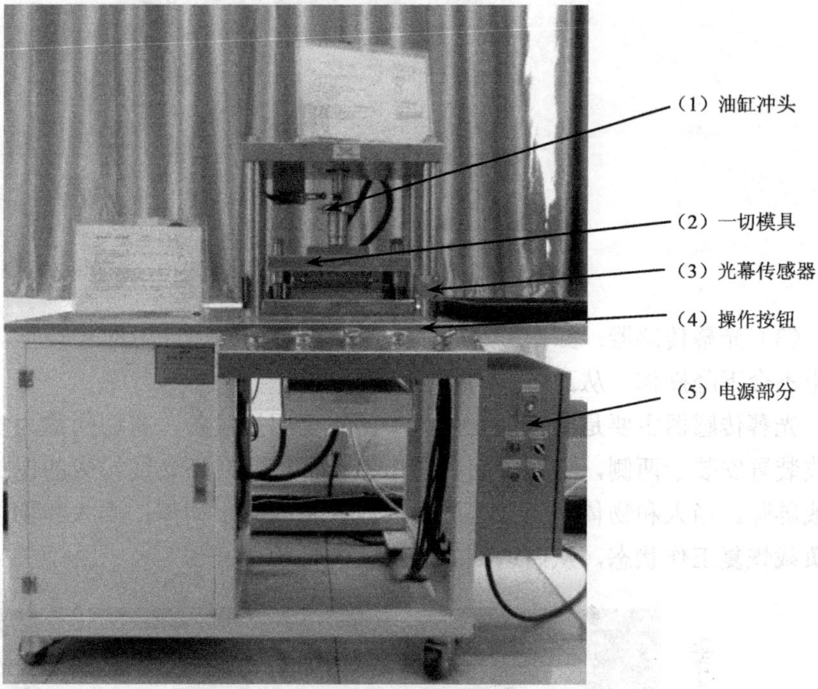

图 6-3　一切机

（2）一切模具：如图 6-4 所示，它决定了 LED 的切脚形状。

图 6-4　一切模具

如图 6-5 所示，白管的 A 位置和红管的 B 位置所对应的限位情况即为一切模具所决定的。

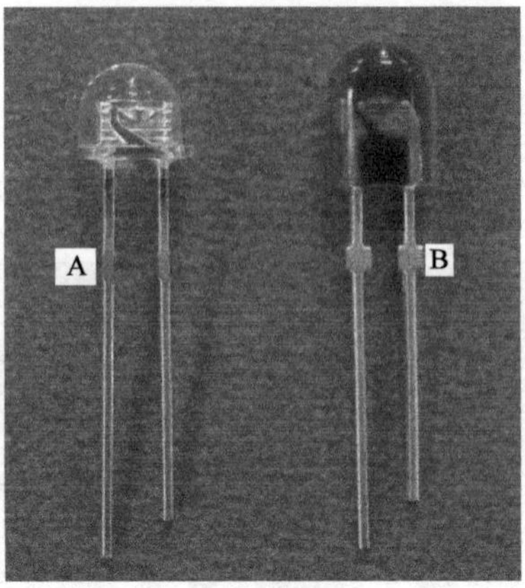

图 6-5　限位有无的一切模具（A 无限位，B 有限位）

（3）光幕传感器：如图 6-6 所示，当它被阻挡时，此时即使按下“下降”按钮，油缸冲头也不会下降操作，从而防止人手被压伤。

光幕传感器主要是用在工业生产中的安全保护设备，普遍的称为安全光幕。发射装置和接收装置安装于两侧，它们中间存在由多束平行的红外光线构成的保护墙，形成红外线光幕警戒屏障。当人和物体进入光幕屏障区内，负载停止动作；当人和物体离开光幕警戒区域，则负载恢复工作状态，从而达到安全保护的目的。

图 6-6　光幕传感器

它在实际应用中不需要控制器，仅需发射器和接收器，使用时通过电缆线连接，输出可直接外接继电器或者各类计算机数字接口。它的工作过程为

① 当保护区域内无侵入物体时，传感器的接收器处于受光状态，此时，接收器的通信指示灯（红灯）应熄灭，发射指示灯（黄灯）点亮，这时按下被保护设备的工作开关，设备可正常运转。

② 当有物体（不小于最小可检测体或者分辨率）侵入保护区域时，接收器的红色指示灯将被点亮（可能是接收器处于遮光状态，也可能是光通讯被遮断），此时被保护设备受控，处于强制停顿状态。

③ 当侵入物体撤出保护区域后，光幕传感器将返回初始状态，设备将继续工作。

（4）各个操作按钮：如图 6-7 所示，左右两边的绿色按钮，是手动操作时的“下降”按钮；右边的绿色按钮是自动操作的“上升”按钮；左边的红色按钮是自动操作的“下降”按钮；中间的红色按钮为“急停”按钮，当出现误操作时，可以单击该“紧急”按钮。

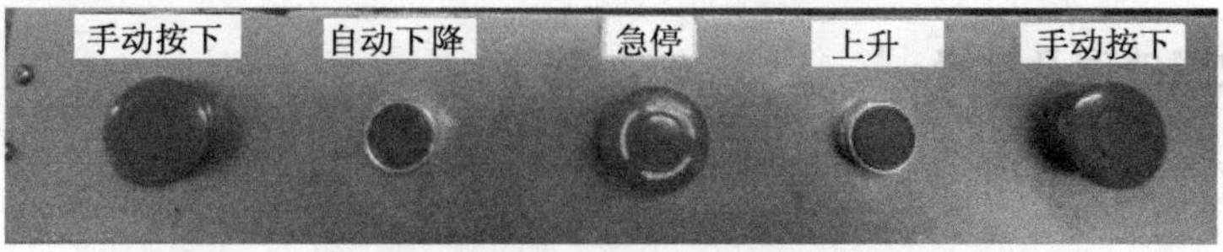

图 6-7　操作按钮

（5）电源部分：如图 6-8 所示，包括时间调整旋钮、指示灯、电源旋钮、启动键、手动/自动切换旋钮。其中时间调整是指调节油缸冲头下降的延时时间。

图 6-8　电源部分

2．操作说明

（1）在设备附近安装一个隔离开关，提供设备使用电源。

（2）根据设备电器使用数据，检查电源电压是否相符。

（3）按要求连接好电源，把隔离开关置于 ON 位置。

（4）把电源旋钮向右旋转，电源指示灯亮。

（5）单击“启动”按钮，油压泵启动运转。

（6）把“自动/手动”选择旋转开置“自动”位置，单击“自动下降”按钮，油缸冲头冲击一次自动复位。

（7）把“自动/手动”选择旋转开置“手动”位置，双手同时单击“手动下降”按钮，油缸冲头下降，单击“上升”按钮复位。

（8）设定下降延时时间，以冲压到一切模具闭合为宜。

（9）单击“紧急”按钮，冲压头自动复位。

3．一般性故障处理及维修

表 6-1 给出了一切机的常见故障和处理方法。

表 6-1　一切机的常见故障与处理方法

故障类型	故障原因	清除办法
总电源开关开至 ON 位置，指示灯不亮	1．总电源未开； 2．开关已损坏； 3．指示灯损坏	1．打开总电源； 2．更换总电源开关； 3．更换指示灯
电动机启动开关开至 ON 位置，电动机不工作	1．“上升/下降”按钮开关损坏； 2．交流接触器损坏； 3．热过载继电器损坏； 4．油泵电机损坏； 5．马达启动按钮开关损坏； 6．自动/手动选择开关损坏； 7．油泵换向阀损坏； 8．油泵不泵油； 9．油泵马达连自动/手动按钮脱位	1．接触是否良好，有没有电源输出； 2．触点接触能力不好，线圈是否烧了，如不是须更换新的； 3．是否自动跳阀； 4．是否有三相电源进； 5．检查线有没有接好； 6．更换新的； 7．检查换向阀，是不是温度非常高，螺钉有没有紧； 8．看油泵里的半圆铁销磨坏了，还是卡住了
自动/手动开关开至手动位置，按下降/上升键，油缸不工作	1．开关损坏； 2．换向阀继电器损坏	1．更换开关； 2．线圈有没有烧了，如果接触能力差，更换新的
自动/手动开关开至自动位置，按下降上升键，油缸不工作	1．“启动”按钮损坏； 2．下降延时器损坏； 3．换向阀继电器损坏； 4．光电保护开关损坏； 5．紧急停止按钮损坏； 6．拖盘不工作	1．更换“启动”按钮； 2．检查启动按钮接触的线有没有松落下来； 3．线圈有没有烧了，如果接触能力差，更换新的； 4．检查光电开关的常闭脚是否不通，然后更换新的紧急停止按钮换新的； 5．气压不够，须调大气压，检查电磁阀的性能，如坏了请及时更换

4．一切模具保养维护

一切模具应该每半年保养一次。一切模具的拆卸及保养过程如下所述。

（1）用六角扳手把四个钢珠套挡块取下，放于柴油内浸泡清洗。

（2）把上模座取下放于木板上，用内六角扳手取下油缸连座，把它放入柴油内浸泡清洗。

（3）取下压缩弹簧和钢珠套筒置于柴油内清洗。

（4）取下上压力刀座弹簧、垫片和道柱置于柴油内清洗。

（5）卸下刀杆，取出上压力刀座与上压力刀于柴油内清洗。

（6）用六角扳手分别把上后刀和上前刀卸下，放入柴油内清洗。

（7）用干净破布蘸少量柴油清除上磨座上的铁屑和杂物。

（8）依次把上压刀、上压刀座拉杆、上后刀、上前刀、道柱、垫片、上压刀座弹簧、油缸连座还原。

（9）把下模座置于木板上，用内六角扳手取下上下间隙块，置于柴油内清洗。

（10）用内六角扳手取下挡料片和下后挡座，置于柴油内清洗。

（11）用内六角扳手取下切刀置于柴油内清洗。

（12）用气枪吹取下切刀刀槽内的铁屑。

（13）依次把下切刀、下后挡座、挡料片及上下间隙块还原。

5. 注意事项

（1）液压冲床是危险加工设备，在试机前，请熟悉设备各控制件的位置及功能，作业前必须详细检查各安全保护装置是否完好，检查方法如下：

① 启动设备，选择自动功能，按下“启动”按钮，用手或其他物体挡住光电开关，保护开关对射位置，油缸自动上升，正常。反之，应及时修理，不得强行作业。

② 按下“启动”按钮，按下“紧急停止”按钮，油缸会自动上升，正常。反之，应停机检修，不得强行作业。

（2）工作压力在出厂时已调整好，调压开关只有在调试压力过程中才能打开，压力最大不能超过 90，一般（60～70）就可以了，压力调完后请关闭调压开关。

（3）设备应安装在室内，严禁有雨水或阳光直射机床。

（4）设备电源为 380V，如电源控制须维修时，请切断电源再进行维修，不得随意打开控制箱。

（5）首次半年换一次液压油，以后每一年换一次液压油。如在使用过程中，马达响声较大时，建议停止作业并打开马达下面的小油箱，看油是否加满，如没有加满的话，请立即加油，直到整箱的 80%为宜。

（6）保持机体清洁，若长期不用时，请切断电源，用包装纸包装好。

6. 一切机操作员安全规范

（1）严禁操作人员离开时，机台仍处工作状态。

（2）工作期间，严禁其他人员逗留液压房内并与操作人员嬉戏。

（3）刀模更换工作台面时，请量力而行，不要随意搬动，以免跌落砸伤手脚，搬动时两手要抓牢刀模下刀座。

（4）工作状态下进行残屑清扫时，要将机台电源安全关闭。

（5）清扫残屑应用毛刷，禁止用手直接接触刀模。

（6）严禁破坏机台接近保护感应装置。

（7）工作时，操作人员禁止任一只手停留在按键上，以免另一只手放取支架时碰触另一按键而引起机台液压发生意外。

（8）正常操控机台，应是两手同时按下双开关后再两手同时离开开关，半切机台待半切材料应该置放于工作台上，支架为反射光物体会影响接近保护装置，半切时严禁拿在手上。

（9）机台液压下禁止靠近液压工作区，以免突发意外。

（10）因液压后材料损坏，并残留在模具表面，操作人员应立即关闭电源，并进行清除工作，若无法清除应通知设备人员进行维护，严禁人员在未关闭电源下进行清除工作。

（11）积时清除工作台面上的任何金属物质，以免落入控制箱发生危险。

（12）严禁操作人员对机台和刀模进行调整。

6.1.2 一切流程与工艺要求

以第 2 章表 2-4 所示的生产配料单为例，在一切环节我们所需要了解的生产信息如表 6-2 所示。

表 6-2 一切配料单

一切	◆ 限位：■ 有 ◆ 两脚：切大头-短 ◆ 一切模具编号：短脚有限位 ◆ 其他：/

1．准备工作

（1）核对产品型号、支架型号，选择合适的一切模具，并将半切模具装到液压机上。本示例中，所用的一切模具为短脚有限位模具。

（2）打开一切机的电源，调节液压时间，旋动抽油泵开关，选择“手动”操作，确认机台性能完好。

2．一切步骤

（1）在把支架放入模具之前，先检查支架是否变形；如变形，应先矫正。

（2）将支架灯头朝操作者，支架的碗杯朝右，平稳放入一切模具的定位座中，如图 6-9 所示。

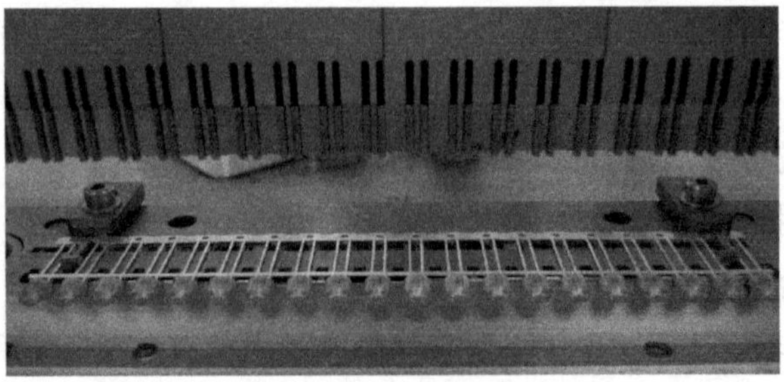

图 6-9 放入支架

（3）双手同时按下一切机的手动下降按钮，气缸下降，完成一次半切，分别如图 6-10 和图 6-11 所示。（切记：不能将一只手放在按钮上）

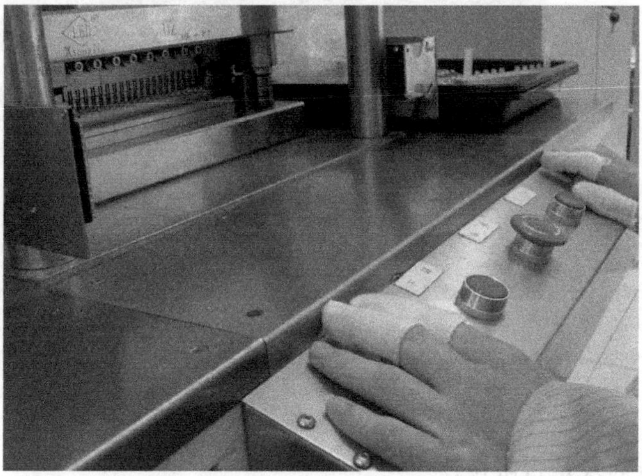

图 6-10　按下开关

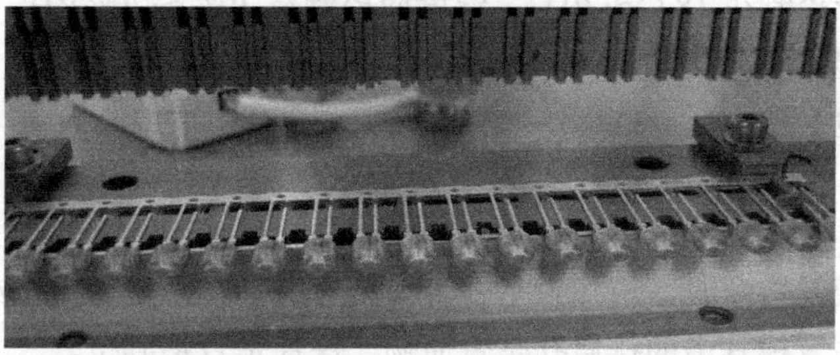

图 6-11　一切完成

（4）取出支架，并将其整齐装入铁盘排好，一切后的支架如图 6-12 所示。

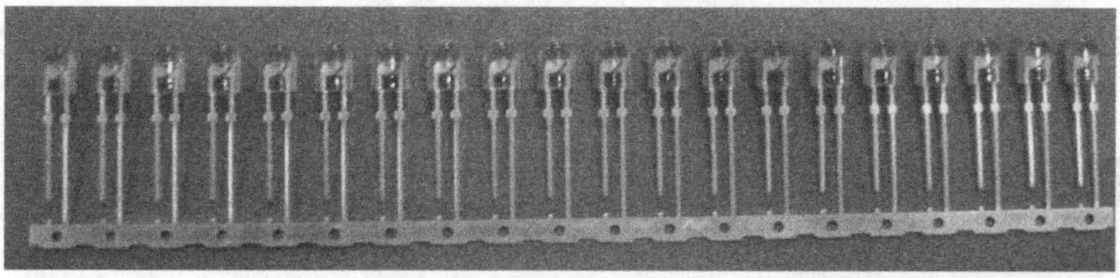

图 6-12　支架一切图示

（5）重复步骤（2）～（4）动作直到整批一切完。

（6）及时检查一切完的支架，是否有出现一切质量不合格品。

（7）整盘切完后，整理工作面，用毛刷将一切的碎屑刷入排屑孔下的收纳盒中，并及时清理，如图 6-13 所示。

（8）认真填写随工单。

图 6-13　排屑孔的收纳盒

3. 工艺要求

（1）注意切脚方向及是否限位；

（2）切口要光滑无毛刺；

（3）房间温度应控制在 18℃～30℃，湿度应控制在 30%～70%RH，当湿度低于 30%RH 时用加湿器进行加湿；

（4）需戴防静电手腕。

4. 注意事项

（1）开始进行模具装配时，应注意是否为该型号的模具（是否限位或长短脚支架）。

（2）装配时应注意模具中的排屑孔是否通畅、铁片是否垫到位。

（3）进行一切时，如果模具表面留有铁屑时，应用刷子清扫干净。

（4）模具的装配及液压时间调节参见液压机操作规程。

（5）必须是长烤后，放入冷却区完全冷却的支架。

（6）如支架变形，应整理完后再切以免半切卡坏（用钳子剪去严重变形部分）。

6.2 初检

初检主要是对一切后的 LED 支架进行目测和排测，初步分选出 A、B、C 类产品。

初检需要用到的材料为一切后的支架。

需要用到的工具设备为测试仪、记号笔、测试工装、铁盘、斜口钳。

6.2.1 发光二极管排测机的组成与操作

发光二极管排测机是 LED 专用测试仪，它能给整个支架的 20 颗（或其他数目）LED 供电，并给出各颗 LED 的电参数。测试项目包括小电流压降、大电流压降、漏电流的检测，全点亮目测外观，闸流体效应的检测，反向电压冲击试验等。遇到不良 LED 时用不同颜色指示出来。一般还具有错误统计功能，方便了解整批 LED 的质量情况。

1．排测机的主要组成

如图 6-14 所示，排测机主要由五部分组成。

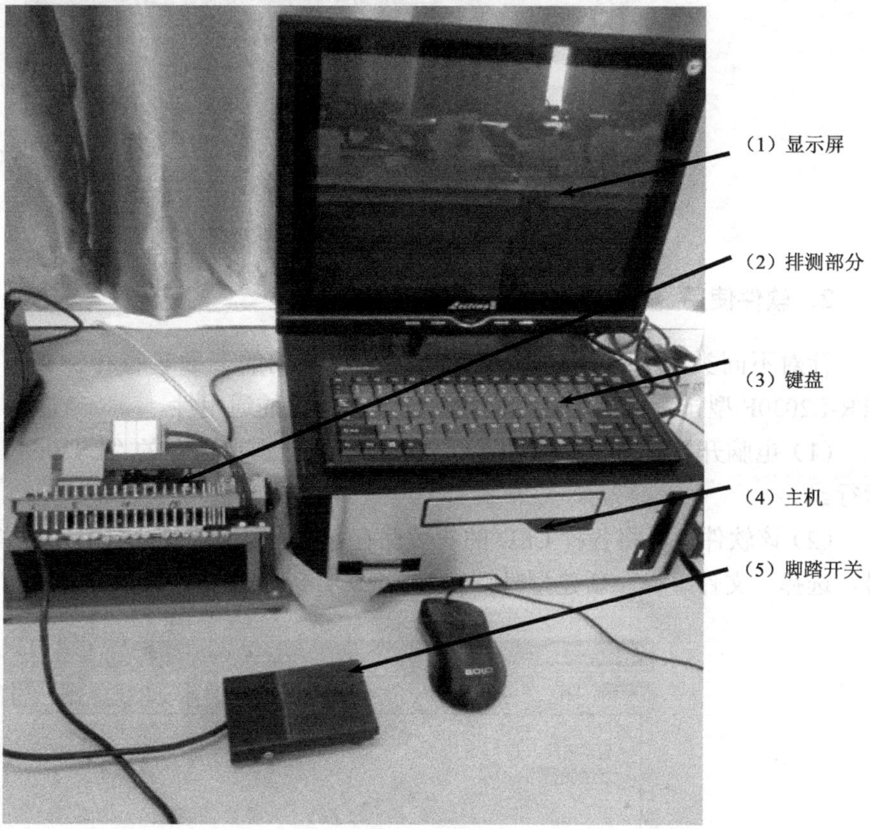

图 6-14　LED 排测机组成

（1）显示屏：排测机的显示界面，显示 LED 排测的结果。

（2）排测部分：如图 6-15 所示，外侧共有 20 根顶针（也有 30 根顶针的，根据支架碗杯个数而定）；当踏下脚踏开关，通过气压使 20 根顶针下降，压住一切掉的引脚，同时内侧的两根顶针压住 LED 支架的底部连接筋，构成一个通电回路，对 LED 进行测试，测试的数据通过数据线传送到计算机主机进行处理。

（3）键盘：用来输入设定的参数。

（4）主机：操作系统及数据处理系统。

（5）脚踏开关：脚踏一次，通气一次，顶针下降一次，完成一次排测。

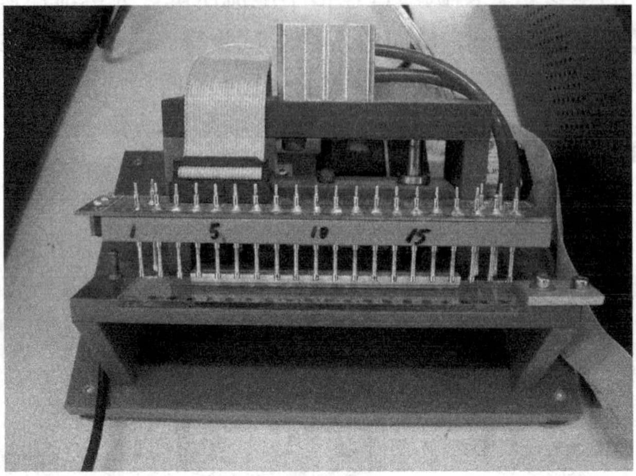

图 6-15　排测部分

2. 软件使用

针对不同类型的 LED，排测机需要设定不同的参数进行排测。下文的使用说明是以 STR-L2030F 型排测机为例进行介绍，它具有一定的通用性。

（1）电脑开机后通常会自动运行该软件，或双击桌面上的“LS2068 LED TESTER”图标运行。

（2）该软件可以将各种 LED 的参数储存起来，要用时调入即可。在首次使用时要新建型号，选择“文件”→“新建型号”，如图 6-16 所示。

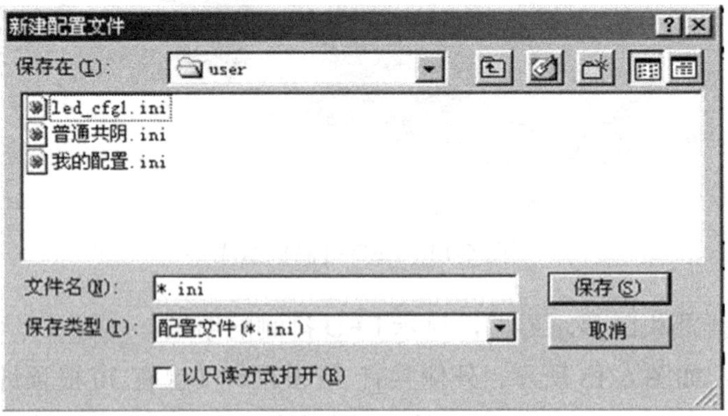

图 6-16　新建型号

（3）然后输入名字，如“普通绿色共阳”，注意名字中不能有“/*&|”等特殊符号，按“确定”继续，就会出现如下的参数设置窗体。不同的 LED 有不同的要求，可以按照需要进行设置。注意：设置的值的范围不能超过机器“技术规格”的范围。设置的值中可以有小数点，如 500、1.98、3.55 等；设定后单击“确定”按钮即可，如图 6-17 所示。

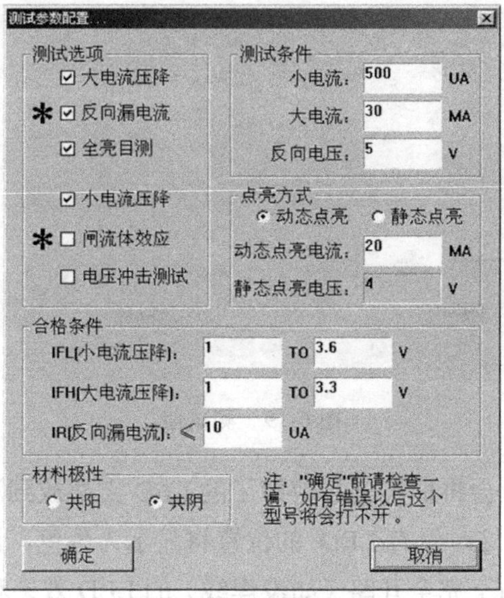

图 6-17　参数设置

（4）对所建立的型号可以进行改名、删除等操作，选择“文件”→“改名/删除”选项，选中所要删除或改名的型号，按鼠标右键分别选“删除”或者“重命名”命令即可。

（5）排测机的使用：放入 LED 支架，踩踏脚踏开关，进行测试。此时，计算机显示器屏幕上会显示 LED 的参数。如果全部 LED 都没问题，屏幕上出现“pass”字样，同时计算机会发出“嘀”的一声提示音，表明全部正常。如果有 LED 没通过测试，则显示“error”字样，同时计算机发出报警音，如图 6-18 所示。计算机屏幕上有问题的 LED 的图标颜色也会变成红色或其他颜色，能一目了然看出来。

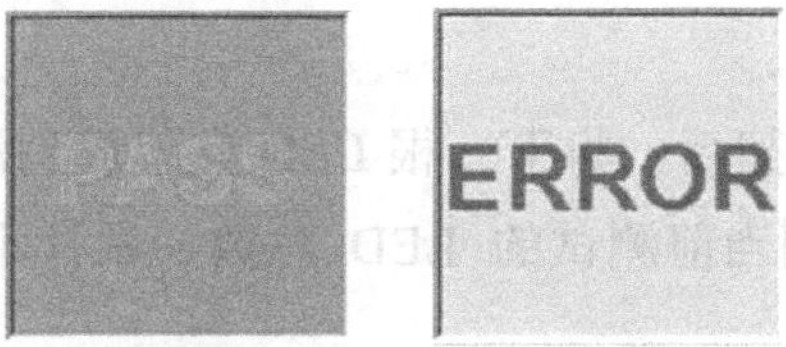

（a）测试通过　　（b）错误

图 6-18　测试结果显示

（6）屏幕上显示值就是实际值，如“1.746”表示最小压降为 1.746V；“2.000”表示最大压降为 2V，如图 6-19 所示。

（7）屏幕上圆点图标颜色的含义：绿色表示测试正常；黑色表示对应的 LED 已经被剪掉了或者测试架上没放 LED 或者是死点，黑色的点不报错；黄色表示有标准闸流体效应；红色表示电压压降超标；紫色表示反向漏电流超标。该颜色是可以设置的。

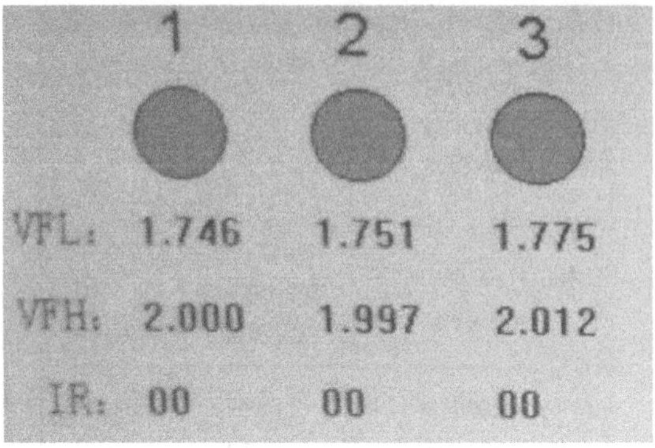

图 6-19　测试值

注意：因为有时操作者会将把不良品剪掉了的 LED 支架放到测试架上重新测试，或者测试一排没有 20 个的 LED，这时没有 LED 的位置将显示为黑色，且不报警，这样就不会分散操作员的注意力。注意：由于完全开路（如没焊线）的 LED 效果和剪掉了的一样，所以在全亮目测时，不亮的 LED 都要去除。

（8）如果在上面新建型号的设置中选中了“全亮目测”选项，则在进行测试时，LED 会全亮，可以进行目测观察。

注意：将全点亮电压设低点，有时会发现有些 LED 测出的参数正常，但灯却不亮，说明这种 LED 是有闸流体效应或者其他问题，不能应用在要求高或者点亮电流很小的场合。

（9）电压冲击试验的使用：在测反向漏电流前，先由 12V 的反向高电压限定电流快速冲击被测 LED 一次（冲击时间 1ms），然后再测 IR。如果 IR 正常，说明这种芯片的反向漏电流性能很好。

注意：使用了这项功能后，IR 不良品可能会上升，特别是 IR 性能本来就不是很好的芯片。建议平时不选中这个选项。

（10）测完了一根 LED 支架后，将下一根 LED 支架放到测试架上进行下一次测试。测试的过程中，可在屏幕上看到当前测试的 LED 总数、累计不良品数及合格率，如图 6-20 所示。

图 6-20　测试累计数据

（11）用户可以在“设置”→“公共参数更改”里选择测试速度及报警音的方式。

速度一般可用“最快”；报警音选择“形式 1”时只有在有错误时才报警，而“形式 2”则是通过时响一声，错误时响三声。

注：闸流体效应

闸流体效应也称 LED 的负阻效应，正常的 LED LAMP 在正向电压增加时，正向电流也迅速增加，如图 6-21 所示的右边部分。

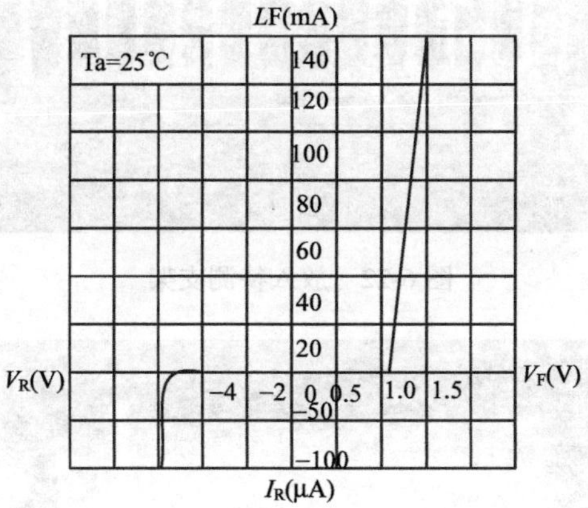

图 6-21　闸流体效应

有闸流体效应的 LED 的曲线中，有一段表现为电压增加时电流反而减小的现象，即“阻效应”。

由于闸流体效应发生在较小的电流下（500μA 以下），所以要将闸流体效应测试出来的测试机必须有小电流测试的功能。

需要说明的是，闸流体效应的 LED 的数量并不多，很多国外的仪器都不把闸流体测试作为主要测试项目显示在面板上，正常测试时也不测试它，仅作为一项备用功能。

3．注意事项

（1）手拿材料测试时，切勿将手指伸入测试座探针下，以免探针打伤手。

（2）如遇到控制失常及有其他异响、异味等不良状况，请立即关闭开关，通知维护人员处理。

6.2.2　初检流程与工艺要求

1．准备工作

（1）备好一切后 LED 支架。

（2）选取相应的测试工装，并与排测机连接。

（3）打开排测机电源并设定各电参数。

2．初检步骤

（1）将支架放入测试工装，探针对准支架的 20 根被切的短脚，如图 6-22 所示。

（2）踩踏脚踏开关，顶针下压，开始测试，如图 6-23 所示。

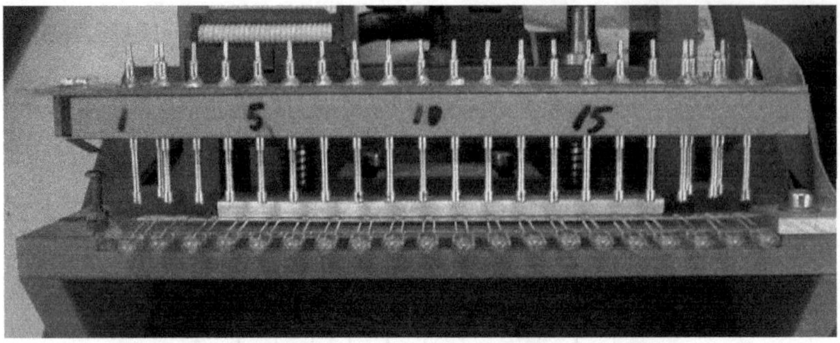

图 6-22　放入待测支架

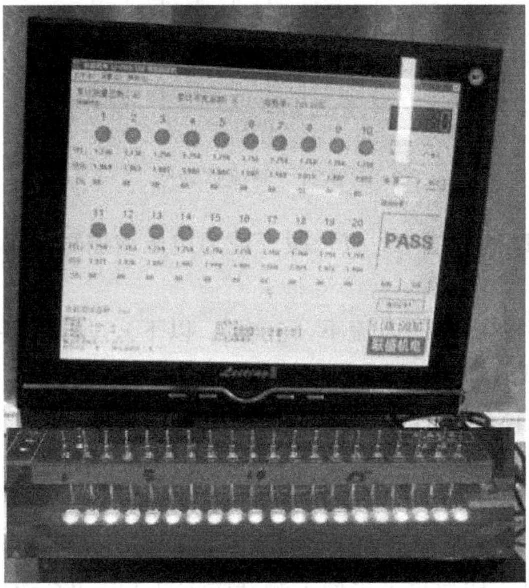

图 6-23　测试结果

（3）目测各 LED 的发光情况，如有缺亮的管子应将其折弯；如有气泡、杂物、插偏浅等情况的 LED，需用记号笔按，如图 6-25 所示进行标注。

（4）观察排测机的显示面板，红色灯亮表明其芯片的正向电压（VF）不符合规定；而粉红色灯亮则表明其芯片的反向漏电流（IR）超标；绿色灯亮则表明完全符合电参数的规定。出现 VF、IR 等问题的 LED 按如图 6-25 所示进行标注。如图 6-24 所示的 LED 测试结果则包含了上述的几个常见问题。

（5）测完一盘，填写相应的随工单。

（6）将不良品分类挑出，放入不同的塑料袋中，并记录数量。

3．工艺要求

（1）电参数的设定；

（2）电参数的测试；

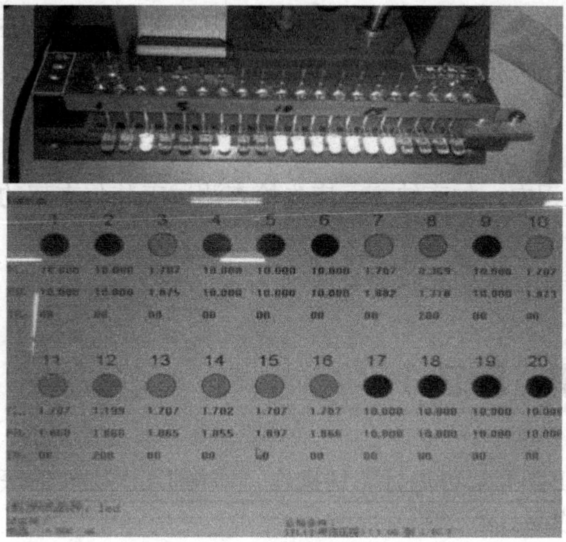

图 6-24　有问题的测试结果

（3）LED 外观的检验；

（4）LED 分类要清楚，不同产品不能混在一起进行测试；

（5）通常 LED 不良品（包括 B.C 两种）的标注如图 6-25 所示；

（6）房间温度应控制在 18℃～30℃，湿度应控制在 30%～70%RH，当湿度低于 30%RH 时用加湿器进行加湿；

（7）需戴防静电手腕。

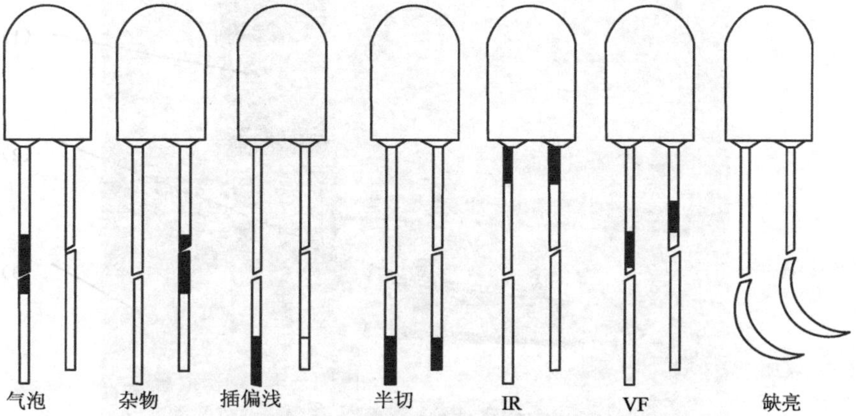

图 6-25　B、C 品分类（标记）

注意：

A 品：符合成品检验规范且满足客户需求可正常出货的产品。

B 品：（1）所有椭圆管、有色管、散射管、小批量样品或不常做产品在初测时会亮的不良品，如气杂、IR、VF、插偏浅、胶多少。

（2）除椭圆管、有色管、散射管以外的其他产品在初测时出现 IR、VF 问题。
C 品：缺亮或仅微亮的产品。

4. 注意事项

（1）在整个测试过程中，如有缺亮，应先检查测试工装与支架的接触性再作判断。
（2）作业结束，关闭排测机电源。
（3）排测机的电参数设定参见仪器说明。

6.3 二切（全切、后切）

经初检后合格的 LED 支架可进行二切操作，即将 LED 支架的底部连接筋切断，使之成为一颗颗独立的 LED 成品。

二切需要用到的材料为待二切的 LED 支架。

需要用到的工具设备为防静电手腕、手指套、刷子、防静电托盘、离子吹风机、斜口钳、二切机。

6.3.1 二切机的组成与操作

二切机也称全切机，如图 6-26 所示，主要适用于 LED 二切成长短脚及各类电子、五金产品切割。

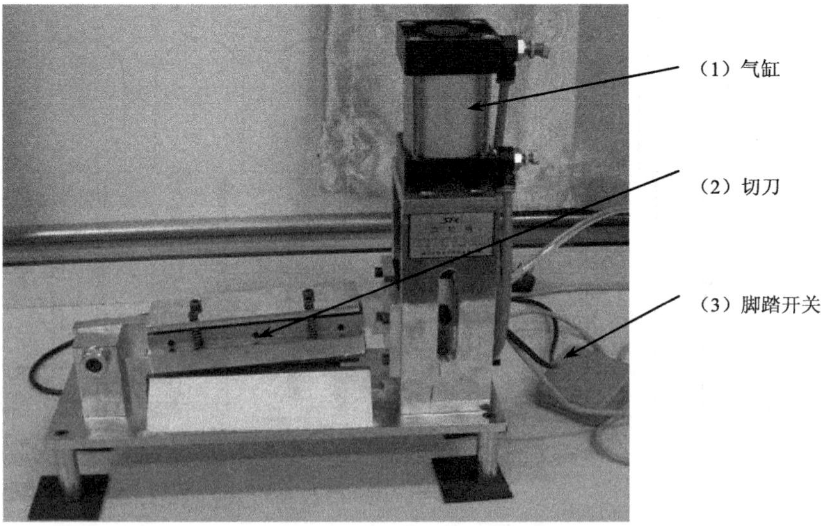

图 6-26　二切机

1. 二切机的主要组成部分

（1）气缸：利用气压驱动切到动作。

（2）切刀：切断支架，可通过调节切刀后的挡板螺钉来调节支架长短脚之间的间距。
（3）脚踏开关：踩一脚，通气一次，切刀动作一次，完成一次二切。

2．操作方法

（1）插入 220V、50Hz 电源插座，接通气管电源。
（2）轻踩脚踏开头，调试气缸气压大小（气压以达到切断支架为宜）。
（3）轻踩挡板螺钉，调好要切支架脚长短的间距（螺钉顺时针方向调动为后挡板后退，间距调宽，逆时针方向调动为间距调小）。
（4）手拿支架放入刀口压卡下，轻踩脚踏开关，切断支架后条。

3．注意事项

（1）放支架时注意手指安全。
（2）结束时，切断电源插头和断开气源。

6.3.2　二切流程与工艺要求

1．准备工作

（1）打开二切机电源，旋开高压气阀门。
（2）将待切支架整齐放入防静电托盘中。
（3）在二切机下放置一个准备盛放 LED 成品的防静电托盘。

2．二切步骤

（1）将支架灯头朝外，放入全切机定位槽中；双手将支架顶住定位块，如图 6-27 所示。

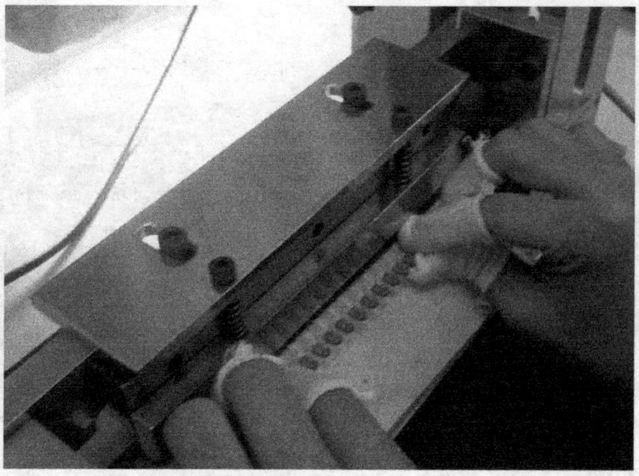

图 6-27　放入待二切支架

（2）踩动脚踏开关，二切气缸下降，将支架的底部连接筋切断，如图 6-28 所示。二切完成后的 LED 支架如图 6-29 所示。

图 6-28　二切完成

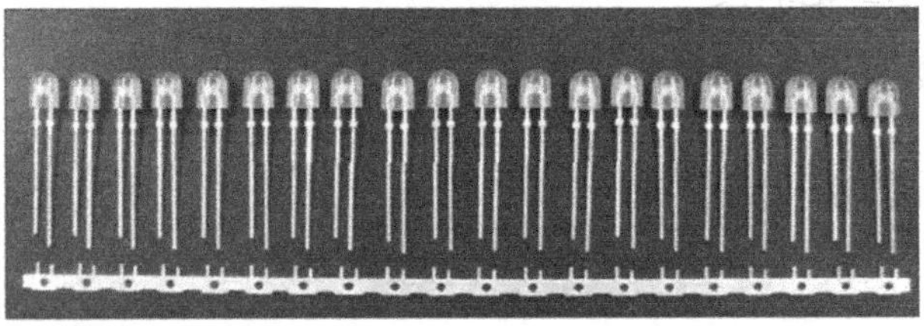

注：长脚为正极，短脚为负极。

图 6-29　二切（全切、后切）图示

（3）重复以上动作，直到切完整批支架，如图 6-30 所示。

图 6-30　整批支架二切完成

（4）按类别填写随工单。

3. 工艺要求

（1）引脚要光滑无毛刺。

（2）数量要正确。

（3）房间温度应控制在 18℃～30℃，湿度应控制在 30%～70%RH，当湿度低于 30%RH 时用加湿器进行加湿。

（4）需戴防静电手腕。

4. 注意事项

（1）支架放入二切机定位槽时，应观察支架的底部连接筋和二切机的切离面应平齐。

（2）二切机定位槽下的切屑，应及时清理干净。

（3）如不分选的 LED 要按固定的数量（1000 或 500）放在盘里，再进行二切。

（4）二切完毕后，关闭机器电源及高压气。

知识小结

切脚、初测环节是将 LED 从半成品变为成品的操作环节。

本环节包括一切、初测、二切三道工序。所用到的仪器设备有一切机、LED 排测机、二切机、离子吹风机等。

本环节须格外注意：LED 的切脚方向，以及仪器的安全操作。

本环节结束后，第 2 章表 2-6 的 LED 后道随工单填写如表 6-3 所示。

表 6-3　切脚后的 LED 后道随工单

执行单号：

产品型号		9554SR-85/40		烘烤箱号	01、02
烘烤条件	日　期	短烤—烘烤箱 温度/进出时间		调整 温度/时间	长烤烘烤箱 温度/进出时间
	4-10	125℃/ （10：00～10：50）		无	135℃/ （14：00～22：00）
日　期	工作站	工号姓名	投料数（个）	合格数（个）	不合格品分类
4-10	灌胶	008	4400	4300	C 品
4-10	QC1	009	4300	4250	C 品
4-10	短烤	010	4250	4250	无
4-10	QC2	011	4250	4200	无
4-10	长烤	012	4200	4200	无
4-11	QC3	013	4200	4200	无
4-11	一切	014	4200	4000	120 个 B 品，80 个 C 品
4-11	二切	015	4000	3980	B 品

续表

<table>
<tr><td colspan="2">产 品 型 号</td><td colspan="3">9554SR-85/40</td><td colspan="2">烘 烤 箱 号</td><td>01、02</td></tr>
<tr><td rowspan="2">烘烤
条件</td><td>日　期</td><td colspan="2">短烤—烘烤箱
温度/进出时间</td><td colspan="3">调整
温度/时间</td><td>长烤烘烤箱
温度/进出时间</td></tr>
<tr><td>4-10</td><td colspan="2">125℃/
（10：00～10：50）</td><td colspan="3">无</td><td>135℃/
（14：00～22：00）</td></tr>
<tr><td>日　期</td><td>工 作 站</td><td>工 号 姓 名</td><td>投料数（个）</td><td colspan="2">合格数（个）</td><td colspan="2">不合格品分类</td></tr>
<tr><td></td><td></td><td></td><td></td><td colspan="2"></td><td colspan="2"></td></tr>
<tr><td></td><td></td><td></td><td></td><td colspan="2"></td><td colspan="2"></td></tr>
<tr><td>备
注</td><td colspan="7">灌胶起止时间：9：30～11：30（学生手动灌胶一根支架约 5 分钟，配备 10 套灌胶针筒，故需用时约 2 小时）</td></tr>
</table>

版本 1.0　　　　SC-B-001-02

思考题 6

1．请说出一切、二切的区别。
2．如何区分 A、B、C 三个等级的 LED？
3．一切工序的控制重点是什么？
4．初测主要包括什么内容？
5．一切模具在 LED 封装工艺中的作用是什么？对 LED 有什么影响？
6．在 LED 封装过程中，一切工序需要用到什么工具和设备，各自的作用是什么？

第7章

LED的分选、包装环节

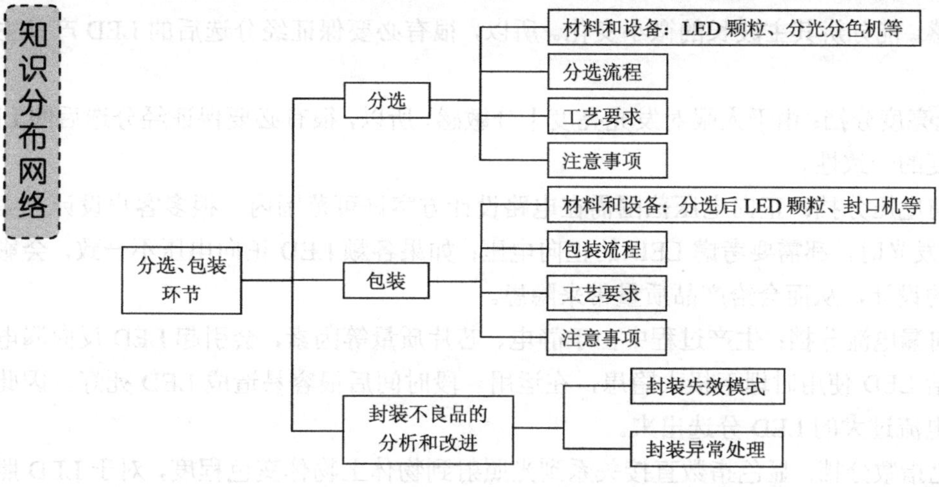

通过前几个环节，LED 封装已经完成，接下来则应对 LED 成品进行光色电参数的分选，才可打包入库。

分选，即对 LED 进行分光分色，它是 LED 成品入库前进行质量管控的一道重要工序。包装，即对分选后的 LED 成品进行防静电包装。

7.1 分选

在早期，由于 LED 主要被用作指示灯或显示灯，而且一般以单个器件出现，所以对于其波长的分选和亮度的控制要求并不高。可是随着 LED 的光效和亮度的不断提高，其应用范围越来越广。当 LED 作为阵列显示、屏幕显示、背光等应用时，由于人眼对于红蓝颜色和亮度的敏感性，用没有经过分选的 LED 进行显示时，人眼会观察到明显的色彩差别，进而影响到显示效果。不论是波长不一致或是光亮度的不一致，都会给人产生不舒服的感觉，因此，对 LED 的波长和亮度的一致性有更高的要求。

通常采用 LED 常用的几个关键参数进行分类分选，如主波长、发光亮度、正向电压、反向漏电流等参数的组合进行分类（分挡）。

（1）主波长分挡：对于单色光 LED 而言，主波长是衡量其颜色的重要参数。人眼对红、蓝光极为敏感，能分辨其主波长的微小变化。所以，很有必要保证经分选后的 LED 产品主波长的一致性。

（2）发光亮度分挡：由于人眼对发光亮度十分敏感，所以，很有必要保证经分选后的 LED 产品发光亮度的一致性。

（3）正向电压分挡：正向电压范围需在电路设计方案许可范围内，很多客户设计方案软件驱动 LED 发光时，都需要考虑 LED 的正向电压；如果各颗 LED 正向电压不一致，会影响到整体方案的设计，从而会给产品质量带来隐患。

（4）反向漏电流分挡：生产过程中由于静电、芯片质量等因素，会引起 LED 反向漏电流过高，这会给 LED 使用时埋下极大隐患，在运用一段时间后很容易造成 LED 死灯。因此，要把反向漏电流过大的 LED 分选出来。

（5）显色指数分挡：显色指数直接关系到光照射到物体上物体变色程度，对于 LED 照明产品这个型号参数就显得非常显要。

（6）相对色温分挡：对于白光 LED，色温是表征其颜色行业中用得相对较多一个型号参数，此型号参数可直接呈现出 LED 色调是偏暖还是偏冷还是正白。

（7）色品座标（x、y）分挡：对于白光或者单色光都能用色品型号参数来表达 LED 在哪个色区域，正常用条件四点（x、y）确定一个色品区域。必须通过一定测试使用手段保证 LED 究竟是否落在所选条件四点（x、y）色品区域内。

目前，可以使用两种方案对 LED 进行有效分光分色。一种是大量人工配合，采用光色电综合测试仪（在第 8 章介绍），测电压、漏电流、光通量、光谱等多个参数，对这些参数进行分挡，完成 LED 的分选；另外一种是通过专业的全自动 LED 分光分色机进行自动分挡，效率高，速度快。

本章着重介绍全自动分光分色机。全自动分光分色机采用光、机、电相结合的方法，对 LED 的电参数和光度、色度参数进行综合检测；并根据预先设定的检测标准，结合检测结果进行自动分类；分类完的 LED 自动地落入所设定的 LED 料盒内，并完成数量统计。

由于人们对于 LED 的一致性要求越来越高，早期的分选机是 32 挡（Bin），后来增加到 64、72 挡，白光 LED 甚至需要 128 挡。

7.1.1　分光分色机的结构与工作过程

本文以 H142 Lamp LED 全自动分光分色机为例介绍 LED 分光分色机的组成和工作过程。H142 Lamp LED 全自动分光分色机主要包括机械系统、控制系统、测试系统及软件系统。其中控制系统采用了 PC 与 PLC 相结合的技术，PC（T620）机用于控制 LED 的光色电测试，PLC 则用于控制机械系统的运行。H142 Lamp LED 全自动分光分色机如图 7-1 所示。

图 7-1　H142 Lamp LED 全自动分光分色机

（1）T620 分光式光电测试仪：即 PC，通过接入 H142 机台上的光纤、光强探测器、电压电流探针对 LED 进行测试，并按测试结果将 LED 进行分挡，然后发出控制指令给 PLC 进行相应的机械操作。

（2）报警指示灯：有绿色、黄色、红色三种颜色，实时显示机台动作状态。当机器运行正常时，显示绿色灯；当机器运行不顺畅或机器暂停运转时，黄色灯亮，且机台的蜂鸣器发出响声；当机台卡料，无法运行时，红色灯亮。

（3）电源开关：开启 H142 全自动分光分色机。

（4）圆形振动盘：用来盛放待分选的 LED 材料；当机器运行时，一颗颗 LED 由于振动经由导正条进入平振轨道；圆振频率可以调节。

（5）平振轨道：通过振动将 LED 材料送入主座；平振频率也可以调节。

（6）离子风机：产生带有正负电荷的气流，中和掉 LED 材料上带的电荷，用以除静电。

（7）主座：完成 LED 的光电参数测试，并将测试数据传送给 PC 进行分挡。

（8）出料电磁阀：把落料座上的 LED 材料吹入相应的落料盒中。

（9）落料盒（72 个 Bin）：盛放分挡好的 LED 材料。

（10）操作界面：实时监控机台分料状态。

（11）落料指示灯：提示该挡位落料状况，指示灯亮说明该落料盒有 LED 材料落入；但注意第 72Bin 的落料指示灯一直处于闪烁状态，当机器被中断时，已经经测试且被传送到出料传送带上的 LED 都会落入 72Bin，因此，72Bin 的 LED 都需要重新分选。

分光分色机的工作过程：开启机台电源、离子风机电源、超声振动电源、气源；将未分选的 LED 倒入圆形振动盘中，LED，在超声振动下会依次排列进入平振导轨（导轨上的光纤探测器会监测导轨上是否有 LED，以及进入的数量，当没有 LED 进入或数量太少时机器会报警）；测试夹具机构将 LED 带进入测试主座，测试主机会将设置的电参数通过探针加载到 LED 的引脚上（主座上有极性自动转换功能，保证测试准确性），LED 的光色电参数通过探针、光强探测器，以及光纤传回到测试主机中。测试主机会根据设定的分挡参数对 LED 进行分选，并将分挡的结果传送到机台内的 PLC，PLC 根据接收到的测试结果，将从测试主座上送出的相应 LED 送入到指定的出料通道中，落入相应的料盒，并进行计数。任一料盒内的数量达到机台的设定值时，机器会报警，同时停止分选。此时需将料盒取出清料后，再放回原位置；分光分色机将自动重新启动，继续分选。

7.1.2 分选流程与工艺要求

以第 2 章表 2-4 所示的生产配料单为例，在分选环节我们所需要了解的生产信息如表 7-1 所示。

表 7-1 分选配料单

分选	◆ 电压：1.9～2.1 V ◆ 波长（□ λp/□ λd）：618-624 nm ◆ 亮度：400～600 mcd ◆ I.R. ≤：1 μA （反向电压条件值 VR：8 V）

1. 准备工作

（1）确认机台圆振盘、各个落料盒、传送轨道等部位清理干净，气源已经打开。

（2）备好经二切后的 LED 材料。

（3）应根据 LED 的型号选择合适的带料座，在操作界面按“5 手动操作→3 电动机启动”，看带料爪能否顺利地将测试完的单颗 LED 送入落料座；若该颗 LED 在带料爪卡料或被压坏，请更换宽度较大的带料板。

（4）用标准灯校准机器。

注释：

在光学辐射计量中，标准灯是指提供特定光电参数的各种电光源，是光学辐射计量中的标准量具。作为标准灯，要求在规定的使用条件下具有稳定的发光性能，受外界因素如温度、震动的影响小，量值随使用时间的变化缓慢，有效使用期长，重复使用时量值的再现性好，结构牢固，使用方便。此外，对不同种类的标准灯还有各自的特定要求。

在 LED 生产中，标准灯一般指由客户给定的 LED 灯。在分光分色工序中，首先利用光色电综合测试仪（第 8 章讲述如何使用）测量标准灯的光色电参数，然后用该测试数据对分光分色机进行校准。校准步骤如下：

（1）单击“校正→自动校正→单晶校正”，进入单晶自动校正界面。

（2）校正总数量改为 1，颗数为 1，校正电流为 20mA，输入标准灯的“标准亮度和标准波长”（该数据即为光色电综合测试仪所测量）；

（3）把标准灯放入主座进行测试，分别单击该界面的“测试→套用→校正”，则可得到界面右侧的校正系数。此时，校正完成，单击“离开”即可。本示例中，红光标准灯的校正数值如图 7-2 所示，通过光色电综合测试仪测试该标准灯的亮度为 450mcd，波长为 620nm；经分光分色机测试、套用并校正后，得到亮度的校正系数为 1，波长为 0。

（4）单击离开以后进入此界面，单测试→开始测试。

单击 lnit→手动，看测出的数值是否与标准灯的数值一样或相近。如果不行，就按以上步骤重新校正一遍。此时可以单击下方的“存储”按钮将程序保存起来。

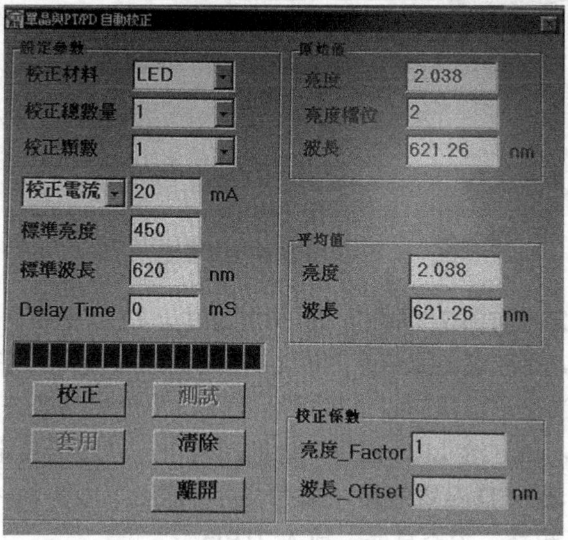

图 7-2　标准灯校正仪器

2. 分选步骤

（1）将 T620 的电源，以及自动机台的电源、离子风机和圆振平振开关开启。

（2）设定操作程序，根据客户要求设定 LED 分级参数的范围。

在分级条件视窗内单击快速按钮，可以设定 λ_D、IV（Flux）s、VFs 的每项分级数、起始值和等距/倍率的范围。

本示例中，是采用等距分级，如图 7-3 所示。λ_D 起始值为 618nm，等距为 6nm，分为一个等级，即 618～624nm；亮度 IV（Flux）s 起始值为 400mcd，等距为 100mcd，分为两个等级，即从 400～500mcd、500～600mcd；正向电压 VFs 起始值为 1.9V，等距为 0.1V，分为两个等级，即从 1.9～2.0V、2.0V～2.1V。设定完后，单击 IV 等距按钮和计算按钮，则可以得到该批红光 LED 共分为四个级别（注：总分级数等于各项的分级数相乘）。分级结果如图 7-4 所示。

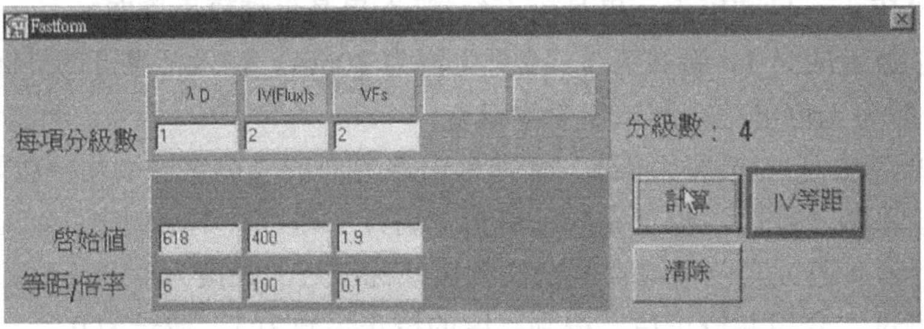

图 7-3　分级设定

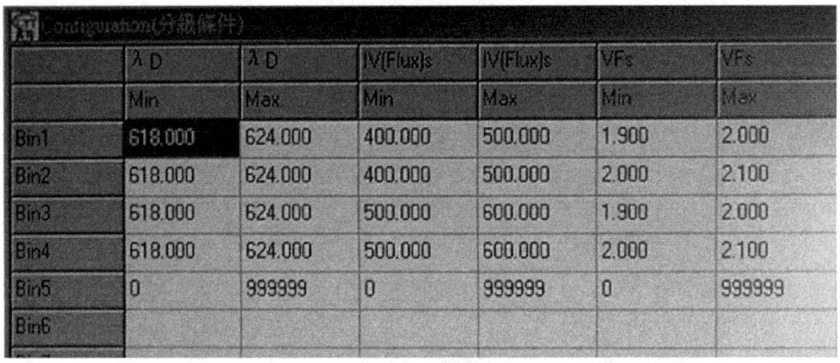
Configuration(分級條件)

	λD	λD	IV(Flux)s	IV(Flux)s	VFs	VFs
	Min	Max	Min	Max	Min	Max
Bin1	618.000	624.000	400.000	500.000	1.900	2.000
Bin2	618.000	624.000	400.000	500.000	2.000	2.100
Bin3	618.000	624.000	500.000	600.000	1.900	2.000
Bin4	618.000	624.000	500.000	600.000	2.000	2.100
Bin5	0	999999	0	999999	0	999999
Bin6						

图 7-4　各参数范围设定

（3）不良品参数设定：如图 7-5 所示，IP 是指通过给 LED 提供一定的电流（图中设定为 5mA）测量其两端电压，通过该电压值来判断 LED 的极性并检测其好坏，图中设定上下限电压值为 0.1～5V，是指当检测电压超过该范围时，LED 出现短路或开路情况，为不良品，放入 20Bin；Ir 是漏电流，通过给 LED 提供一定的反向电压（图中设定为 8V）测量其反向电流值，通过该电流值判断 LED 是否短路，图中设定电流上下限为 0～1μA，是指当检测漏电流超过该范围时，LED 短路，为不良品，放入 21Bin。

（4）将 LED 材料放入圆形振动盘，启动圆振和平振，查看 LED 材料能否顺利到达主座。如果材料在圆形振动盘卡料，请调节渠正条、渠正口、挡料片、磁铁条；如果在平振轨道卡料，请调节轨道宽度及挡杆。

（5）在操作界面按“6 自动操作→启动”，分选开始。如图 7-6 所示。

conditionform(條件參數)

測試項目	λD	IV(Flux)s	VFs	IP	Ir
條件值	20	20	20	5	8
延遲時間	0	0	0	0	0
上限值				5	1
下限值				0.1	0
不良品				20	21

图 7-5　不良品参数设定

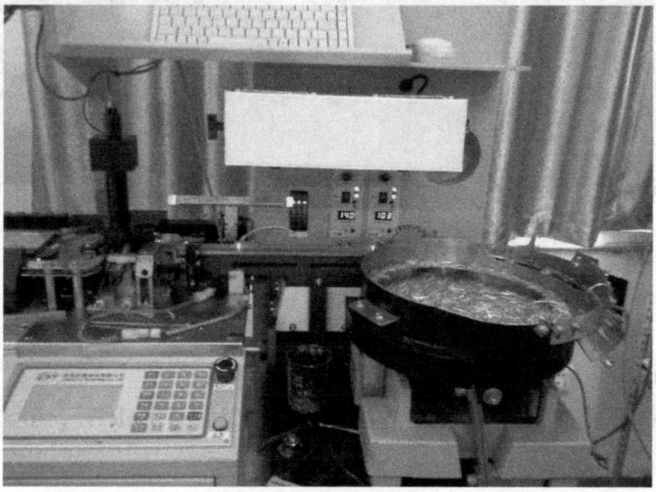

图 7-6　LED 分选

（6）分选过程中，需要观察 LED 材料的分级情况，可以在左边“各级百分比”栏目观察入料状况，如图 7-7 所示；若达不到预期的分光效果，可以修改分级范围。

各級百分比

	數量	百分比	累積數	累積比
Total	33	60.61%	33	60.61%
Bin1	20	60.61%	20	60.61%
Bin2	0	0%	0	0%
Bin3	0	0%	0	0%
Bin4	0	0%	0	0%
Bin5	0	0%	0	0%

图 7-7　各 BIN 入料百分比界面

（7）操作界面中的“计数功能”可以看到此次分选的总落料数，以及各个 Bin 的 LED 总数，如图 7-8 所示。

（8）分选结束后，将机台台面上所有残留产品用磁棒清理；清理完成后用防静电袋装好，并做上特殊标示后，放入不良品放置区。

（9）关闭机台和气源，认真填写随工单。

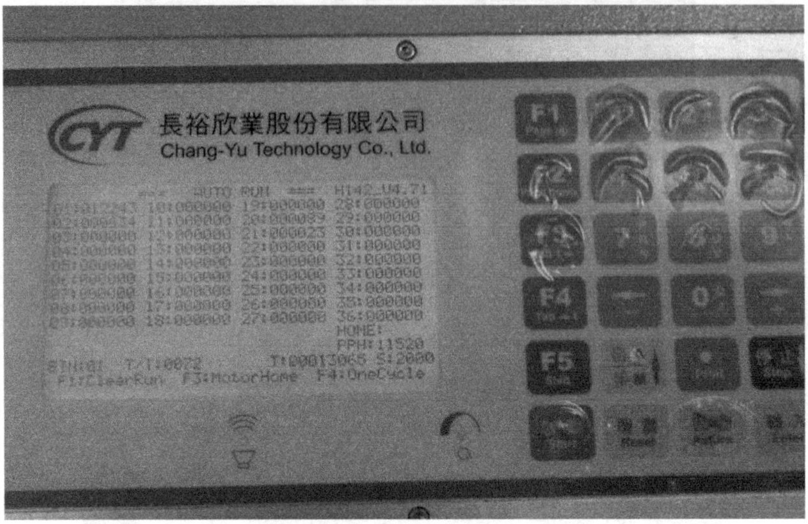

图 7-8　数据统计

3．工艺要求

（1）分选开始前，必须用标准灯进行校正。

（2）房间温度应控制在 18℃～30℃；湿度应在 30%～70%RH，当湿度低于 30%RH 时，用加湿器进行加湿；

（3）需戴防静电手环。

4．注意事项

（1）圆振盘内材料过少时，影响机器运行，应添加材料到圆振盘内。

（2）操作员抽检时，须注意检查分选后的材料是否有脚变形、表面磨损、表面杂物等现象；如有异常请立即通知技术人员。

（3）第一次标准灯校正 OK 后，每重开机必须重新校正机台，并记录好校正结果。

（4）每次清料时，将所有 BIN 号箱取出，将其口朝下，分开摆放；并对分选机底部、圆振盘、平振轨道、测试座转盘、工作台面、BIN 号箱的卡槽内进行彻底清扫及检查。

（5）离子风机清洗：每周一次；清洗放电针时，用棉棒蘸上酒精后小心清洗针的外表，由放电针根部向针顶部进行清洗，不可逆向清洗。

（6）掉在地上或机台上的产品注意要用磁棒清理，清理完成后用防静电袋装好，并做上特殊标示后，放入不良品放置区。

7.2 包装

分选过程中，当某个 Bin 的数量达到设定值时，我们需要取出该 Bin 的 LED，放入防静电袋进行封口。最后，数十包为一箱，登记入库。

包装需要用到的材料为分光分色后的单管 LED。

需要用到的工具设备为封口机、防静电袋、合格证、纸箱、胶带、剪刀。

7.2.1　封口机

在 LED 成品装入防静电袋后，为了使产品得以密封保存，保持产品质量，避免产品流失，需要对防静电袋进行封口，这种操作是由封口机上完成的。常见的封口机如图 7-9 所示。

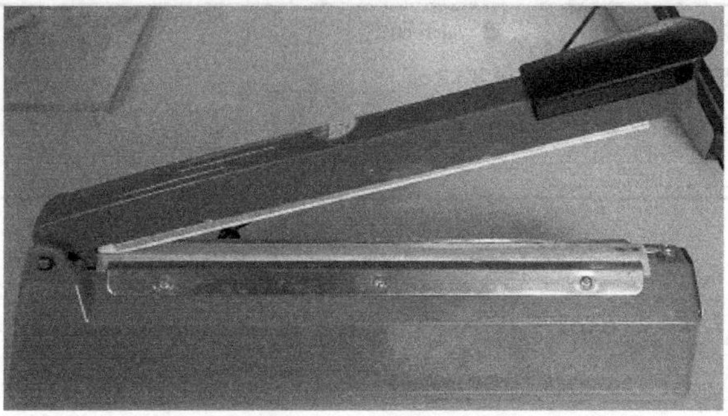

图 7-9　封口机

7.2.2　防静电袋

LED 的整个生产流程都应该注意静电防护，其 LED 成品也应该用防静电袋封装。

防静电袋（银灰色袋）如图 7-10 所示，都是由 cpp 底料+电子镀铝+pet 面料复合而成的，表面电阻值为 10^8～$10^{10}\Omega$，它采用“法拉第电笼”构造形成“感应罩”效应，以达到对袋内物品的屏蔽和防静电功效，从而可以最大程度地保护静电敏感元器件免受潜在静电危害。并且，防静电袋一般为半透明，可清楚辨认袋内的物品。

图 7-10　防静电袋

防静电袋可以用在 LED、各类 PC、计算机主机板、声卡、显卡、网卡及静电敏感高科技电子产品的包装。

7.2.3 包装流程与工艺要求

以第 2 章表 2-4 所示的生产配料单为例，在包装工序中我们所需要了解的生产信息如表 7-2 所示。

表 7-2 包装配料单

包装	◆ 包装袋：■ 普通　■ 加干燥剂 ◆ 每包数量：■2000 只/包 □其他__________ ◆ 合格证填写：■ 光电参数 ◆ 其他____________

1．准备工作

（1）备好防静电袋、干燥剂、纸箱、合格证。

（2）封口机接通电源。

2．包装步骤

（1）当分光分色机的 Bin 达到设定的数量时（本文示例红光 LED 各箱设定数量为 2000pcs），自动机会发出警示声，警示灯黄灯与红灯会闪烁，并在画面中显示："第 N 号箱数量已达设定值，请更换另一个空箱方能开始生产"。

（2）取出该 Bin 的 LED，把它装入防静电袋中，并将空 Bin 箱放回分光分色机，让机器继续运行。

（3）在防静电袋中放入干燥剂，以及该 Bin 对应的 LED 合格证，合格证上一般标注该等级产品的光电参数，使用封口机将防静电袋口封住，如图 7-11 所示。

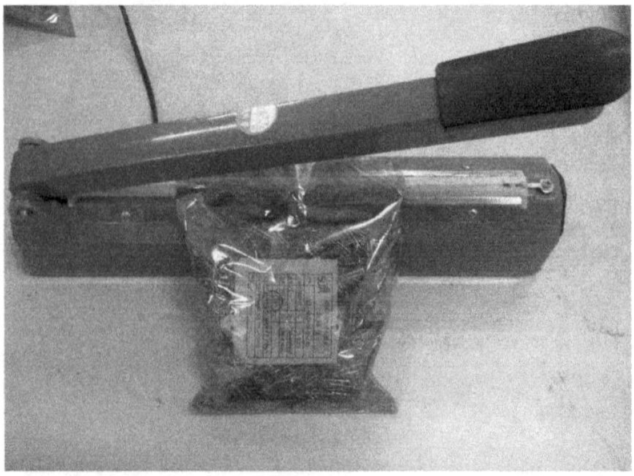

图 7-11 封口

（4）将相同 Bin 封装好的 LED 放入同一纸箱中进行打包、入库，如图 7-12 所示。

图 7-12　打包

3．工艺要求

（1）LED 成品一定要用防静电袋包装，并加入干燥剂。

（2）房间温度应控制在 18℃～30℃；湿度应在 30%～70%RH，当湿度低于 30%RH 时，用加湿器进行加湿；

（3）需戴防静电手腕。

4．注意事项

合格证不能放错。

7.3　封装失效模式与异常处理

1．封装失效模式

如果 LED 封装生产过程中没有完全按照工艺技术要求操作，在每道工序都有可能会出现很多种不良情况，如表 7-3 所示，这些情况均属于封装失效模式，会对 LED 产品的质量产生致命影响。因此，在 LED 封装工艺过程中应该实时监控封装质量，及时改进封装失效的情况。

2．封装异常处理

封装过程中要对封装品质进行实时监控，一旦出现不良情况应及时处理，以免造成更不必要的损失。对于封装的异常处理，本文不一一列举，下面就几个常见的问题的处理方法做一探讨。出现的异常情况及处理方法如表 7-4 所示。

表 7-3 封装异常处理

封装工序	失效模式
点胶	胶少、胶多、芯片上被胶覆盖、漏点
固晶	固偏、固反、漏固
焊线	焊丝断裂、虚焊、拉力不够、漏焊
配灌胶	多气泡、胶体损伤、插偏、插浅
切脚	切反、有毛刺

表 7-4 封装异常处理

异常情况	处理方法
表面有黑点	更换手套、清理烘箱、更换胶料、清理模条
产品胶体有气泡	对注胶头进行排气、更换胶料、调整插支速度、调整注胶速度、预热模条、清洗粘胶槽
多胶或少胶	调整注胶量、更换注胶针头
支架插偏	调整插支架位置、更换模条
表面模糊	更换模条

知识小结

分选、包装环节是 LED 封装流程的最后一个环节。它将光色电参数相近的 LED 选择出来，以方便使用。

本环节涉及的仪器包括分光分色机、封口机等仪器，重点是掌握全自动分光分色的分级参数设定和机器的操作。

经过本环节后，第 2 章表 2-6 的 LED 后道随工单如表 7-5 所示。

表 7-5 经分选、包装后的随工单

执行单号：

<table>
<tr><td colspan="2">产品型号</td><td colspan="2">9554SR-85/40</td><td>烘烤箱号</td><td>01、02</td></tr>
<tr><td rowspan="2">烘烤条件</td><td>日期</td><td colspan="2">短烤—烘烤箱
温度/进出时间</td><td>调整
温度/时间</td><td>长烤烘烤箱
温度/进出时间</td></tr>
<tr><td>4-10</td><td colspan="2">125℃/
（10：00~10：50）</td><td>无</td><td>135℃/
（14：00~22：00）</td></tr>
<tr><td>日期</td><td>工作站</td><td>工号姓名</td><td>投料数（个）</td><td>合格数（个）</td><td>不合格品分类</td></tr>
<tr><td>4-10</td><td>灌胶</td><td>008</td><td>4400</td><td>4300</td><td>C 品</td></tr>
<tr><td>4-10</td><td>QC1</td><td>009</td><td>4300</td><td>4250</td><td>C 品</td></tr>
<tr><td>4-10</td><td>短烤</td><td>010</td><td>4250</td><td>4250</td><td>无</td></tr>
<tr><td>4-10</td><td>QC2</td><td>011</td><td>4250</td><td>4200</td><td>无</td></tr>
<tr><td>4-10</td><td>长烤</td><td>012</td><td>4200</td><td>4200</td><td>无</td></tr>
<tr><td>4-11</td><td>QC3</td><td>013</td><td>4200</td><td>4200</td><td>无</td></tr>
</table>

续表

<table>
<tr><td colspan="2">产品型号</td><td colspan="2">9554SR-85/40</td><td>烘烤箱号</td><td>01、02</td></tr>
<tr><td rowspan="2">烘烤条件</td><td>日期</td><td colspan="2">短烤—烘烤箱
温度/进出时间</td><td colspan="2">调整
温度/时间</td><td>长烤烘烤箱
温度/进出时间</td></tr>
<tr><td>4-10</td><td colspan="2">125℃/
（10：00~10：50）</td><td colspan="2">无</td><td>135℃/
（14：00~22：00）</td></tr>
<tr><td>日期</td><td>工作站</td><td>工号姓名</td><td>投料数（个）</td><td>合格数（个）</td><td colspan="2">不合格品分类</td></tr>
<tr><td>4-11</td><td>一切</td><td>014</td><td>4200</td><td>4000</td><td colspan="2">120 个 B 品，80 个 C 品</td></tr>
<tr><td>4-11</td><td>二切</td><td>015</td><td>4000</td><td>3980</td><td colspan="2">B 品</td></tr>
<tr><td>4-12</td><td>分选</td><td>016</td><td>8080</td><td>7850</td><td colspan="2">分级等外品、C 品</td></tr>
<tr><td>4-12</td><td>包装</td><td>017</td><td>7850</td><td>7850</td><td colspan="2"></td></tr>
<tr><td>备注</td><td colspan="6"></td></tr>
</table>

版本 1.0　　　　　　　　　　　　　　　　SC-B-001-02

注：由于分选包装集中在最后一天进行，所以分选包装的数字是此次生产的总数。故此次学生 LED 生产实习的结果为 LED 良品合格率达到 7850/10500=74.8%

思考题 7

1．LED 在包装前为什么要进行分选？

2．LED 可以根据哪些参数进行分选？

3．简述分光分色机的工作原理。

4．在给 LED 等距分级时，如果λ_D分为两个等级、IV(Flux)s 分为三个等级、VFs 分为两个等级，请问此次的总分级数为多少？

第8章 LED参数测试

知识分布网络

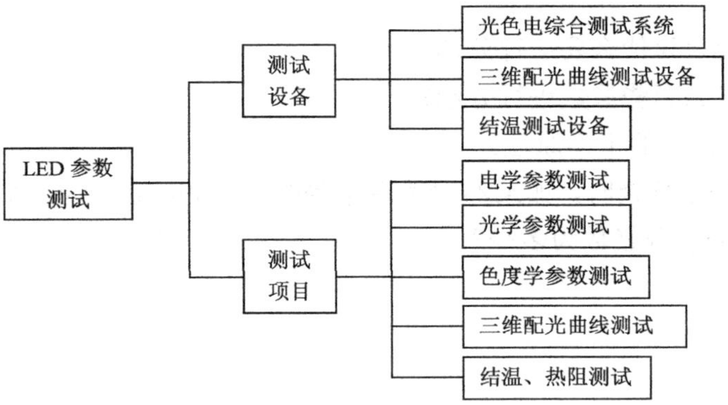

LED 作为一种新型光源，其具有各种各样的特性参数，不用的应用场合对各种参数的要求各不相同，本章将介绍 LED 的光、色、电、热等参数及其常用的测量设备和测试方法。

8.1 LED 的测试参数

LED 常见的测试参数如表 8-1 所示。

表 8-1 LED 常见测试参数

参数类型	基本参数	符号	单位	基本定义
光参数	光通量	ϕ_V	流明 lm	光源在单位时间内发射出的光量
	发光强度	I	坎德拉 cd	光源或照明灯具所发出的光通量在空间选定方向上分布密度，也即表示光源在一定方向和范围内发出的可见光辐射强弱的物理量
	光照度	E_V	勒克斯 lx	受照平面上接受光通量的密度
	动态光强	I_V	坎德拉 cd	表示当前位置所测得的光强值
	零度光强	I_{V0}	坎德拉 cd	法向位置所对应的光强值
	峰值波长	λ_P	纳米 nm	光谱辐射功率最大的波长
	半强度角	θ_{12}	度 °	最大发光强度 1/2 所对应的角度
	偏差角	$\Delta\theta$	度 °	最大光强角与零度光强角的差值
	左右半角	θ_1/θ_2	度 °	左边/右边光强 1/2 值对应的角度
	20%光强夹角	θ_r	度 °	最大发光强度 20%所对应的夹角
	最大光强角	θ_{vm}	度 °	取得最大光强值所对应的角度
	光通量效率	η_V	流明每瓦 Lm/w	LED 发射的光通量与其电功率（正向电流乘以正向电压）的比值
色参数	光谱光视效率函数	$V(\lambda)$	……	人眼对各种波长光的平均相对灵敏度
	色品坐标	(x, y) or (u, v)	……	根据光谱功率分布 P（λ）曲线，用分光光度法求和来近似积分
	主波长	λp	纳米 nm	任何一个颜色都可以看作为用某一个光谱色按一定比例与一个参照光源（如 CIE 标准光源 A、B、C 等，能光源 E，标准照明体 D_{65} 等）相混合而匹配出来的颜色，这个光谱色就是颜色的主波长
	显色指数	Ra	……	光源对物体的显色能力称为显色性，是通过与同色温的参考或基准光源（白炽灯或画光）下物体外观颜色的比较。
	光谱半宽度	$\Delta\lambda$	纳米 nm	相对光谱能量分布曲线上，两个半极大值强度处对应的波长差
	色温	T_C	开尔文 K	以绝对温度 K 来表示，即将一标准黑体加热，温度升高到一定程度时，颜色开始由深红—浅红—橙黄—绿—蓝，逐渐改变，当加热到与光源的颜色相同时，我们将黑体当时的绝对温度称为该光源的色温。

续表

参数类型	基本参数	符号	单位	基本定义
	色纯度	P	……	样品颜色接近主波长光谱色的程度就表示该样品颜色的纯度。
电参数	正向电流	I_F	安培 A	LED 正常发光时的正向电流值，由 LED 芯片决定。
	正向电压	V_F	伏特 V	LED 的正向电压 V_F 是指通过发光二极管的正向电流为确定值时，在两极间产生的电压降。
	最大反向电压	V_{RM}	伏特 V	所允许加的最大反向电压。超过此值，发光二极管则出现 I_R 突然增加而出现击穿损坏现象。
	反向漏电流	I_R	安培 A	LED 器件处于反偏置时的漏电流。按照 LED 的常规规定，习惯指反向电压在 5V 时的反向漏电流
热参数	结温	T_j	摄氏度 ℃	工作状态下，P-N 结的温度
	热阻	R_{th}	摄氏度每瓦 ℃/W	在热平衡条件下，导热介质在两个规定点处的温度差，即热源
	温度系数	K	摄氏度每毫伏 ℃/mV	温度系数是材料的物理属性随着温度变化而变化的速率

LED 在生产后要根据应用要求进行参数测试，LED 的光色电参数测试设备通常由 LED 光色电参数综合测试系统、三维光强分布测试仪和结温测试系统等组成。

8.2 光色电综合测试系统

星谱 SSP6612 型 LED 光色电综合测试系统是一款针对 LED 光强、角度、光通量、色温、波长、显色指数、色纯度、电流、电压等全性能的检测设备。

8.2.1 光色电综合测试系统的功能

该系统具有的功能如下。

（1）测量 LED 的电参数有反向漏电流 I_R、正向压降 V_F，最大反向电压，正向电流。

（2）测量 LED 的色参数有光谱半宽度、主波长、色纯度、色坐标、色温、显色指数。

（3）测量的光参数有最大光强、峰值波长、动态光强、零度光强、光通量、半强度角、偏差角、最大光强角等。

（4）配合红外探测器测量红外发射管的光电参数。

（5）可用于测量普通 2 脚、3 脚 LED 管、大功率管、贴片、食人鱼、模块和数码管等各种规格的 LED。

（6）内置 3000mA 恒流源，可测量各种 LED 的光色电参数，并得到相对光谱功率分布曲线和光强分布曲线。

（7）参数测量设定和控制在软件控制界面完成，软件自带数据库，并能够自动生成数据报表和统计报表。

（8）具有光参数、主波长、色坐标、色温和显色指数分挡显示功能，挡位最大可以设到 256bin 方便与各种分光分色测试机配套。能够自动分析 LED 电流与电压、光通量、光强的相互关系曲线。

8.2.2　光色电综合测试系统的组成与数据读取

LED 光色电参数综合测试系统主要由积分球、LED 光色电测试系统主机、光强分布测试机构和计算机测试软件组成，具体如图 8-1 所示。

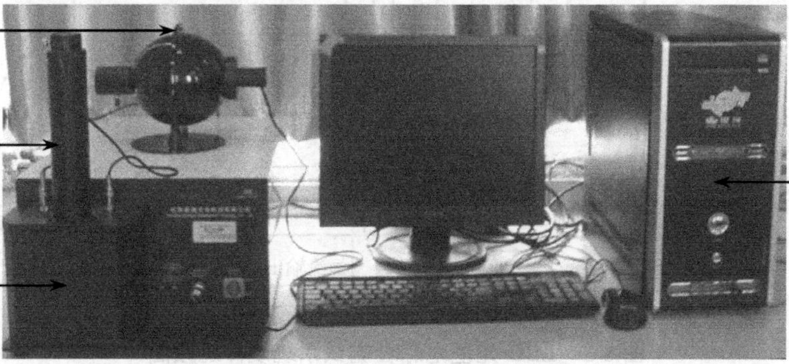

图 8-1　LED 光色电综合测试系统

（1）积分球：又称光通球，广泛应用于光度、色度和辐射度计量测试场合。

（2）LED 光色电测试系统主机：接收计算机测试软件的设置信息对仪器进行各项测试参数的设置；对积分球，光强分布测试机构传递过来的信号进行分析处理及进行光色电测试参数设置。

（3）光强分布测试机构：为 LED 光源的光强分布测试提供一个测试环境。用于自动测试 LED 光强视角分布：单颗 LED 最大光强、零度光强值、光强偏差角 θ、光强扩散角 θ，以及 LED 两端的负载电参数，提供 I-I_V、I-V_F、 θ-I_V 分布曲线分析功能。

（4）计算机主机：为 LED 光色电测试软件的使用提供一个平台、进行测试参数设置及数据读取和存储。

LED 光色电测试系统的工作过程如下：

（1）光色测试：测试时，打开计算机主机上的 LED 光色电测试软件，对待测光源的相关参数进行设置，打开光色电综合测试系统主机电源，点亮积分球内的待测光源，通过探测器 2—光通量信号输入线和光信号输入线—光线接口将积分球内的采集的信号传递到 LED 光色电参数测试系统主机进行处理，处理完成后数据通过 USB 接口传到计算机主机，LED 光色电测试软件再对传递过来的数据进行分析整理；

（2）光电测试：打开计算机主机上的 LED 光色电测试软件，对待测光源的相关参数进行设置，打开光色电综合测试系统主机电源，点亮光强分布测试机构内的待测光源，通过探测器 1—光强信号输入线将光强分布测试机构采集到的信号传递到 LED 光色电参数测试系统主机进行分析处理，处理完成的数据通过计算机串口 2 传递到计算机主机，LED 光色电测试软件再对数据进行分析整理。LED 光色电测试系统各部分的硬件连接图如图 8-2 所示。

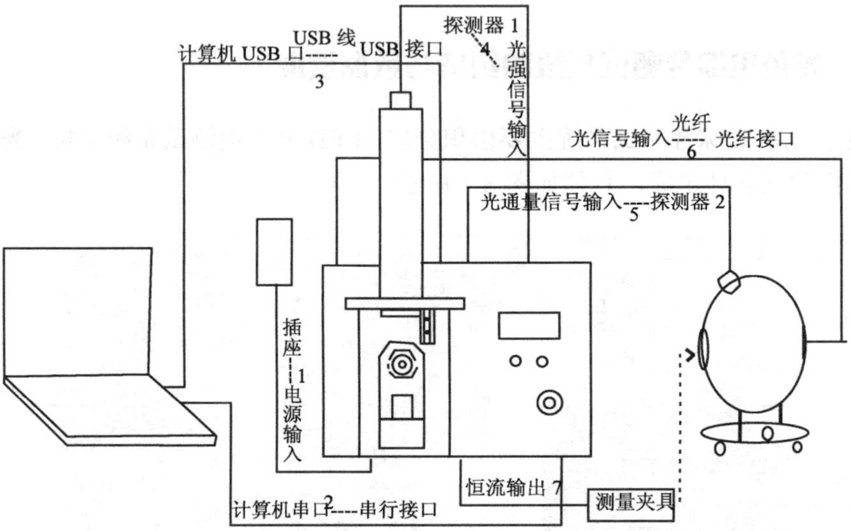

图 8-2　LED 光色电综合测试系统硬件连接图

1．积分球

积分球又称光通球，其基本结构是由铝或塑料等做成的一个中空的完整球壳，其实是一个光收集器。球内壁上均匀喷涂多层中性漫反射材料，如氧化镁、硫酸钡、聚四氟乙烯等，且球内壁各点漫射均匀。将被测光源置于球内，其所发出的光线在积分球内部经过多次漫反射之后光线将均匀分布在内球体表面，此时在积分球的内部取一个单元面积（挡光板后的探测器的有效探测面积），利用这面积上的光通量乘以整个球体内表面的面积（$4\pi R^2$，R 为内球面半径）即可以得到这个被测光源的总光通量。

实际应用的积分球上开有多个开孔，作为入射光孔、安装探测器、光源等用。其工作过程：将 LED 通过其中一个开孔放置在球体内部，LED 点亮后发出的光线在球内部被均匀的反射及漫射后被光电探测器接收（光电探测器必须位于挡光板后面，避免 LED 发出的直射光对其产生干扰，使得测量不准确）；数据采集器将采集到的光信息传输到测试系统主机上进行分析处理。

不同的测试光源出于测试精度的考虑，应需用不同大小的积分球，常见的积分球大小和应用场合有

- 直径ϕ0.1/0.3m：适用于小功率 LED、激光、发光屏、迷你泡、球泡等小型光源的光色测试。
- 直径ϕ0.3/0.5m：适用于大功率 LED、迷你泡、球泡等光源的光色测试。

- 直径ϕ1.0/1.5/1.75m：适用于节能灯、白炽灯、冷阴极灯、外置电极荧光灯、卤钨灯、直管形荧光灯、环形荧光灯等光源光色电测试。
- 直径ϕ2.0/2.5m：适用于大功率直管形荧光灯、HID 灯、环形日光灯等光源光色电测试。

1）积分球的结构

积分球的结构，本书中以ϕ为 0.3m 积分球为例。图 8-3 所示为其内部结构图，其主要由遮光板、LED 电源接口、LED 夹具所组成。

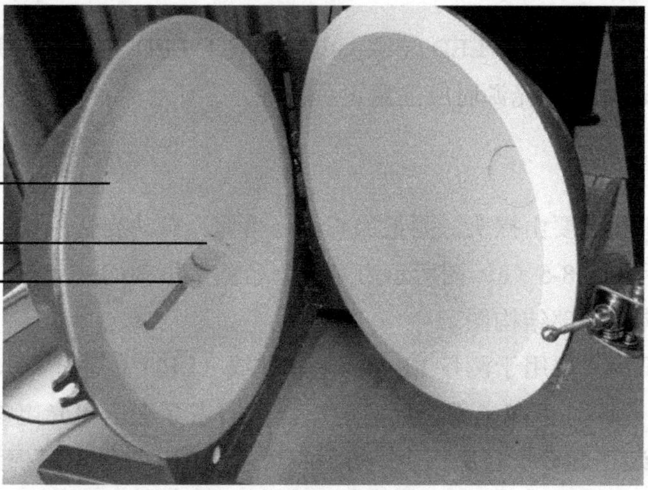

图 8-3　积分球内部结构图

（1）遮光板：防止 LED 光源直接照射到光电探测器上，影响探测数据。

（2）LED 电源接口：为待测 LED 光源供电。图 8-4 给出了常见的 LED 电源接口。图 8-4（d）图中的 LED 电源接口为标准接口，其适用于普通直插小功率 LED 及食人鱼 LED，图中两个小孔用于普通直插小功率 LED，4 大孔可插入四脚食人鱼 LED。图 8-4（a）、图 8-4（b）与图 8-4（c）图中的 LED 电源接口均为大功率 LED 电源接口，适用于不同支架封装的大功率 LED 光源。

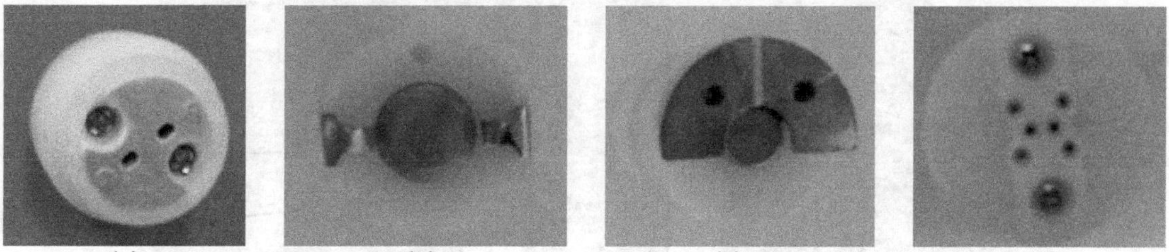

（a）　（b）　（c）　（d）

图 8-4　积分球中 4 种 LED 夹具

（3）LED 夹具：将 LED 光源固定在积分球内适当位置（球心或侧壁）的器具。图 8-3 中的 LED 夹具是用来将 LED 光源固定在球心位置的。

2）操作注意事项

（1）在安装积分球时，一定要小心搬运，防止球体受损变形或内壁涂层受损。

（2）在日常使用中，尽量保持球体内部清洁，防止涂层污损和受潮腐蚀。

（3）在使用积分球进行测试的过程中，尽量避免在球内放置遮挡物和有色物体（中性白色除外）。

（4）在使用过程中，尽量控制积分球内的温度不超过 40℃，否则，将影响积分球涂层的寿命。

（5）测试结束后，应先切断 LED 光源供电，再取下 LED 光源，以免电源开路电压过高损坏仪器；另外，安装 LED 光源时应注意正负极性。

2．光强分布测试机构

光强分布测试机构主要由探头、测量加长筒、箱体、自动旋转机构、LED 夹具构成，具体结构如图 8-5 所示。图 8-5（a）图所示为光强分布测试机构的外观图，图 8-5（b）所示图为光强分布测试机构的内部结构图。

光强分布测试机构主要用于测量 LED 的配光曲线（LED 光强分布）、光束角（偏差角、左右半角等）、法向光强、正向电压、反向电流、反向击穿电压等光电参数。其工作过程为首先将待测 LED 安装在旋转平台底座上，随后将箱体关闭（箱体可以视为不透光的黑箱，外界光的影响可以忽略）；然后开启电源，LED 发出的光通过测量加长筒匀光后，进入探测器的 CCD 探头；最后探头将光信号转化为电信号，经处理后送入电脑软件显示界面。

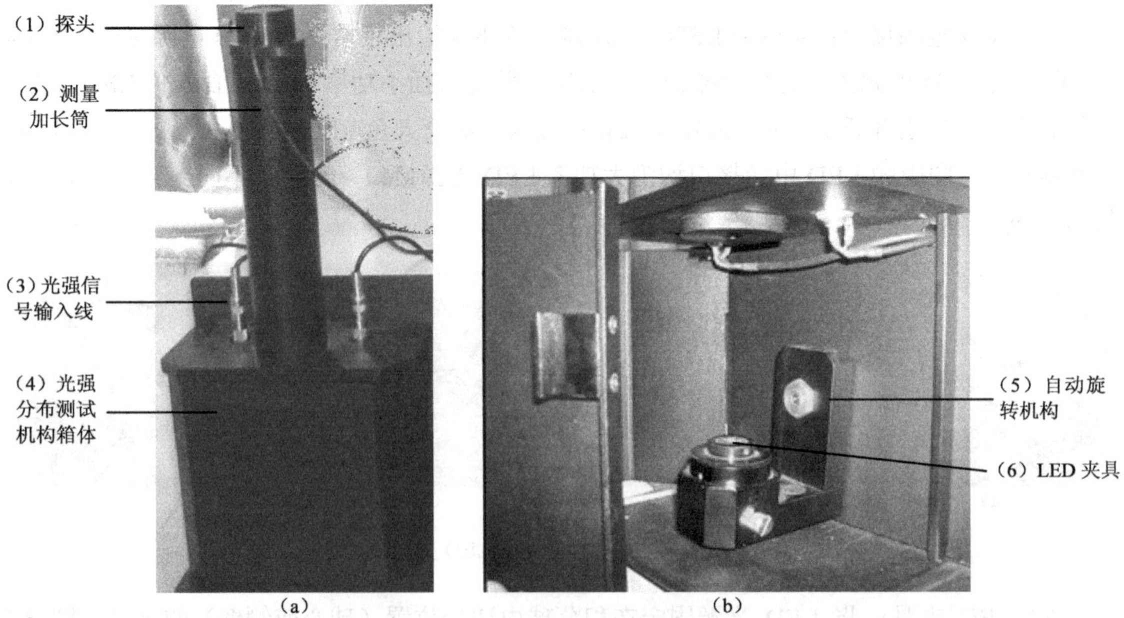

（a）　　（b）

图 8-5　光强分布测试机构

（1）探头：用于采集 LED 光源的光数据。

（2）测量加长筒：由两个相连的加长筒和光强装置支架组成，加长筒、光强装置支架和探头由用螺纹连接，可适当组合以满足不同测量条件。当将加长筒拆卸下来，并将探头与光强装置支架直接连接时，为测试 CIE（国际照明委员会）B 标准（近场 100mm 标准）；加上双长筒则为测试 CIE-A 标准（远场 316mm 标准）。

注意：请不要将两个加长筒相互拆开单独使用。

CIE 关于 LED 光源发光强度测量的规定

CIE 关于 LED 光源发光强度的测试条件主要分为远场条件和近场条件，即 CIE A 条件和 CIE B 条件。

远场条件：光源在单位立体角内发射的光通量，可表示为 $I_V = d\varphi/d\Omega$。发光强度的概念要求假设辐射源是一个点辐射源，或它的尺寸和光探测器的面积与离光探测器的距离相比是足够小，在这种情形，光探测器表面的光照度遵循距离平方反比定理，即 $E = I/d^2$，把这种情况称为远场条件。

近场条件：在许多应用中，测量 LED 时所用的距离相对较短，源的相对尺寸太大，或探测器表面构成的角度太大，这就是近场条件。

在实际测试中，一般根据 $I = \phi/\Omega = \phi/\left(S/d^2\right) = \phi \times d^2/S$ 来得到光强。其中，I 为光强，ϕ 为光通量，d 为探测器与 LED 距离，S 为探测器面积，Ω 为立体角。它的含义是光强即为照射在光探测器上的光通量与由探测器表面构成的立体角的比值，立体角可通过将探测器的面积 S 除以探测距离 d 的平方得到。

CIE-128-1997 Measurement of LEDs 推荐测量 LED 平均发光强度的标准条件 A 和 B 来如表 8-2 所示。它详细介绍了 CIE 推荐的测试条件 A/B 中探测器与待测光源 LED 的距离，立体角及平面角的关系；光源与探测筒之间的关系具体如图 8-6 所示。

表 8-2　CIE 测试条件 A/B 测试条件比较表

CIE 推荐测试条件	探测器与 LED 距离	立 体 角	平面角（全角）
条件 A	316mm	0.001sr	2°
条件 B	100mm	0.01sr	8.5°

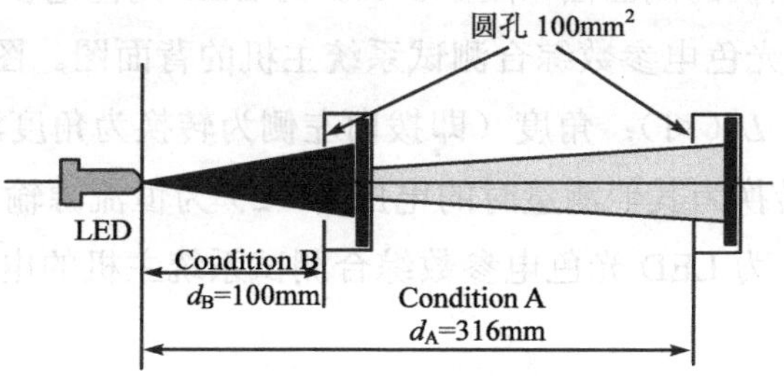

图 8-6　CIE 关于 LED 光源发光强度测试条件图

（3）光强信号输入线：用于传输光强分布测试机构内的光信号。

（4）光强分布测试机构箱体：为待测光源提供一个暗室环境，减少外界光源对待测光源的影响。

（5）自动旋转机构：测试时使 LED 光源能够实现＋90°～–90°角旋转，实现相应角度的数据采集。

（6）LED 夹具：安装 LED 光源和电源接口的中介物，不同类型的 LED 光源配有相应的夹具，可根据用户的不同需求更换夹具，具体如图 8-7 所示。图 8-7（a）夹具为大功率 LED 夹具。图 8-7（b）LED 夹具为标准夹具，其适用于普通直插小功率 LED 及食人鱼 LED，图中两个大孔用于普通直插小功率 LED，4 小孔可插入四脚食人鱼 LED。

（a）大功率 LED 夹具

（b）标准夹具

图 8-7　LED 夹具

备注：出厂夹具的固定位置按照透镜为 5mm 的草帽头 LED 固定的。实际测试过程中需根据不同 LED 形状调整夹具的位置。

3．LED 光色电参数综合测试系统主机

LED 光色电参数综合测试系统主机的功能：对积分球及光强分布测试机构传递过来的信号分析处理，为积分球及光强分布测试机构内 LED 光源提供电源等。

LED 光色电参数综合测试系统主机结构图如图 8-8 所示，其中图 8-8（a）为 LED 光色电参数综合测试系统主机的侧面图，图 8-8（b）为 LED 光色电参数综合测试系统主机的正面图，（c）图为 LED 光色电参数综合测试系统主机的背面图。图 8-8（b）图中（1）为电压测量转换调节开关，*L*（◁）：角度（即拨向左侧为转换为角度测量时的电压）；*R*（▷）：其他（即拨向右侧为转换为其他测量时的电压）。（2）为恒流源输出线，为积分球内的 LED 测试提供恒流源；（3）为 LED 光色电参数综合测试系统主机的电源开关，为测试主机提供开关控制。

（a）LED 光色电参数综合测试系统主机侧面图

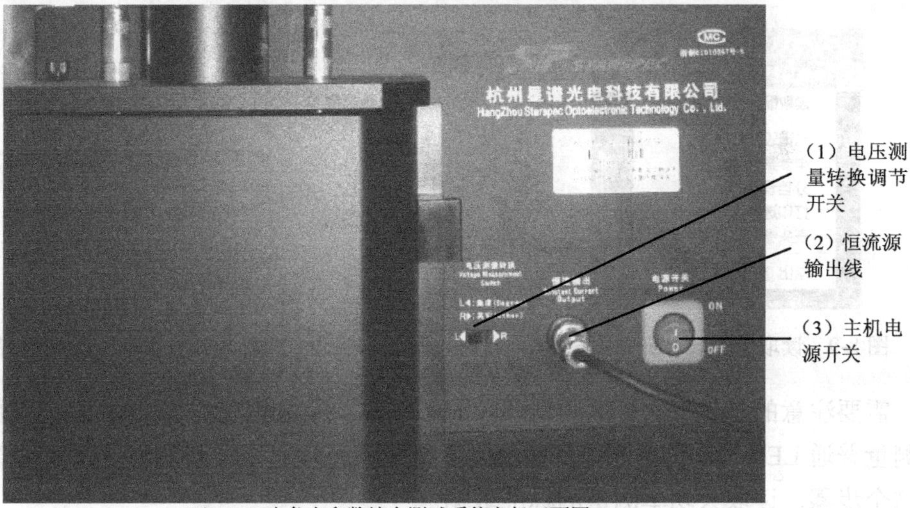

（b）LED 光色电参数综合测试系统主机正面图

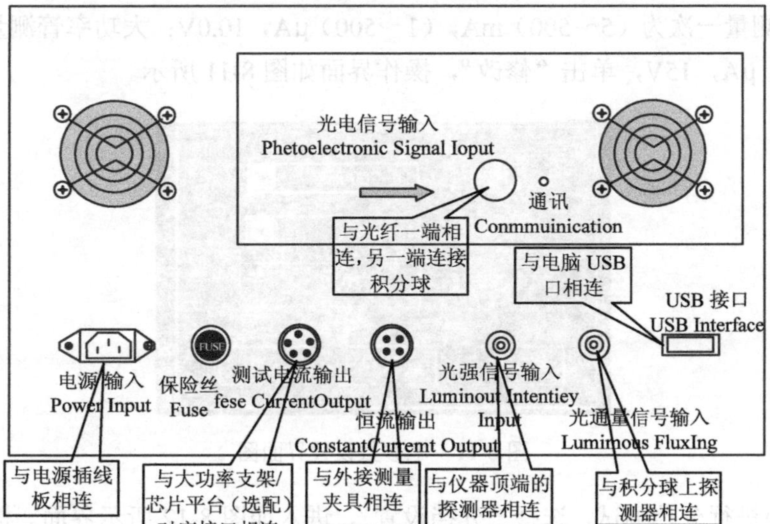

（c）LED 光色电参数综合测试系统主机背面图

图 8-8　LED 光色电参数综合测试系统主机结构图

4．参数综合测试系统标准数据读取操作

LED 光色电参数综合测试系统标准数据的读取操作具体如下：

（1）按下仪器主机面板上的开关，打开仪器主机。

（2）打开 SSP6612 光色电综合测试系统软件，按照提示输入序列号（第一次开机）。序列号在主机箱侧的合格证上。如显示“The file was not found”，则单击确认后按照以下步骤读取标准数据。

① 单击软件顶部“系统设置”下拉菜单中的“读取配置文件”选项，在弹出的对话框中打开对应的测试环境文件夹，双击读取测试系统的标准数据，如图 8-9～图 8-10 所示。

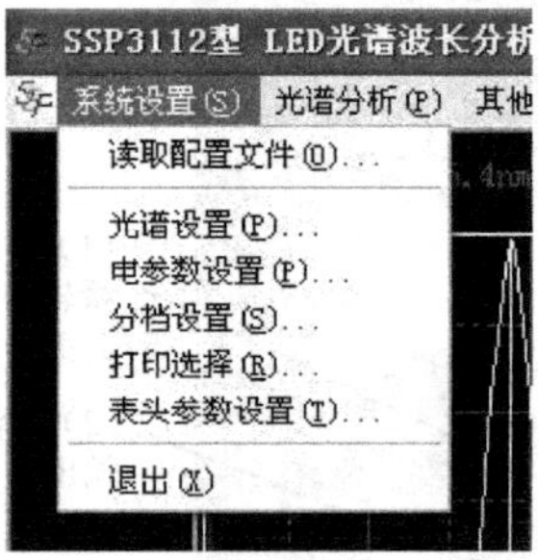

图 8-9　读取配置软件界面图

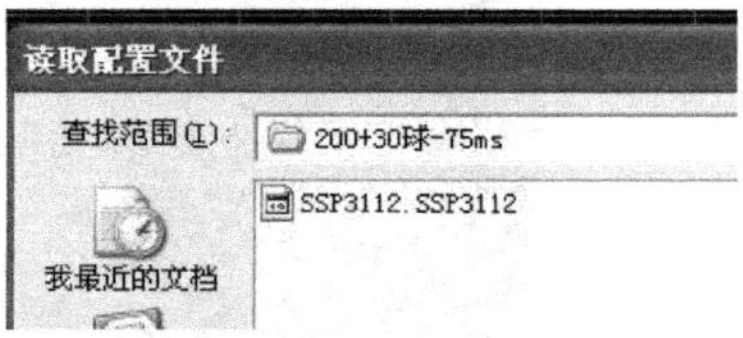

图 8-10　读取配置文件界面图

需要注意的是，每次更改测试环境时都需重新读取相应的标准数据。例如，在小积分球处测量普通 LED 时，读取相应的数据，下次要在另外的积分球处测量大功率管时，仍需要操作这个步骤，读取大功率测量的标准数据。

② 单击“电参数设置项”，在电流挡位/漏流挡位/电源电压处选择设定适当的值（一般建议，普通管测量一次为（5～500）mA，（1～500）μA，10.0V；大功率管测量选择 50mA～2A，（1～500）μA，15V，单击“修改”，操作界面如图 8-11 所示。

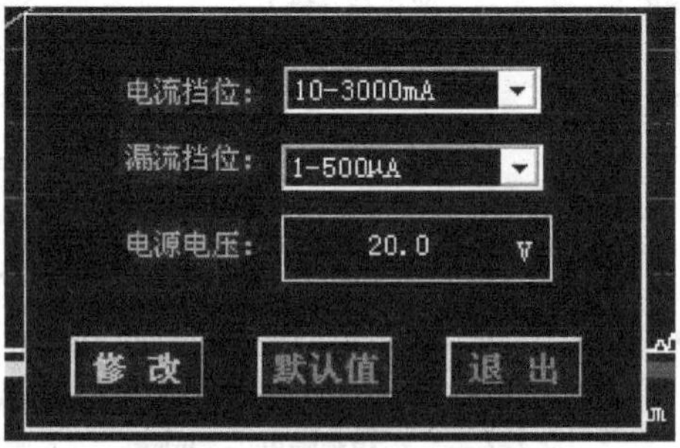

图 8-11　电参数设置界面图

③ 若需要进行分挡测试，选择“分挡设置”，进入如图 8-12 所示界面。根据实际需要选择顶端的分挡选项，并针对不同项目对不同参数值进行分挡设置。“添加”用于添加新的分档，挡位默认目前最后一位。“删除”和“修改”用于删除或修改当前光标点选的分挡的移

动。“装载数据”可以读入 Excel 格式文件，“另存数据”可将当前设定的分挡数据以 Excel 格式保存。

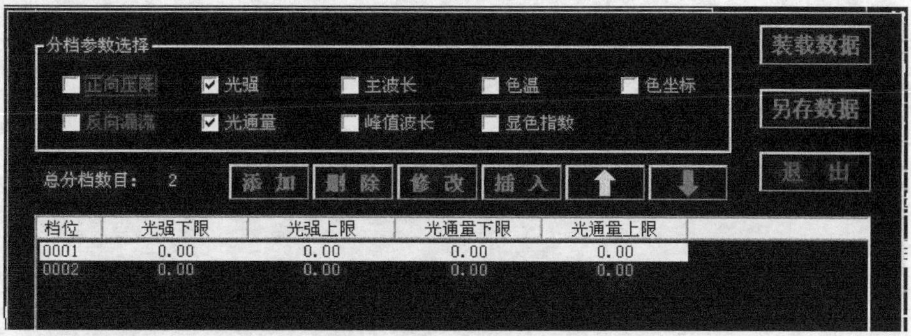

图 8-12　分挡设置界面图

④ 在软件右端处，选择“自动量程”和“循环测试”，并在正向电流/反向电压处设定合适的电流和电压值（普通管电流一般为 20mA，大功率管一般为 350mA）后单击设置，如图 8-13 所示。

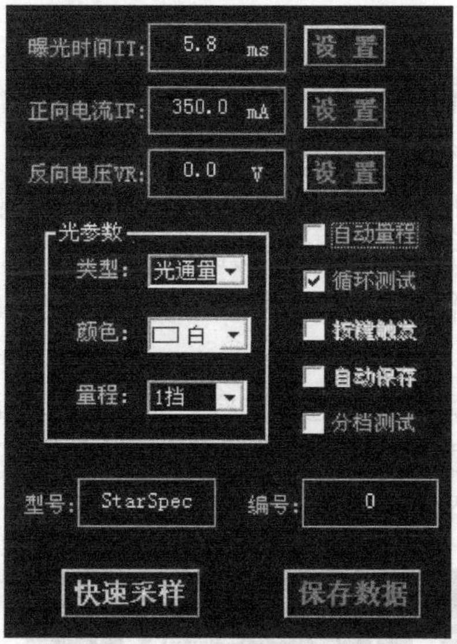

图 8-13　测试设置界面图

⑤ 将待测 LED 放入相应夹具点亮，依次单击“设置”，软件右下方即可显示对应的正向电压和反向漏电流值，电参数测量完成。

⑥ 在 LED 点亮后，将 LED 夹具放入积分球。

⑦ 此时，“曝光时间”会自动调节到合适的数值，待软件上方光谱内能量曲线显示较稳定时，取消对“自动量程”的选择。此时曲线下方显示相应参数的测量结果，单击“保存数据”即可将测量结果保存到数据库中，如图 8-14 所示。

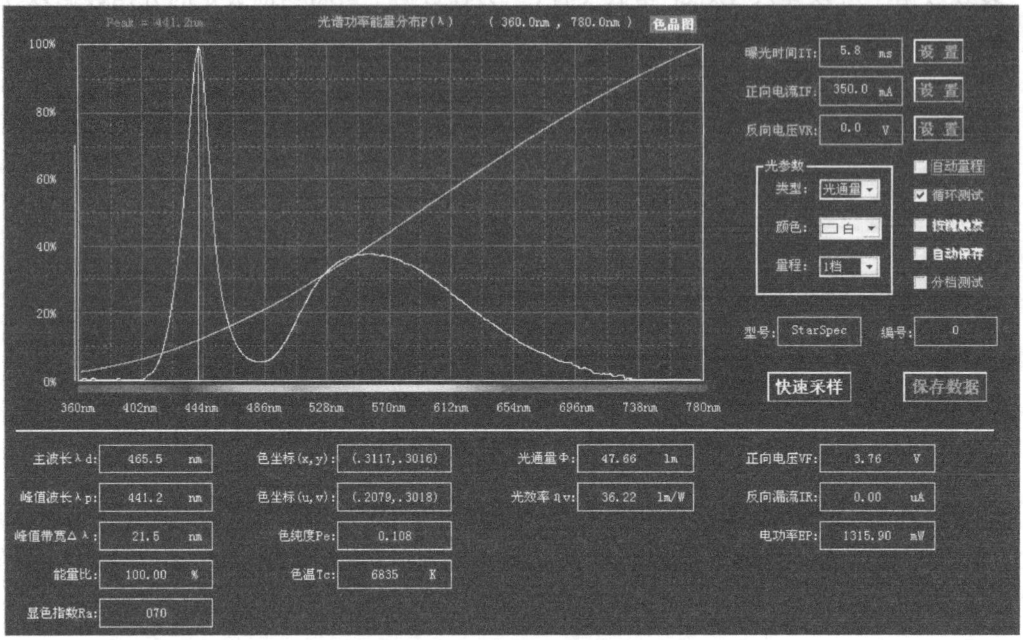

图 8-14　光通量测试结束界面图

注：此时测试部件仍在实时进行采样，测量数据会在小范围内调动，这是正常现象。若需要数值稳定不动，取消对“循环测试”的选择。

⑧ 若需要快速测量（这种测量方法适合光衰较快的 LED 管），取消对“自动量程”和“循环测试”的选择，选择“按键触发”和“自动保存”选项，此时只要右键单击一次鼠标，即会为待测 LED 测试一次数据并保存在数据库中。按键触发时，每一次触发，软件都会自动以顺序标号保存测试结果。

⑨ 光参数的测量可根据测量参数进行选择，基本配置是测量光通量，测试界面设置如图 8-15（a）所示。在光参数类型处选择对应的待测光参数，并选择相应的颜色（分色测量可增加测量的准确性），测试界面设置如图 8-15（b）所示。

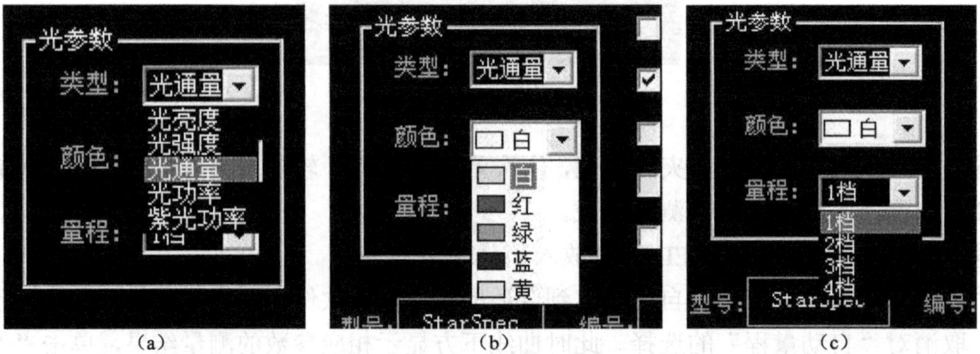

图 8-15　光参数设置界面图

（10）光参数测量量程共分为四挡，其中四挡的量程最小，灵敏度最高。三挡以此类推。判断量程是否合适，只需要观察光谱能量曲线右端的黄线是否达到顶端。如果到达顶端，则此量程满度，请向上增大一挡进行测量，测试界面设置如图 8-15（c）所示。

（11）基本光色电参数测量完成，填入对应型号编号，单击“保存数据”将测量结果保存数据库内，完成基本参数的测量。

8.2.3　光色电参数综合测试系统校准

1．电参数校准

电参数校准的准备工作如下：

（1）将电源线连接到主机的电源输入口，将 PC 机的 USB—串口线连接到主机的通信接口。

（2）打开主机电源开关。

（3）打开 SSP6612 上位机软件，输入正确序列号后，进入程序，表明通信正常。

（4）打开软件后，测试界面的“自动量程”、“循环测试”请勿选中。

电参数校准主要包含电路校准、反向电压校准、正向电压校准和反向漏流校准，具体的校准方式如下所示。

1）电路校准

（1）正向电流校准

正向电流校准需使用高精度的微安表和数字万用表，校准步骤如下：

① 单击软件菜单栏上的“系统校准”下拉菜单“电参数”按钮，进入电路校准界面。

② 电流校准分为三挡，一挡：10μA～3mA；二挡：1～500mA；三挡：10～3000mA。一挡需要用微安表校准。

③ 一挡校准：使用微安表直接测量 LED 插座两端电流值，请注意正负极。（校准时请按上图所示默认控制值）单击“控制值 1”后的“设置”按钮，将微安表测得电流值填入“测量值 1”处，如图 8-16 所示。

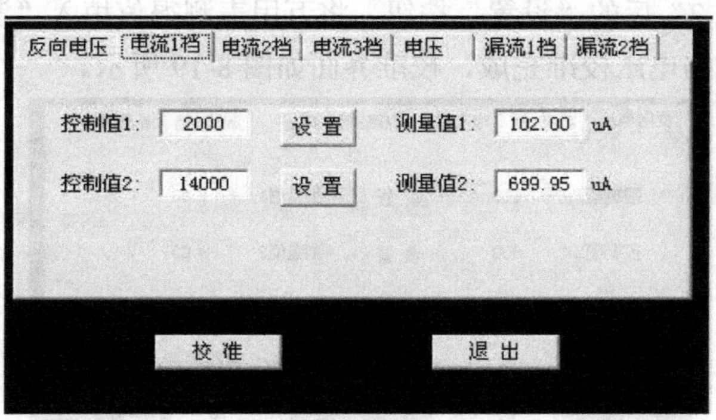

图 8-16　电流一挡校准界面

④ 同理，单击“控制值 2”后的“设置”按钮，将微安表上测得值填入“测量值 2”处。

⑤ 单击校准，一挡电流校准完毕。

⑥ 二挡电流，和三挡电流校准同“一挡校准方法”一致，校准界面如图 8-17 和图 8-18 所示。需用高精度数字万用表校准。

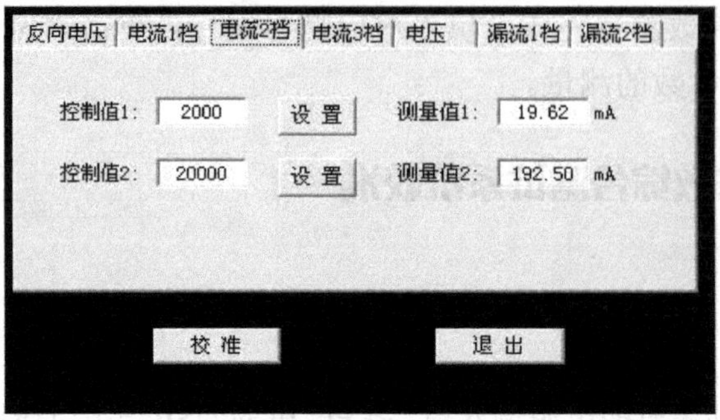

图 8-17　电流二挡校准界面

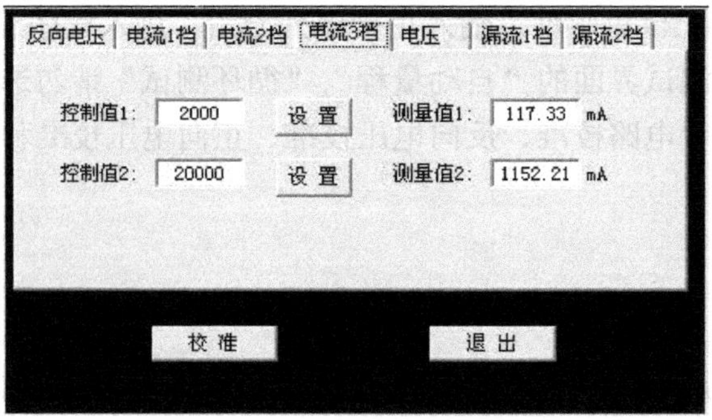

图 8-18　电流三挡校准界面

（2）反向电压校准

反向电压校准时需注意万用表数值与正向电压输出端正负极相反，校准步骤如下：

① 使用高精度数字万用表电压挡测量 LED 插座两端反向电压值,（请勿修改控制值默认值）单击设置，将万用表测得电压数值填入“测量值 1”中。

② 单击“控制值 2”后的“设置”按钮，将万用表测得值填入“测量值 2”中。

③ 单击校准，反向电压校准完成，校准界面如图 8-19 所示。

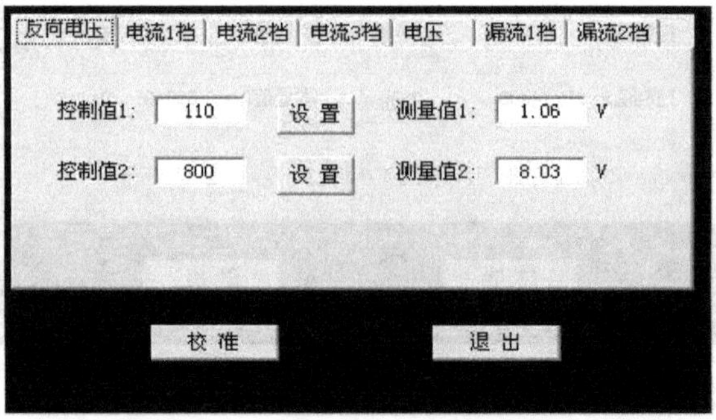

图 8-19　反向电压校准界面

（3）正向电压校准

① 如图 8-20 所示，接上电阻 *R*（推荐 80 欧姆），选中“循环采样”，在“测试电流”处填入 20mA 电流值，单击“设置”按钮，将鼠标电击在“采样值 1”处，将万用表上测得的电压值填入“标准值 1”处，然后单击“校准”，校准完毕后，必须将鼠标移到“采样值 2”处。采样值 1 处的值保持不变。

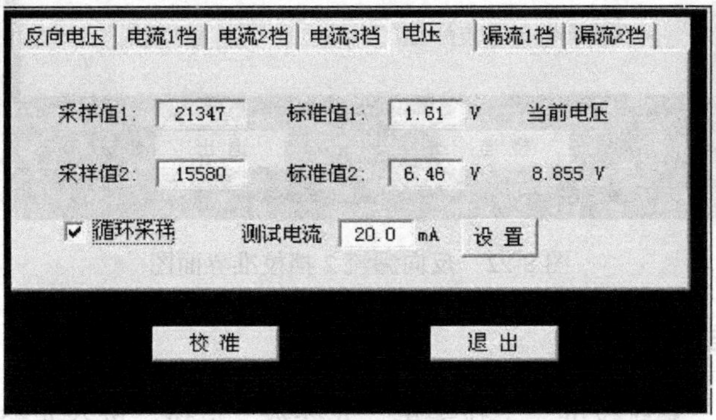

图 8-20　正向电压校准界面

② 在“测试电流”处填入 80mA，单击“设置”按钮，将万用表上测得的电压值点入“标准值 2”处，将鼠标单击在“采样值 2”处，单击“校准”按钮。正向电压校准完毕。

（4）反向漏流校准

① 反向漏流 1 挡校准：选中“循环采样”，LED 插座空载情况下（即不接任何物体）在“反向电压”处填入数值（0.1-10V），单击“设置”按钮，将鼠标移到“采样值 1”中，“标准值 1”处填入 0μA，单击“校准”按钮；

② 将微安表与电阻 R（推荐 100K）串接后连接到 LED 插座两端（注意微安表的正负），鼠标点在“采样值 2”处，将微安表上测得的反向漏流值填入“标准值 2”中，单击“校准”按钮。

③ 反向漏流 1 挡校准完成，校准界面图如图 8-21 所示。

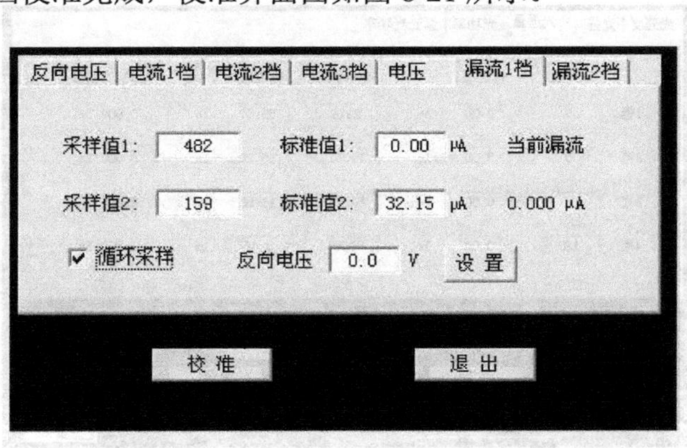

图 8-21　反向漏流 1 挡校准界面图

④ 反向漏流 2 挡校准：方法与“反向漏流一挡校准”一致，校准界面图如图 8-22 所示。

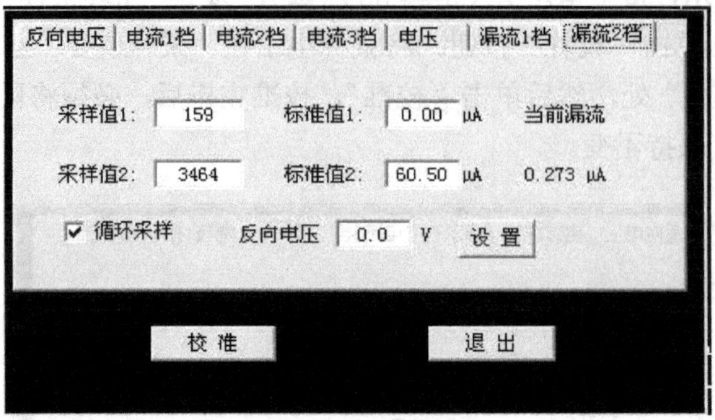

图 8-22　反向漏流 2 挡校准界面图

2．光度参数校准

单击软件菜单栏“系统校准”下拉菜单“光参数”按钮，进入光参数校准界面。光参数校准主要包含有光通量校准、光强度校准和光亮度校准、光功率和紫光功率校准这三部分，具体的校准步骤如下所示。

1）光通量校准

（1）将光通量探测器与主机后端的光通量接口相连接。

（2）把主机前端上的“光强—光通量”按钮打在光通量挡。

（3）如图 8-23 所示，选中“循环采样”，选择“颜色”下拉菜单（注：有六种颜色供选择，每一种颜色校准参数各自独立，厂家一般校准白管参数，剩余其他颜色管参数由用户自行校准）LED 插座上不接任何管子，放入积分球中，将鼠标分别单击在“采样值 1”正下方的 1 挡、2 挡、3 挡、4 挡处，保持此时各挡显示的数值不变，“标准值 1”正下方数值都设为 0lm。

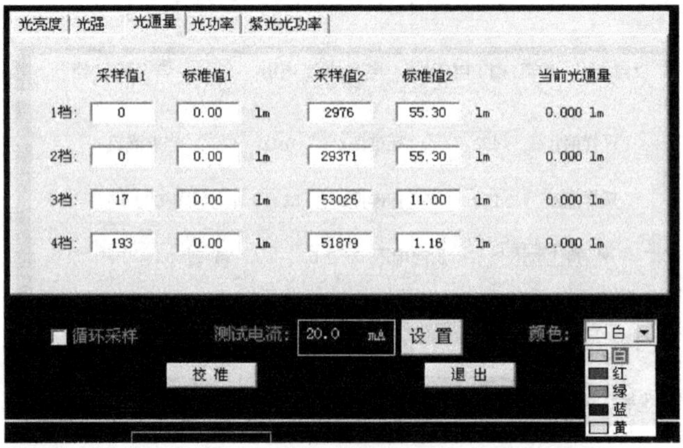

图 8-23　光通量校准界面图

（4）将鼠标移动到“采样值 2”处，将标准管的光通量值分别填入“标准值 2”正下方各挡中，在 LED 插座上插入标准管，在“测试电流”处设置标准管电流值，单击“设置”按钮，此时标准管亮，将其放入积分球，用鼠标单击“采样值 2”正下方 1 挡，单击“校准”按钮，使得“当前光通量值”与“标准值 2”处值一致，1 挡校准完毕。

（5）光通量 2 挡、3 挡、4 挡校准方法与 1 挡一致。

2）光强度校准和光亮度校准

（1）把“转换”按钮打在光强度挡。

（2）光强度和光亮度校准与光通量方法一致，校准界面图如图 8-24 所示。

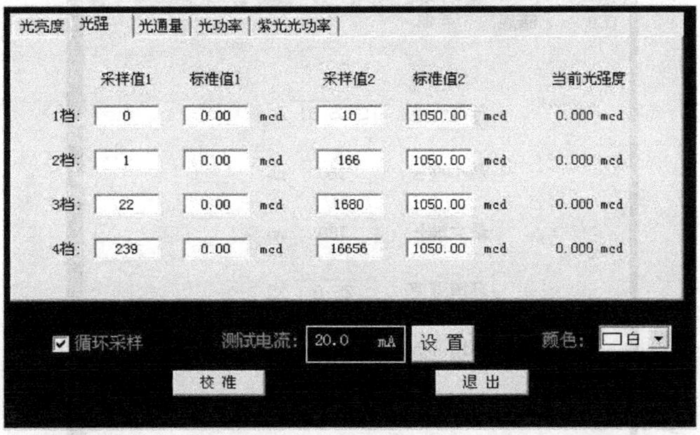

图 8-24　光强度校准界面图

3．光功率和紫光功率校准

（1）光功率和紫光光功率校准时，需要将“光强/光通量转换”按钮，打在光通量挡。

（2）需要在软件测试界面测试标准管的光谱图，保留这个测试图形，只取消对“自动量程”和“循环测试”的选择。

（3）校准方法与光通量一致，校准界面图如图 8-25 所示。

图 8-25　光功率校准界面图

3. 光谱参数校准

光谱参数校准主要是进行标准灯数据读取、色品坐标校准和主波长校准这三项校准，其具体的校准步骤如下所示。

1）标准灯数据读取

（1）修改色温值：单击软件菜单栏“系统设置”下拉菜单中的“光谱设置”按钮，将弹出如下图 8-26 界面，图中单击“其他”按钮，将出现色温界面，将“标准色温”改为“2855.61K”，单击“修改”，“退出”按钮。

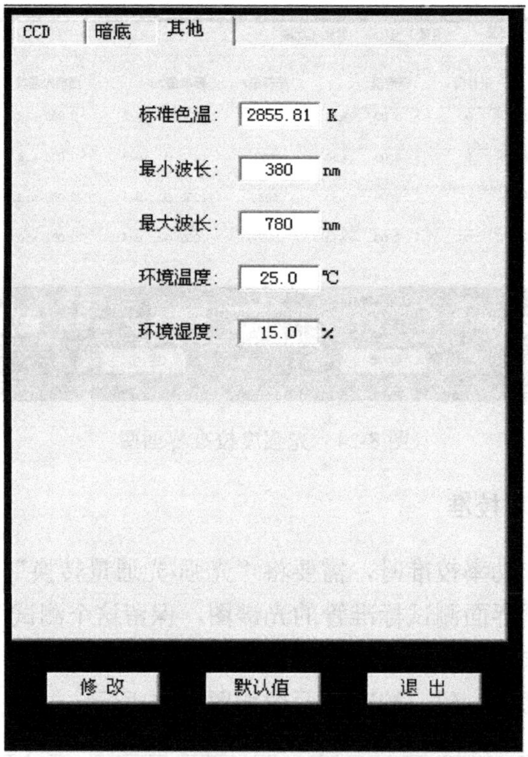

图 8-26 光谱校准色温设置界面图

（2）点亮标准卤钨灯：将卤钨灯插在 LED 插座上，放入积分球中，在软件上设置该标准灯的电流值，单击“自动量程”和“循环测试”，使得软件界面右面的“绿色能量线”达到 80%左右，此时取消对“自动量程”的选择。

（3）进入“光谱参数”界面：单击软件菜单栏“系统校准”下拉菜单中的“光谱参数”按钮，系统将弹出如图 8-27 所示。单击“曝光时间”旁的“设置”按钮，图中右面，红线将从下往上移动，红线到达顶端后，图形稳定时，单击“保存曲线”→“从文件读取”→“幅度校准”→“退出”。

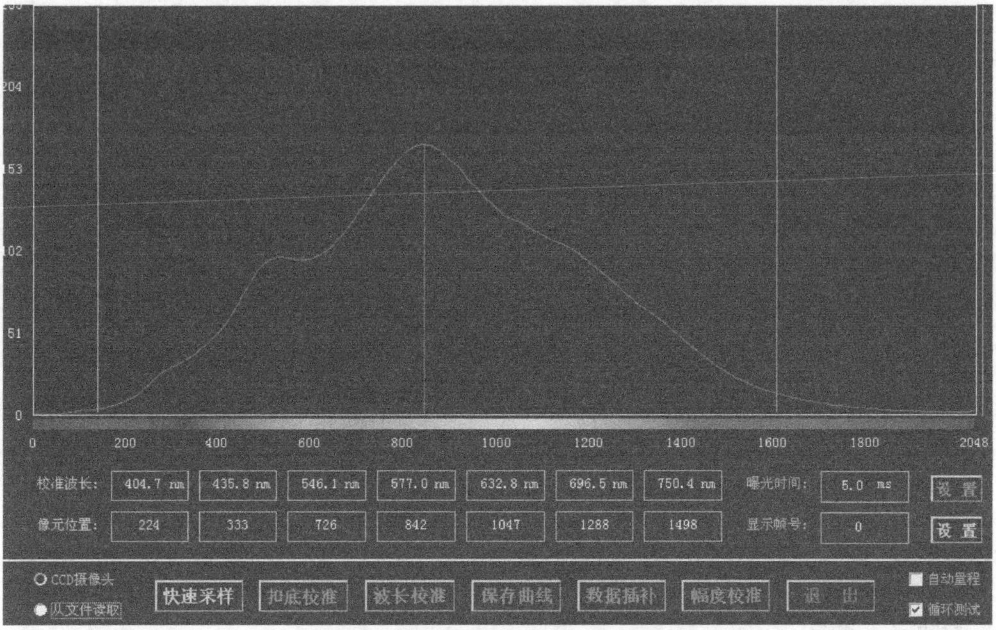

图 8-27 光谱参数校准设置界面图

（4）回到测量界面：测量界面中将出现图 8-28 所示，且色温显示在 2856K 左右。

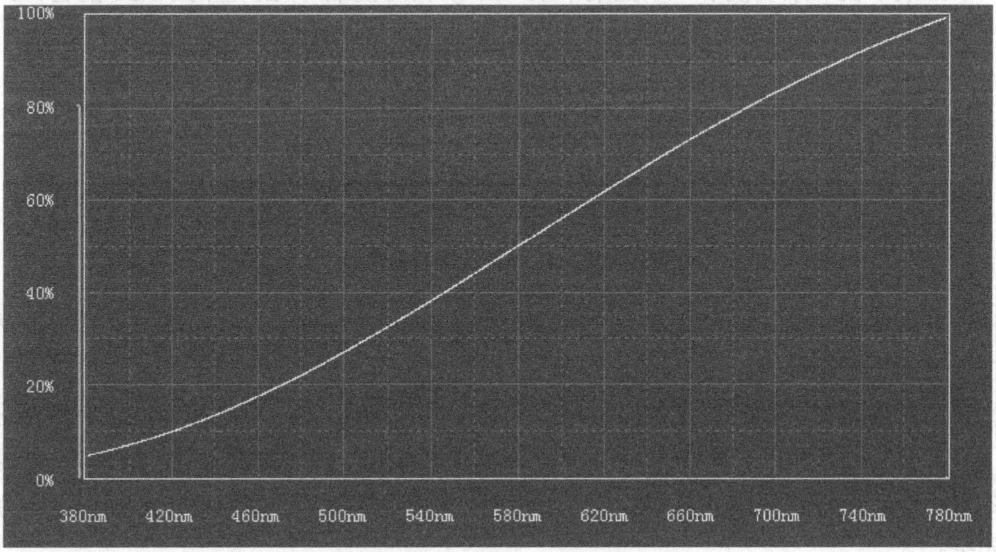

图 8-28 光谱参数校准测量界面图

（5）标准灯数据读取完毕。

2）色品坐标（*x*，*y*）校准

（1）点亮标准管，在光谱界面测试得出色温、色品坐标（*x*，*y*）值，如下图 8-29 所示。

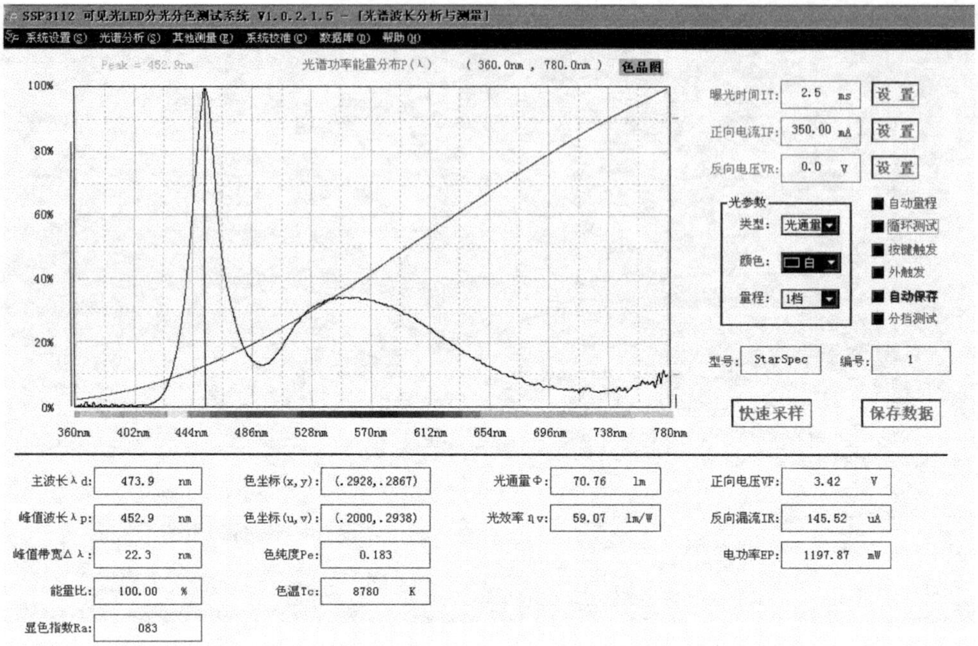

图 8-29 色温测试结束界面图

- 单击菜单栏“系统校准”下拉菜单项“*x*，*y* 相对校准”，出现如图 8-30 的窗口：

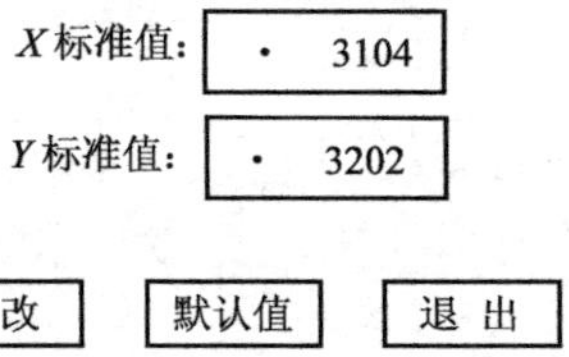

图 8-30 （*x*，*y*）校准设置界面

（2）重新校准之前，必须先单击上述窗口中“默认值”选项，然后单击“修改”选项，后单击“退出”选项。

（3）在光谱测试界面，重新测试标准管色温、色品坐标（*x*，*y*）值，如图 8-29 所示。

（4）再次打开菜单栏‘系统校准’下拉菜单项“*x*，*y*”相对校准窗口，将标准 *x*，*y* 值写入上述窗口中，单击“修改”选项，然后退出，回到光谱测试界面后，色品坐标（*x*，*y*）值校准完毕。

（5）如果要进行下一次的校准，必须重复以上过程。（主要是针对下一批标准管，必须重复以上过程）。

3）主波长校准

1）点亮标准管，在光谱界面测试得出主波长值，操作界面如图 8-31 所示。

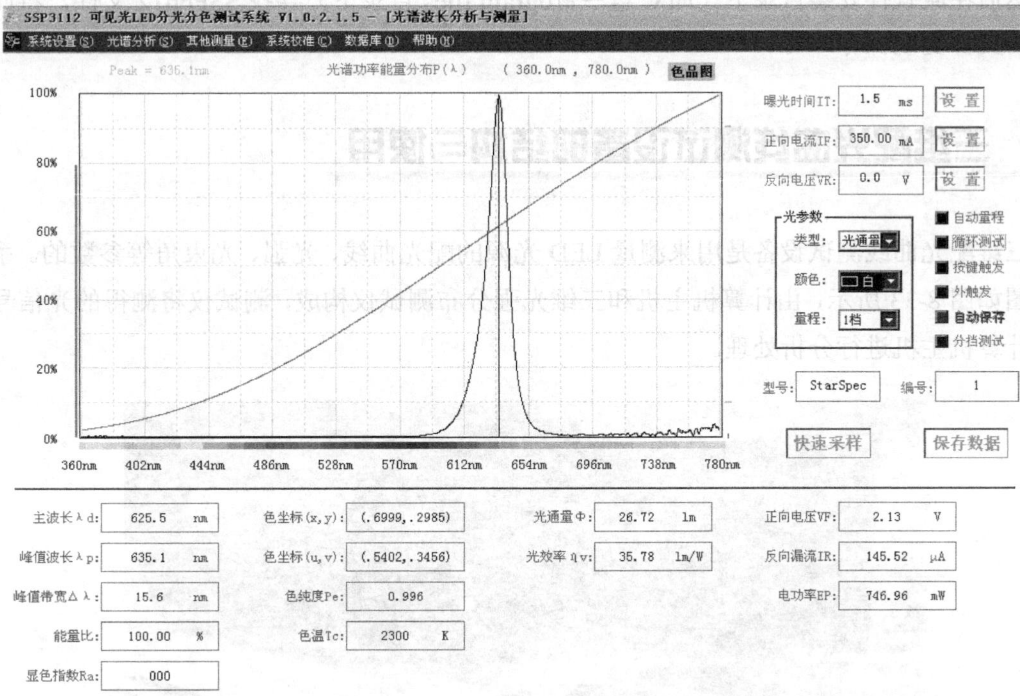

图 8-31　主波长测试结束界面图

（2）单击菜单栏“系统校准”下拉菜单项“主波长相对校准”按钮，出现如图 8-32 所示的窗口。

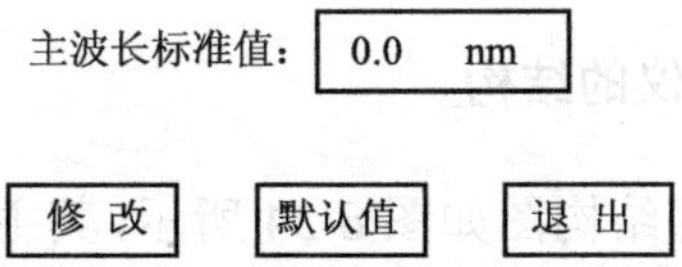

图 8-32　主波长校准设置界面图

（3）重新校准之前，必须先单击上述窗口中“默认值”选项，然后单击“修改”选项，后退出。

（4）在光谱测试界面，重新测试标准管主波长值，如图 8-31 所示。

（5）再次打开菜单栏“系统校准”下拉菜单项“主波长相对校准”窗口，将标准主波长值写入上述窗口中，单击“修改”选项，然后退出，回到光谱测试界面，主波长校准完毕。

（6）如果要进行下一次的校准，必须重复以上过程。（主要是针对下不同颜色标准管，必须重复以上过程）。

4．数据保存

以上任何一个参数校准后，需要将数据保存。保存方法如下：校准完毕后，请将软件关闭，然后在原软件安装目录下（如 C 盘→Program files 目录下）寻找 SSP6612 文件，将此目录下的文件复制保存即可。

8.3　三维配光曲线测试设备的结构与使用

三维配光曲线测试设备是用来测量 LED 光源的配光曲线、光强、光束角等参数的。系统实物图如图 8-33 所示，由计算机主机和三维光强分布测试仪构成，测试仪将测得的光信号传递到计算机主机进行分析处理。

图 8-33　三维配光曲线测试系统

1．三维光强配光曲线测试仪的结构

三维配光曲线测试仪的内部结构图如图 8-34 所示，其主要由光强测量加长筒、光强探头、U 型夹具槽，夹具支架、旋转盘等所构成。

（1）机箱盖：盖上后为光源测试提供一个暗室环境。

（2）光强测量加长筒固定螺母：固定两个测量加长筒。

（3）光强加长筒：两个加长筒、光强装置支架和探头由螺纹连接。测量时，加上双长筒即符合测试 CIE A 标准（远场 316mm 标准）；将它们拆卸下来，并将探头与光强装置支架直接连接，即符合测试 CIE（国际照明委员会）B 标准（近场 100mm 标准）。

注意：请不要将两个加长筒相互拆开单独使用！

（4）光强探头：用于采集可见光的光数据。

（5）探头接口：光电数据传输接口。

（6）电流源接口：为待测光源供电。

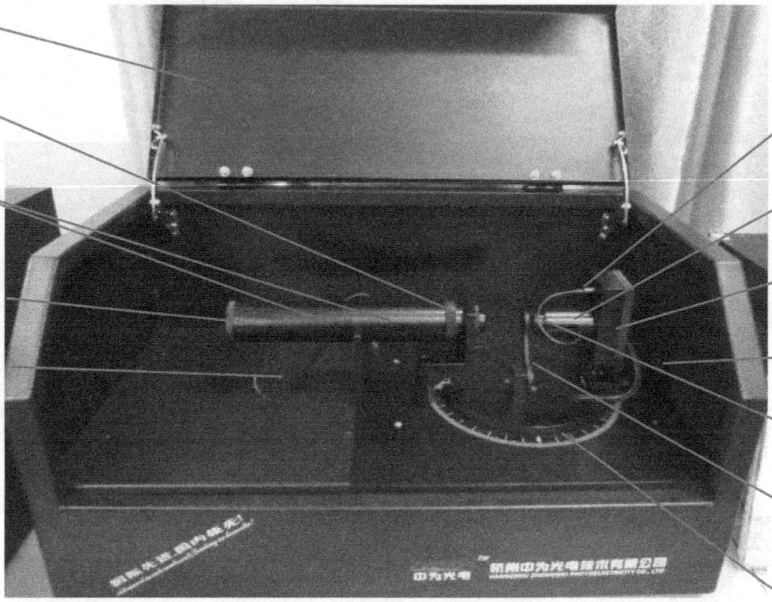

图 8-34 三维配光曲线测试仪

（7）U 型夹具槽：固定 LED 夹具。

（8）夹具支架：固定 U 型夹具槽，为待测光源的工作提供一定的高度。

（9）移位螺母：调节待测光源与定位板的间距。

（10）LED 夹具：安装 LED 光源和电源接口的中介物，不同类型的 LED 光源配有相应的夹具，具体如图 8-8 所示。右边第一 LED 夹具为标准夹具，其适用于普通直插小功率 LED 及食人鱼 LED，图中两个大孔用于普通直插小功率 LED，四小孔可插入四脚食人鱼 LED。

（11）定位板：确定 LED 光源与测量筒间的距离。

（12）旋转盘：为 LED 光源实现旋转提供条件。

2．设备使用注意事项

（1）通信电缆一旦连接好之后，请不要经常插拔，以免接触不良而影响正常使用。

（2）工作环境应为清洁的室内，工作台应稳固、可靠。

（3）环境温度：5℃~30℃。

（4）相对湿度：≤80%（无凝露）。

（5）定位板测试前需用于调距离，测试后需放下。定位板的作用是在测试之前用于确定光源的位置，不同灯的灯泡距离不一样，光源一定要与定位板相接触，这样的测试曲线效果比较好。调好距离后需将挡板放下，不要让它挡着光源。

（6）仪器所配探头属精密器件，需防尘，防油，不要用手直接接触探测器的受光面。如下图 8-35 所示，图中（1）为探测器受光面。

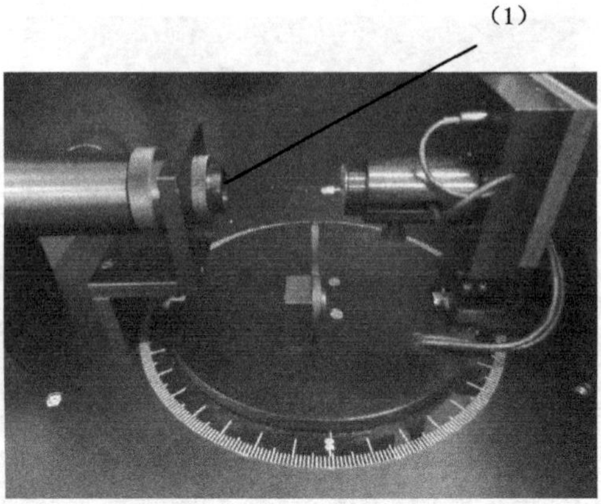

图 8-35　设备近照实物图

8.4　结温测试设备

结温测试设备主要由结温测试系统、计算机主机组成，主要用于测量 LED 的热学参数，包含结温、热阻及温度系数等参数。

结温测试系统主要包含夹具箱体和结温测试仪主机，测试仪主机与夹具箱体通过串口相连，具体结构如图 8-36 所示。

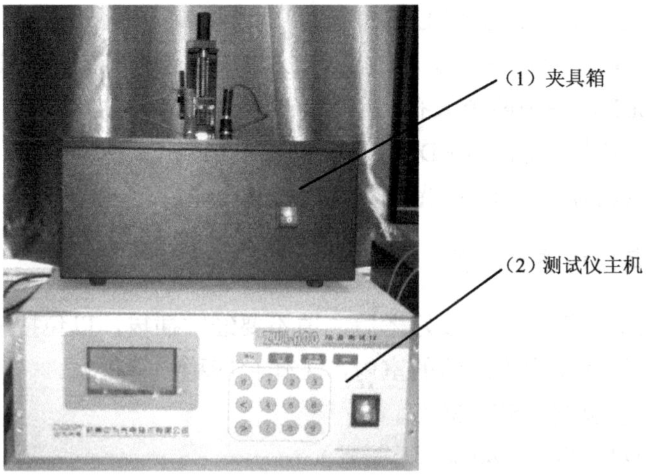

图 8-36　结温测试系统

(1) 夹具箱：起到 LED 光源固定，对 LED 光源温度调节，即进行相应的加热和散热调节。

(2) 测试仪主机：对结温测试参数进行设置、数据采集处理、存取及对 LED 结温测试的工作状态进行调节等。

8.4.1 结温测试仪的操作界面

结温测试仪主机主要用于热学测试参数设置，数据采集、处理、存取和读取，结温测试仪的操作界面如图 8-37 所示。

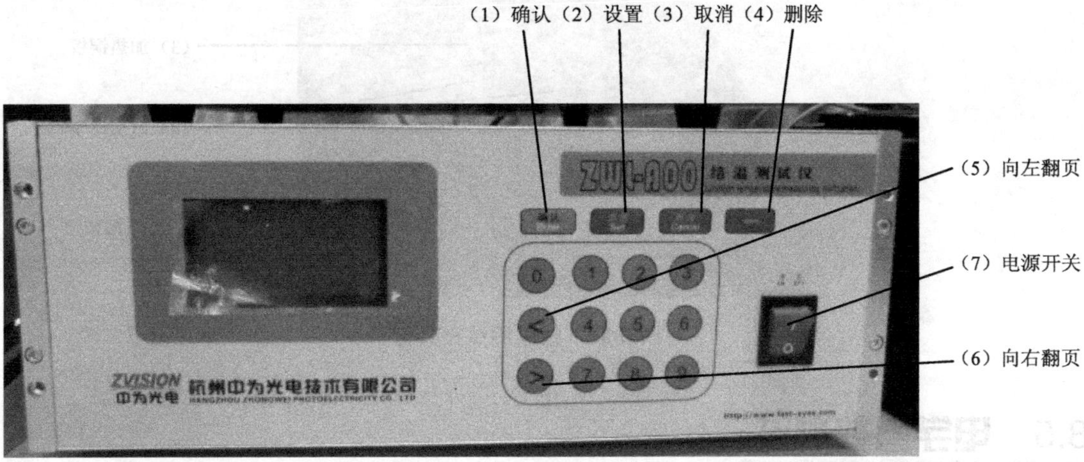

图 8-37 结温测试仪

（1）“确认”键：参数设定后的确认。

（2）“设置”键：对测试温度、测试时间、电流、温度系数的参数设置。

（3）“取消”键：当前测试设置错误，取消重新设置。

（4）“←”：删除键，删除当前的设置的位数值。

（5）“<”：向左翻页。

（6）“>”：向右翻页。

（7）电源开关：控制结温测试仪电源的通断。

8.4.2 夹具箱体的使用

结温测试仪箱体主要用于为 LED 热学参数测试提供温度调节，即温度低的时候加热，当温度上升到超过阈值时进行散热。夹具箱体的结构如图 8-38 所示。

（1）扳手：用于调节固定 LED 光源，使用时，按住向下压。

（2）光源：测试主体。

（3）加热铜板：为 LED 光源加热，进行相应的测试。

（4）电源接头：为光源供电。

（5）电源按钮：为加热模块和散热模块供电。

设备使用注意事项：

（1）测量过程中，切勿用手直接触摸加热铜基，以免烫伤。

（2）待测光源需放在卡槽上再按下扳手固定。

图 8-38　结温测试夹具箱

8.5　电学参数测试

电学参数测试主要是进行伏安特性曲线、电流—光强曲线、电流—光通量、反向电压—漏电流曲线的测试。

8.5.1　LED 伏安特性测试

图 8-39 所示为一般 LED 的 V-I 特性：在正向电压小于阈值 $V_{F(0)}$时，正向电流极小，LED 不发光。当电压超过阈值 $V_{F(0)}$后，正向电流随电压迅速增加而发光。由 V-I 曲线可以得出 LED 的正向电压，反向电流及反向电压等参数。

1. 实验设备

光强分布测试仪，SSP6612 型 LED 光色电参数综合测试仪，计算机主机。

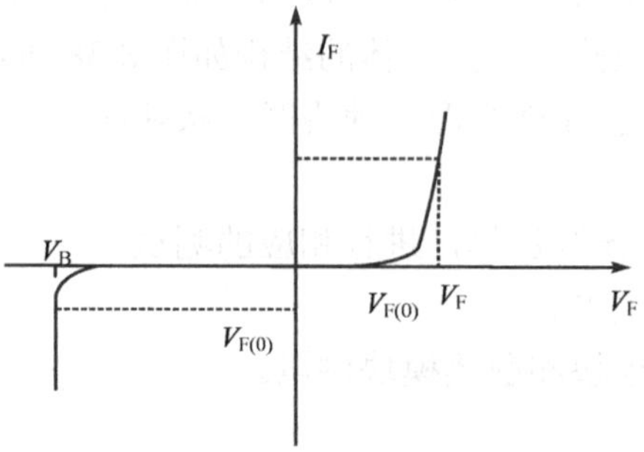

图 8-39　LED 伏安特性曲线

2．测试内容

测出小功率红光 LED 光源的伏安特性曲线。

3．测试步骤

（1）打开光强分布测试仪的外盖，将要测试的 LED 光源安装到 LED 夹具上（注意 LED 光源引脚的极性），如图 8-40 所示，安装完后合上外盖。

（2）按下仪器主机面板上的开关，打开仪器主机。

（3）打开 SSP6612LED 光色电综合测试系统软件，单击软件顶部“其他参数测量”下拉菜单中的“IV 测试（V）”选项，如图 8-41 所示。

图 8-40　LED 安装图

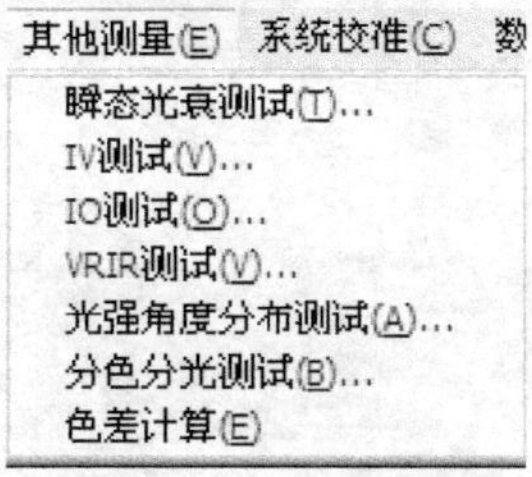

图 8-41　I-V 测试设置界面图

（4）在弹出的电压—电流测试界面中进行电参数的设置，小功率 LED 的最小电流通常为 0mA，最大电流为 20mA，大功率 LED 的最小电流值可不变，但最大电流需调整为 350mA，参数设置完成后，单击“开始测试”按钮，即开始进行测试，具体如图 8-42 所示；

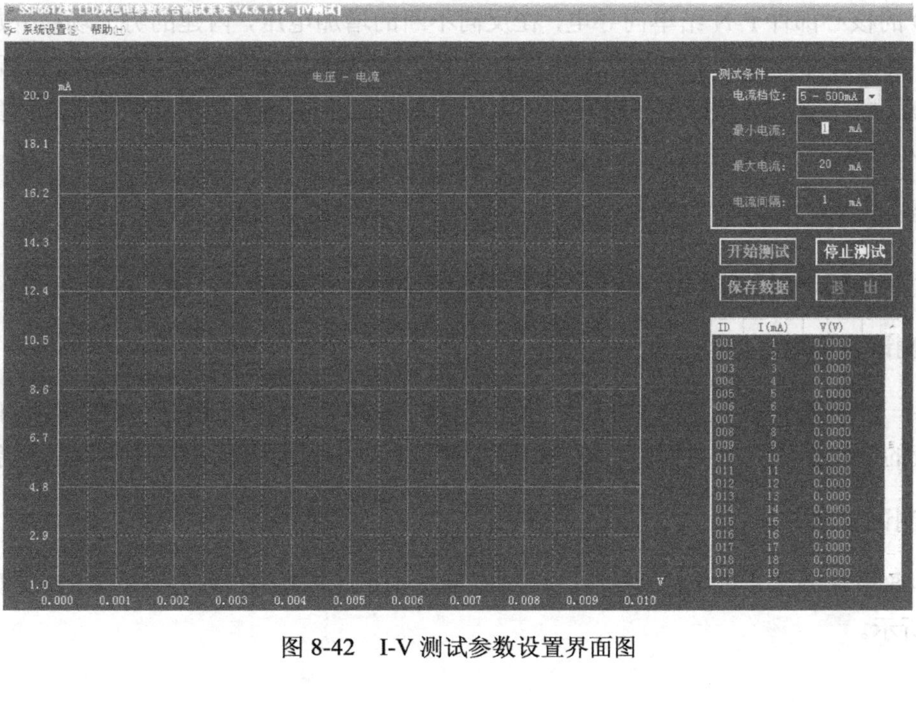

图 8-42　I-V 测试参数设置界面图

（5）测试完成后，记录 I-V 曲线图，其界面如图 8-43 所示。从图中可以了解到待测的红光 LED 的正向电压大于 1.82V 时，LED 才有明显的电流反映，即该 LED 的阈值电压为 1.82V。

（6）单击“退出”选项，退出当前测试界面。

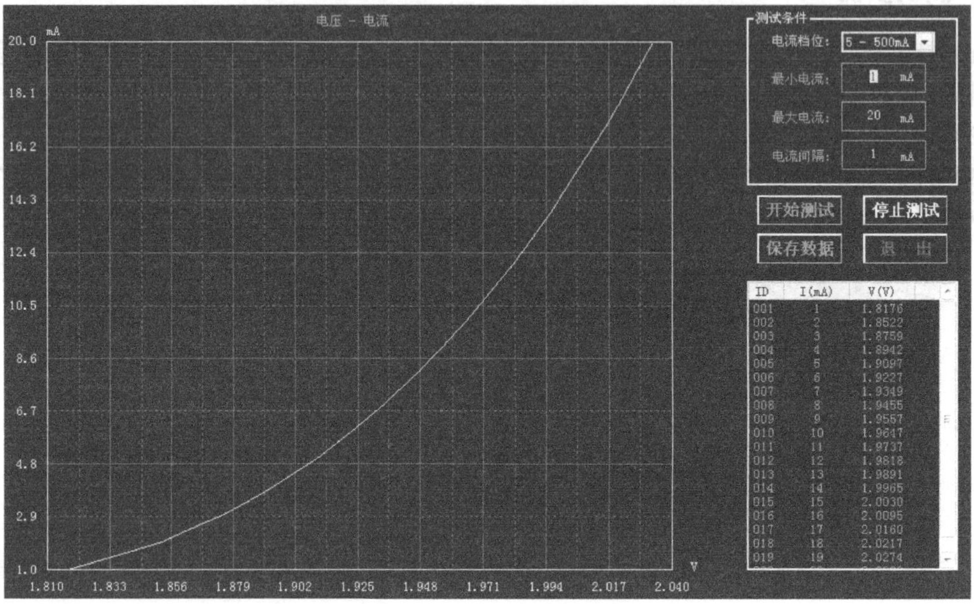

图 8-43　I-V 测试完成界面图

8.5.2　反向电压—漏电流曲线测试

LED 的核心部件 P-N 结单向导电，在反向不断的增加电压，内建的势力场被外加的电压场抵消，就会有部分载流子的运动产生部分电流，这部分电流就称为反向漏电流。正常发光二极管的反向击穿电压约 5V（也有的管大于 100V），在反向电压为 5V 条件下，反向漏电流值<5μA，要求严格的高档产品其反向漏电流值规定<1μA。

1．测试设备

积分球，SSP6612 型 LED 光色电参数综合测试仪，电脑主机。

2．测试内容

准备一颗有漏流和无漏流的 LED，反向电压 1～20V，测出 LED 光源的 V_R-I_R 曲线，测试出漏流的变化曲线并且数据以 EXCEL 形式存出。分析反向电压和反向电流的关系。

3．测试步骤

（1）取出积分球上的 LED 夹具，先将有漏电流的 LED 插到积分球的 LED 夹具上，如图 8-44 所示。

（2）按下 SSP6612 型 LED 光色电参数综合测试仪主机面板上的开关，打开仪器主机。

（3）打开 SSP6612LED 光色电综合测试系统软件，单击软件顶部“其他参数测量”下拉菜单中的“VRIR 测试（V）”选项，如图 8-45 所示。

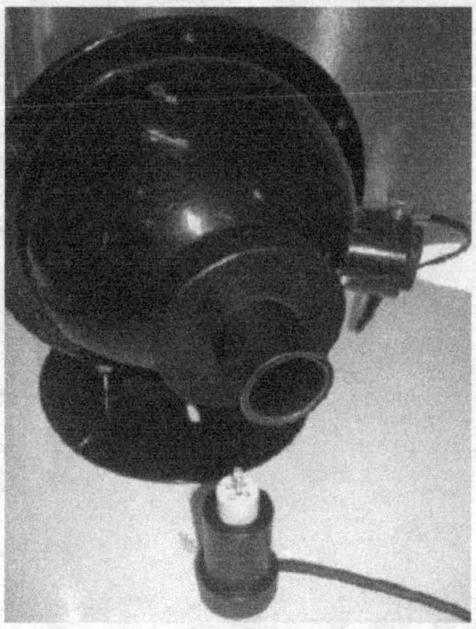

图 8-44　取出 LED 夹具

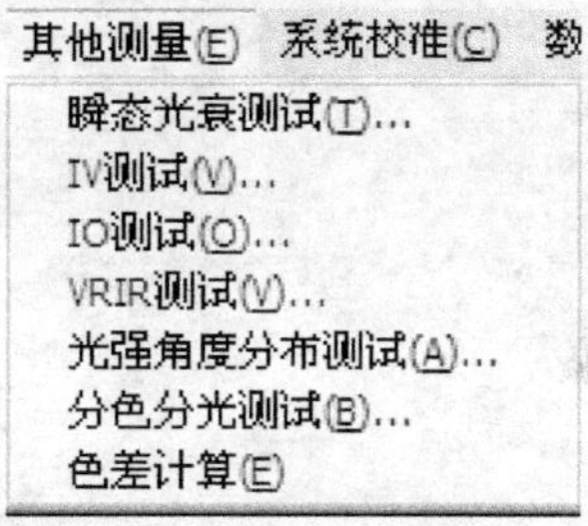

图 8-45　VRIR 测试设置界面图

（4）进入反向电压—漏电流测试界面，设置反向电压参数，单击“开始”测试，具体如图 8-46 所示，记录反向电压值从 1～10V 所测得的数据。

（5）取下有漏电流的 LED，换上没有漏电流的 LED，重复步骤（1）～（4），测试完成后的软件界面图如图 8-47 所示。

（6）测试完成后，单击“退出”按钮，退出当前测试界面。

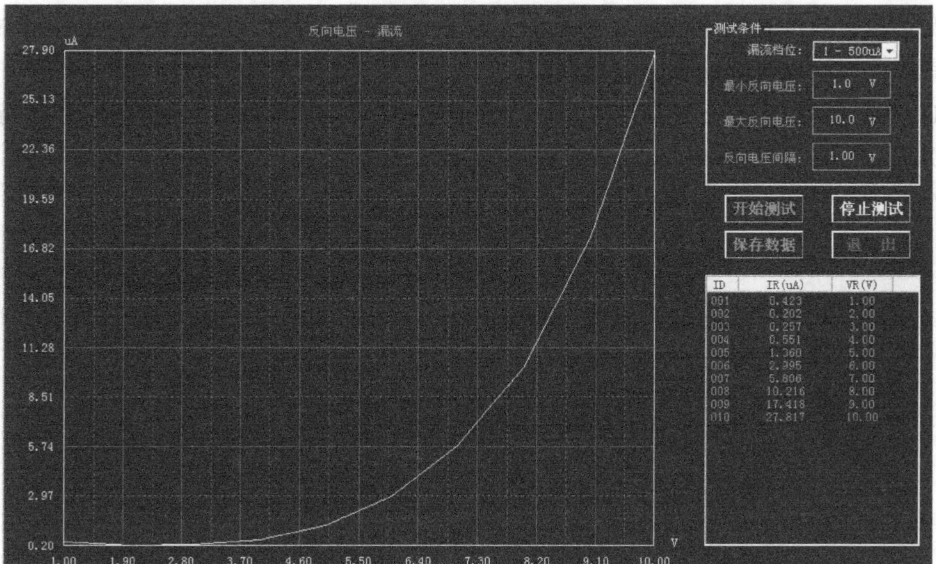

图 8-46　有漏电流的 LED 的反向电压-漏电流测试界面图

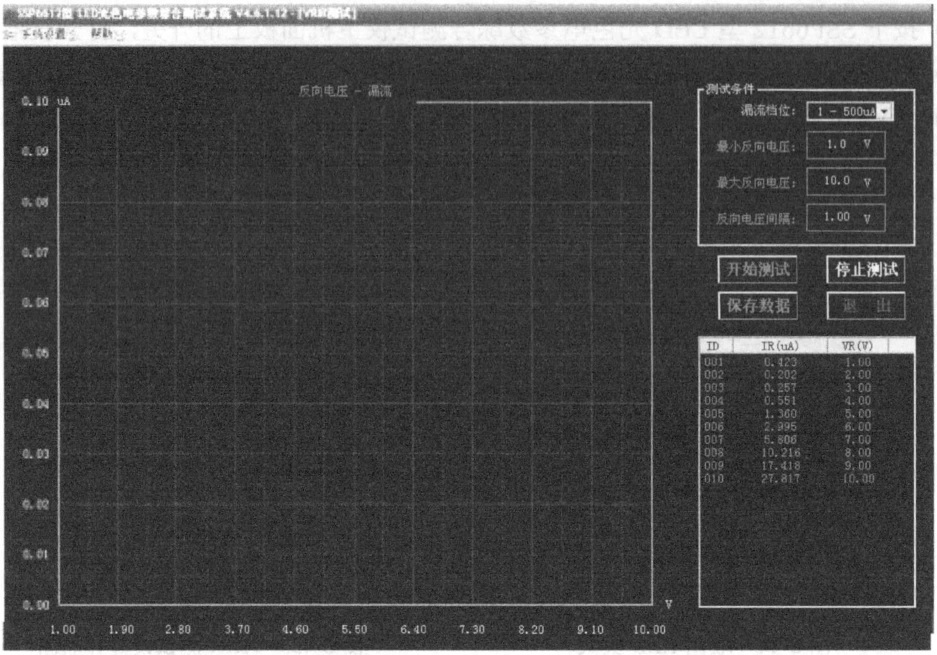

图 8-47　无漏电流的 LED 的反向电压—漏电流测试界面图

8.6　光学参数测试

光学参数的测试主要是进行光强分布角参数测试（其包含零度光强角、半强度角、偏差角等），光强及光通量的测试。

零度光强指的是 θ 为 90° 时所测得的光强值，有的测试仪器指的是 θ 为 0° 所对应的光强值，具体根据测试仪器的实际情况而定。

LED 发光强度空间分布特性图反映了器件的发光（或辐射）强度空间分布特性（见图 8-48）。

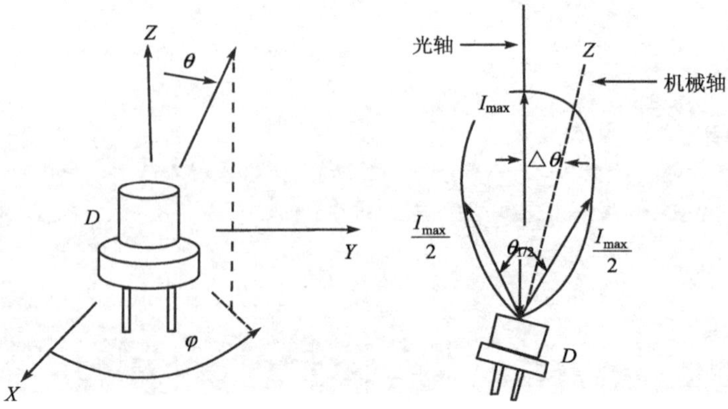

图 8-48　LED 发光强度空间分布特性图

光轴为最大发光（或辐射）强度方向中心线。

半强度角（θ_{12}）即半值角，就是光源中心法线方向向四周张开，中心光强 I 到周围的 $I/2$ 之间的夹角，即为半强度角 θ_{12}，当光源的光强均匀时，向法线偏转的周围光强是原来 1/2 时所夹的角应当都相等。当光强不均匀时，夹角就不相等了。

偏差角 $\Delta\theta$ 即在发光（或辐射）强度分布图形中，最大发光（或辐射）强度方向（光轴）与机械轴 Z 之间的夹角。

注：（1）除非另外规定，发光（或辐射）强度分布应该规定在包括机械轴 Z 的平面内；（2）如果发光（或辐射）强度分布图形有以 Z 轴为旋转对称特性，发光（或辐射）强度空间分布图仅规定一个平面；（3）如果没有以 Z 轴为旋转对称特性，各种角度 θ 的发光（或辐射）强度分布应有要求，X、Y、Z 方向要求可有详细规范定义。

8.6.1 光强分布角测量

1. 测试设备

SSP6612 型 LED 光色电参数综合测试系统主机、光强分布测试机构和计算机主机。

2. 测试内容

测试红光 LED 的平面光强度分布，并记录该光源的峰值光强值 I_{vm}，零度光强值 I_{v0}，最大光强角 θ_{vm}、半强度角 θ_{12} 和 20%光强夹角 θ_{r} 的值。

3. 测试步骤

（1）打开光强分布测试机构的外盖，将要测试的小功率红光 LED 光源安装到 LED 夹具上（注意 LED 引脚的极性），如图 8-40 所示，安装完后点亮 LED，合上外盖。

（2）按下 SSP6612 型 LED 光色电参数综合测试系统主机面板上的电源开关，打开仪器主机。

（3）打开 SSP6612LED 光色电综合测试系统软件，单击软件顶部“其他参数测量”下拉菜单中的“光强角度分布测试（A）”选项，如图 8-49 所示。

（4）在电流处填入设定电流，单击“设置”按钮，完成电流设置。

（5）选择待测管的颜色和挡位，一般 LED 请选择四挡进行测试。

（6）如果底座没有处于垂直位置，单击“手动碰位”按钮使底座归位。

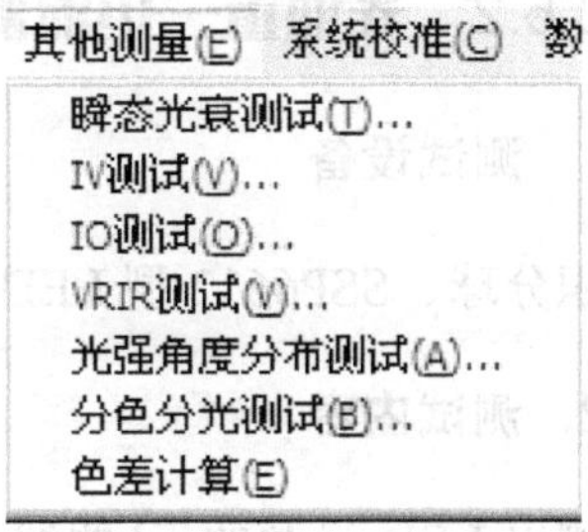

图 8-49 光强角度分布测试设置界面图

（7）将 LED 插入底座点亮，若不亮，请调换两脚重新插一下。

（8）单击“合格判据”设定测试结果的合格标准。

（9）请保证底座垂直，单击“自动测试”，底座自动旋转一周测试后，得到测量结果如图 8-50 所示，从图中可以了解到光源的峰值光强为 231.7mcd，零度光强为 231.7mcd，θ_{vm}为 0°（即芯片放在碗杯中心），θ_{12}为 91.0°，θ_{r}为 100.7°。图中具体的参数说明见表 8-1。

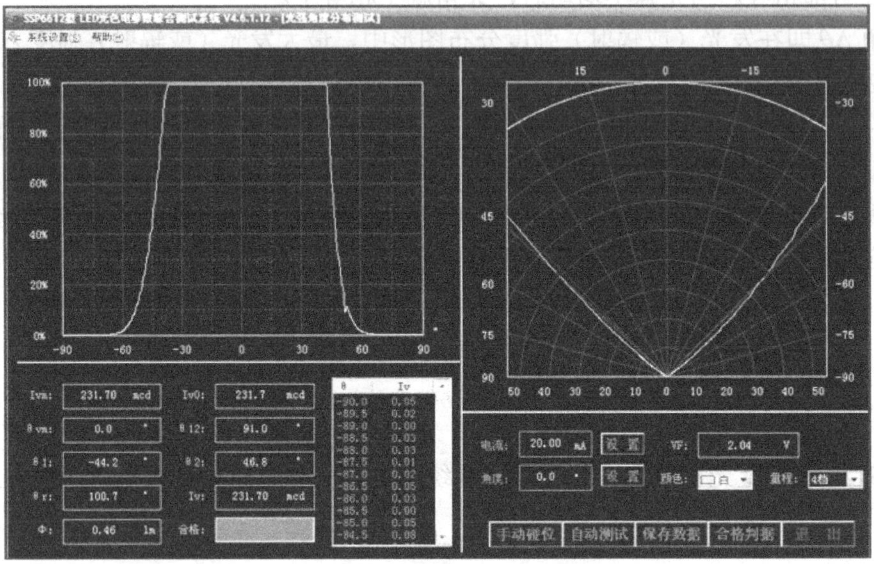

图 8-50　光强角度分布测试结束界面图

（10）单击“手动测试”，I_v会显示此位置的测量值，每单击一下，数据更新显示一次。

（11）测试结果是否合格判定显示：红色表示不合格，绿色表示合格。从图 8-50 中可以了解到本次测试的红光 LED 为合格产品。

（12）单击“保存数据”按钮，将本次光强角度分布的测试结果保存到临时数据集。若需要和测量的光谱结果一起保存，请回到光谱主界面，单击主界面的“保存数据”按钮。

（13）单击“退出”按钮退出本测试界面。

8.6.2　光通量—电流测试

1．测试设备

积分球、SSP6612 型 LED 光色电参数综合测试系统主机、计算机主机。

2．测试内容

测出 LED 光源的ϕ-I曲线，分析光通量与电流的关系，并读取电流值为 20mA 时的光通量值。

3．测试步骤

（1）取出积分球上的 LED 夹具，先将红光 LED 插到积分球的 LED 夹具上，点亮后将

LED 夹具装进积分球。

（2）按下 SSP6612 型 LED 光色电参数综合测试仪主机面板上的开关，打开仪器主机。

（3）打开 SSP6612LED 光色电综合测试系统软件，单击软件顶部“其他参数测量”下拉菜单中的“IO 测试（O）”选项，如图 8-51 所示。

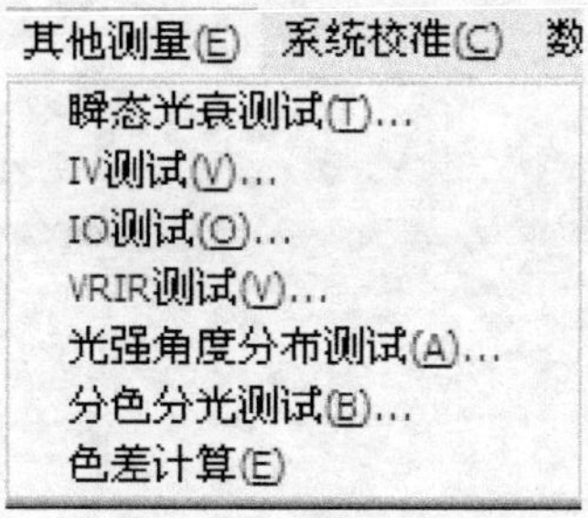

图 8-51　IO 测试设置界面图

（4）在电流处填入设定电流，单击“设置”按钮，完成电流设置。

（5）选择待测管的颜色和挡位，一般 LED 请选择 4 挡进行测试。

（6）设置完成后，单击“开始测试”选项，开始测试，软件界面如图 8-52 所示。

（7）测试完成后，单击“保存数据”选项，保存测试数据，测试完成后的软件界面如图 8-53 所示。从图中可以了解到，随着电流的增大，光通量也不断增大，当电流为 20mA 时，光通量值为 0.8lm。

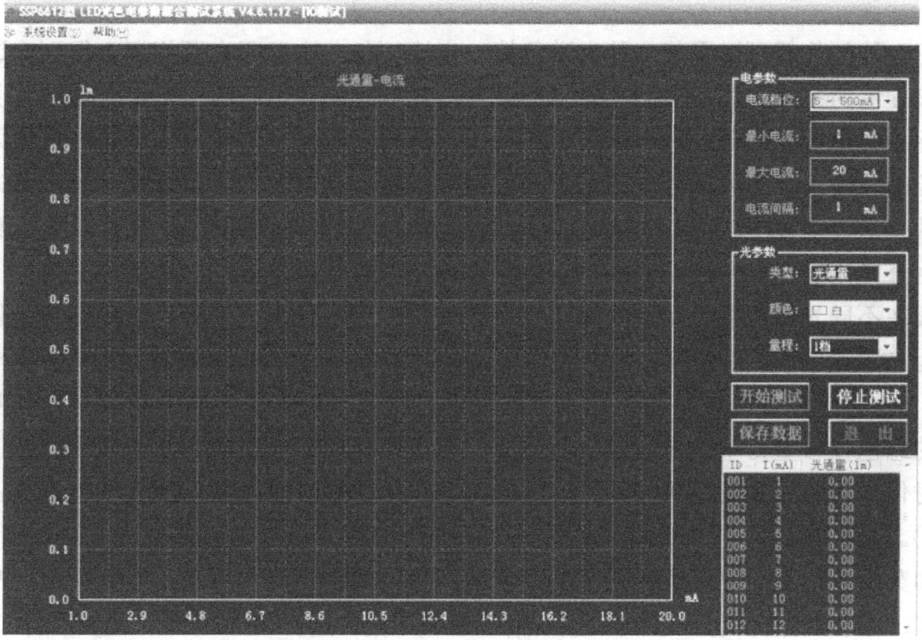

图 8-52　光通量测试初始界面图

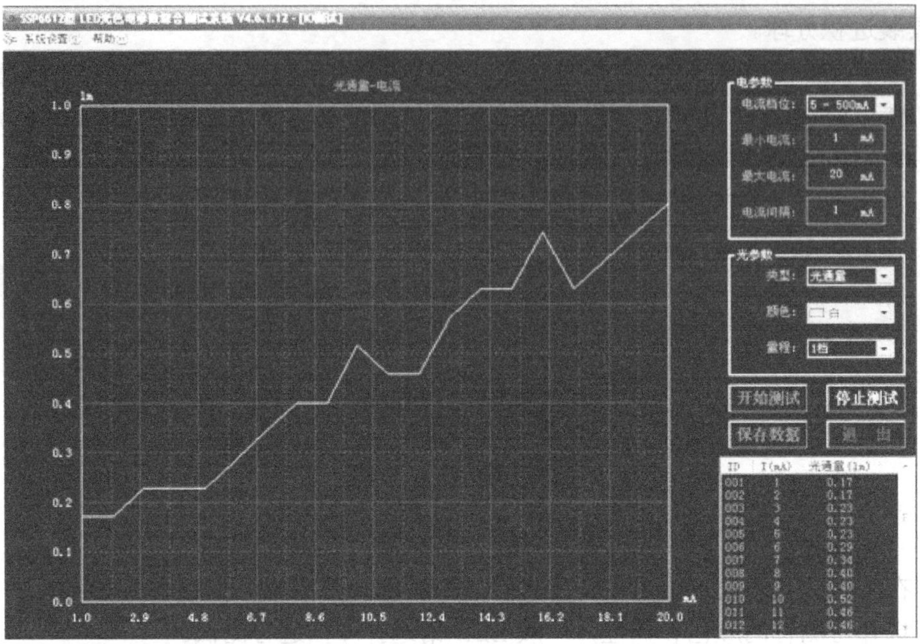

图 8-53　光通量测试初始界面图

（8）测试完成后，单击“退出”选项，退出当前测试项。

8.7　色度学参数测试

任何一种颜色都可以用某一种光谱色按一定比例与一个参照光源相混合得到，这个光谱色就是该颜色的主波长。若已获得被测光源的色度坐标，那么在 CIE1974 色度图上由 E 光源的色坐标点向该被测光源的色坐标点引一直线，延长直线与光谱轨迹相交的波长值即称为该被测光源的主波长。一般只有被测光源的色坐标点临近光谱轨迹才有意义，对于白光光源不用该方式来表示其颜色特性。样品颜色接近主波长光谱色的程度就表示了该样品颜色的纯度，用百分比来表示。

人眼在不同光源照明下看到的物体色会改变，感到物体颜色失真，这种影响物体颜色的特性称为光源显色性。显色性好的光源照明下，则物体颜色失真小。CIE 在 1974 年推荐了用“测验色”法来定量评价光源显色性的方法，它是测量参照光源照明下和待测光源照明下标准样品的总色位移量为基础来规定待测光源的显色性，用一个显色指数来表示。CIE 规定用完全辐射体作为参照光源，并将显色指数定为 100，共规定了 14 种测试用的标准样品（中国为 15 种）。显色指数力的 R_1～R_{15}，分别表示日光下的颜色。R_1：淡灰红色；R_2：暗灰黄色；R_3：饱和黄绿色；R_4：中等黄绿色；R_5：淡蓝绿色；R_6：淡蓝色；R_7：淡蓝紫色；R_8：淡红紫色；R_9：饱和红色；R_{10}：饱和黄色；R_{11}：饱和绿色；R_{12}：饱和蓝色；R_{13}：白种人肤色；R_{14}：树叶绿；R_{15}：黄种人肤色。目前，所使用的系统大部分是以 R_1～R_8 这 8 种彩度中等的标准色样来检验，比较在测试光源下与在同色温的基准下此 8 色的偏离（Deviation）程度，以测量该光源的显色指数，取平均偏差值 R_a 为 20～100，以 100 为最高，平均色差越大，R_a 值越低。低于 20 的光源通常不适于一般用途。显色指数大小、等级及应用环境分类具体如表 8-3 所示。

表 8-3 光源显色指数、等级及应用环境分类表

显色指数（R_a）	等 级	应 用 环 境
90～100	1A	需要色彩精确对比的场所
80～89	1B	需要色彩正确判断的场所
60～79	2	需要中等显色性的场所
40～59	3	对显色性的要求较低，色差较小的场所
20～39	4	对显色性无具体要求的场所

目前，采用的计算显色指数的标准方法，是 1965 年 CIE 制定，1974 年修订的“测色法”，评价时采用一套 14 种试验颜色样品，根据参照光源下和待测光源下各试验色的色差 ΔE_i，计算出光源特殊显色指数，即

$$R_i = 100 - \Delta E_i$$

其中，1-8 试验色用于一般显色指数的计算

$$R_a = \frac{1}{8}\sum_{i=1}^{i=8} R_i$$

光源的一般显色指数越高，其显色性就越好，对颜色的还原性越好。

人眼对色彩的感知是一种错综复杂的过程，为了将色彩的描述加以量化，国际照明委员会（CIE）根据标准观测者的视觉实验，将人眼对不同波长的辐射能所引起的视觉感加以记录，计算出红、绿、蓝三原色的配色函数，经过数学转换后，CIE 于 1931 年规定了 XYZ 表色系统，并推荐了“CIE1931 标准色度观察者光谱刺激值”，将人眼相对可见光的刺激值 XYZ，经下列公式换算即得到色品坐标（x，y）值，即 CIE1931（x，y）色品坐标，色品图如图 8-54 所示。

$$x = \frac{X}{X+Y+Z} \qquad y = \frac{Y}{X+Y+Z}$$

式中

$$X = K\int_{380}^{780} P(\lambda)\bullet \bar{x}(\lambda)\bullet d(\lambda) \qquad Y = K\int_{380}^{780} P(\lambda)\bullet \bar{y}\bullet d(\lambda)$$

$$Z = K\int_{380}^{780} P(\lambda)\bullet \bar{z}(\lambda)\bullet d(\lambda)$$

在图 8-54 中，x 坐标是红原色的比例，y 坐标是绿原色的比例，代表蓝原色的坐标 z 可由 $x+y+z=1$ 推出，图中弧线上的各点代表纯光谱色，此弧线称为光谱轨迹。中心点 C 代表白色，相当于中午太阳光的颜色，其色品坐标为 $x=0.3101$，$y=0.3162$。

1．测试内容

通过测试小功率红光 LED 的光谱能量分布曲线，读出该类型 LED 的主波长、峰值波长、半波宽度、显示指数，色品坐标、色纯度与光效率值。

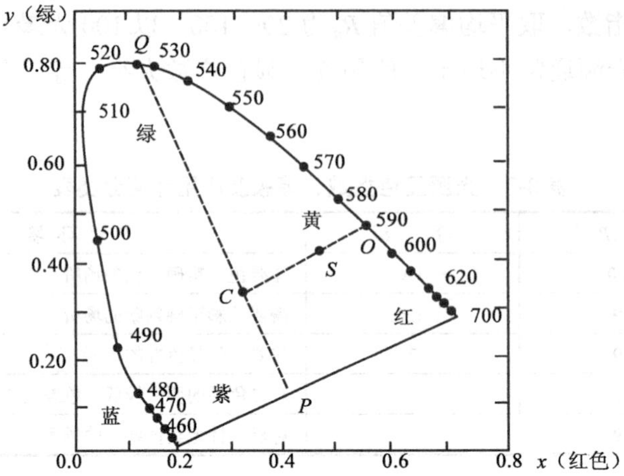

图 8-54　CIE1931 色品图

2．测试设备

积分球，SSP6612 型 LED 光色电参数综合测试系统主机，计算机主机。

3．测试步骤

（1）取出积分球上的 LED 夹具，先将红光 LED 插到积分球的 LED 夹具上，点亮并将 LED 夹具装进积分球。

（2）按下 SSP6612 型 LED 光色电参数综合测试仪主机面板上的电源开关，打开仪器主机。

（3）打开 SSP6612LED 光色电综合测试系统软件，当前界面即为光谱参数测试界面，具体如图 8-55 所示。

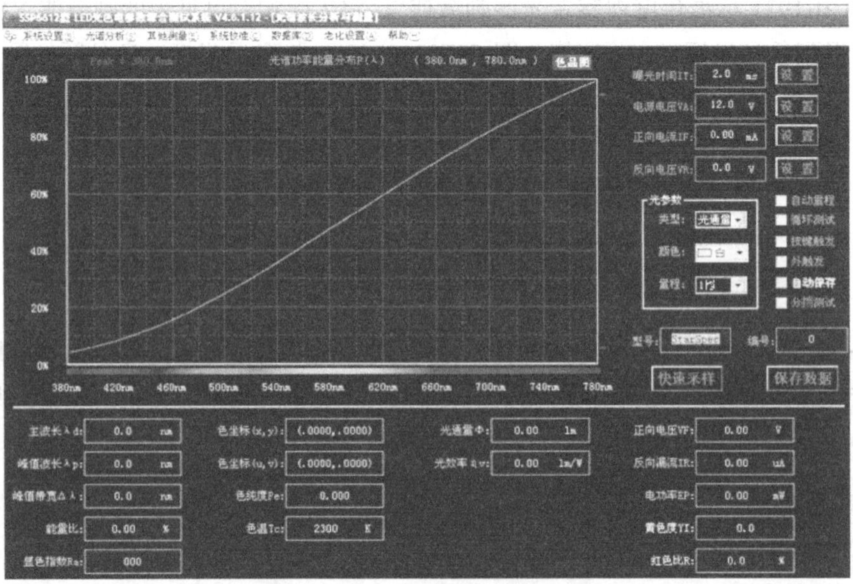

图 8-55　光谱参数测试初始界面图

（4）在软件右端处，点选“自动量程”和“循环测试”选项，并在正向电流/反向电压处设定合适的电流和电压值（普通管电流一般为 20mA，大功率管一般为 350mA）后单击“设置”选项，即开始测试；

（5）测试完成后软件界面图如图 8-56 所示，从图中可以了解到该红光 LED 的主波长为 619nm，峰值带宽为 18.7nm，色品坐标（*x*，*y*）为（0.6894，0.3103），显色指数为 0（饱和红色为 R9，而目前一般的测试系统没有对 *R*9 进行测试，所以为 0），色温为 1400K，色纯度为 1.00，光效率为 15.93lm/W。

（6）测试完成后，单击“保存数据”项，保存测试数据。

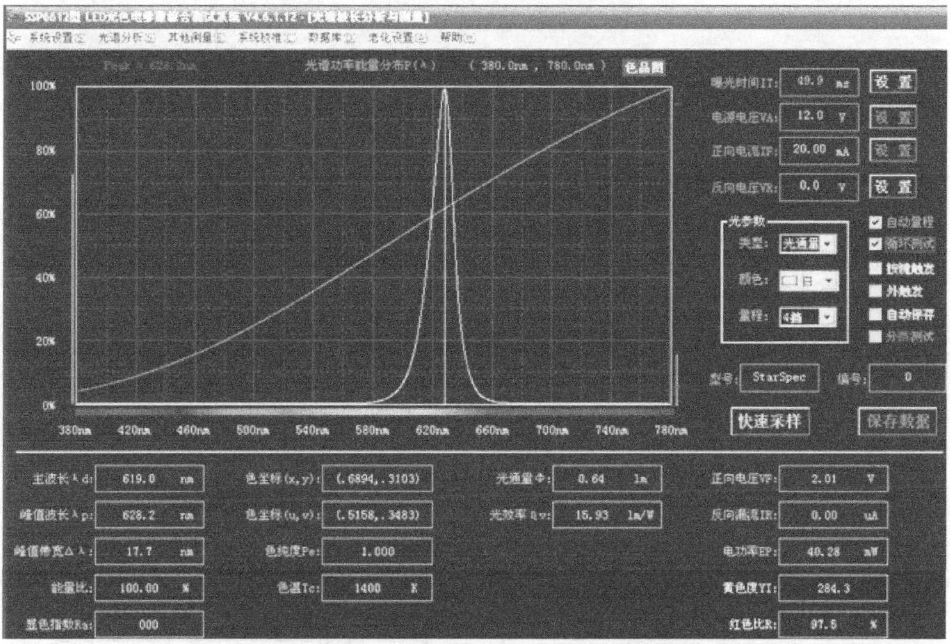

图 8-56　光谱参数测试完成界面图

8.8　三维配光曲线测试

一般灯具会将光分配到空间的各个角度。为了更好地掌握灯具的光分配情况，我们需要用数据或图形把照明灯具发光强度在空间的分布状况记录下来。通常，我们用纵坐标来表示照明灯具的光强分布，以坐标原点为中心，把各方向上的发光强度用矢量标注出来，连接矢量的端点，即形成光强分布曲线，也称配光曲线。（配光曲线说明有无必要，下一段有讲解）

配光曲线的定义：配光曲线其实就是表示一个灯具或光源发射出的光在空间中的分布情况。记录了灯具在各个方向上的光强。由它可以计算出灯具的光通量、光源数量、功率、功率因数、灯具尺寸、灯具效率包括灯具制造商、型号的等信息。配光曲线的分类：配光曲线按照其对称性质通常可分为轴向对称、对称和非对称配光。轴向对称：又称旋转对称，指各个方向上的配光曲线都是基本对称的，一般的筒灯、工矿灯都是这样的配光。对称：当灯具C0°和 C180°剖面配光对称，同时 C90°和 C270°剖面配光对称时，这样的配光曲线称为对称配光。非对称：就是指 C0°～180°和 C90°～C270°任意一个剖面配光不对称的情况。

配光曲线的坐标系统：普通最常用的和国际照明委员会推荐的（CIE，1973b）是 C-γ坐标系统，如图 8-57 所示。C 代表经度平面角度，角 γ 代表倾斜角度，系统的轴穿过灯具的中心。角γ从最低点开始计量。对泛光灯具使用最广泛的是 V-H 系统。对于旋转对称灯具的配光，一般用极坐标或直角坐标的配光曲线，如下图 8-58 所示，其中纵坐标为光强，横坐标为角度。本测试系统测得的配光曲线就为极坐标或直角坐标的配光曲线。

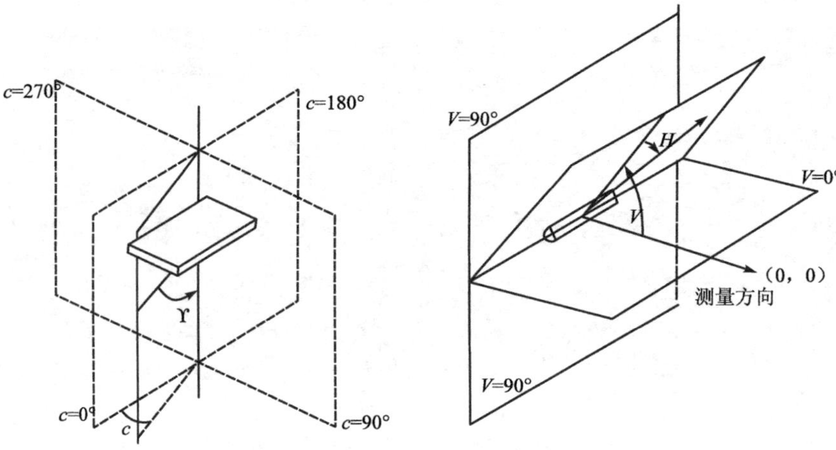

C-γ 坐标系统　　V-H 坐标系统

图 8-57　配光曲线的坐标系统

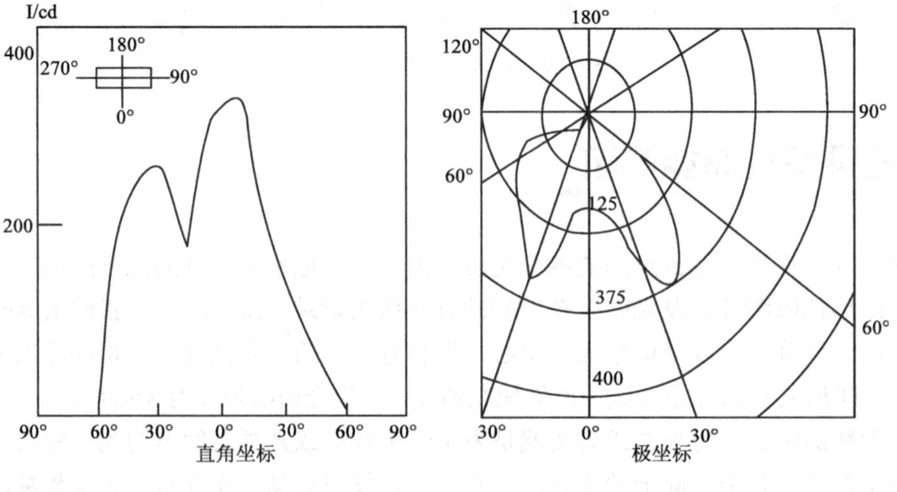

图 8-58　配光曲线图

1．测试内容

测试 LED 光源的三维光强分布情况，记录峰值光强，零度光强，偏差角等数值。

2．测试步骤

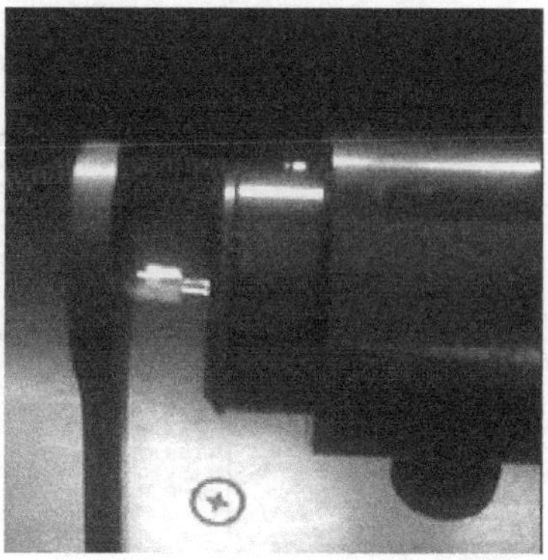

图 8-59　LED 光源安装调试图

（1）打开机箱盖，根据待测试 LED 产品的型号先安装对应的 LED 夹具，再将要测试的 LED 光源安装到测试底座上（注意 LED 引脚的极性），将定位板拉到与 LED 光源齐平的位置，然后调节移位螺母，使 LED 光源紧贴定位板。具体如图 8-59 所示。放下定位板，合上机箱盖。

（2）打开三维光强分布测试主机后面的电源开关，并将串口线与电脑主机相连，打开 ZWL702 测试软件，根据所要测试的项目选择测试相应的测试界面，如图 8-60 所示。（通常，由于待测光源在进行三维光强分布测试时已使用光色电测试系统测试过了，因而使用 ZWL702 软件测试系统时通常选择“三维直角坐标光强分布曲线”或“平面光强分布曲线”，“三维极坐标立体图”这 3 个选项中的一个，且选中其中一个选项其他 2 向测试项目也在同时执行。）

图 8-60　三维光强分布测试软件工具栏

（3）单击设置“ ”按钮，进行光强分布测试参数设置，具体如图 8-61 所示。其中通信串口的选择与测试主机与计算机主机相连的串口一致，测试条件设定项中，小功率 LED 的测试电流为 20mA，大功率 LED 的测试电流为 350mA，其他项为默认项，无须更改。若要更改测试时间可通过更改采样设置 X/Y 栏下的步进角度的大小，步进角大，则速度快，步进角小则速度慢。设置完成后，单击“确认”按钮，在相应的测试界面单击“联机”按钮，然后单击“测试”按钮，开始测试。

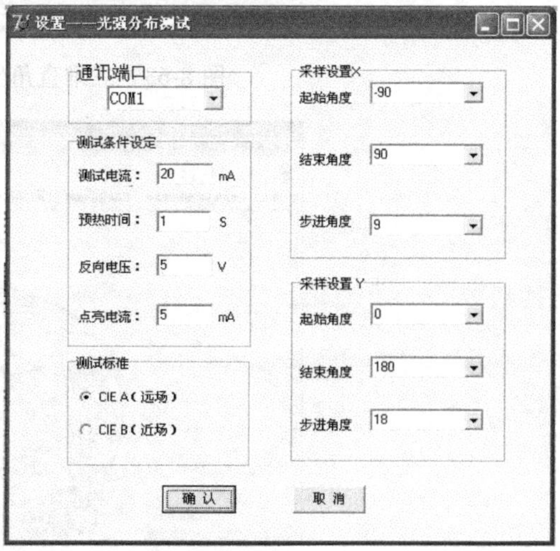

图 8-61　三维光强分布测试设置界面图

（4）测试完成后，记录测试结果。以红光光源为例，如平面光强分布曲线测试结果如图 8-62 所示，记录此时测得的光学参数：峰值光强为 421mcd，零度光强为 421mcd，偏差角为 –12.9°，说明芯片偏了碗杯中心。三维直角坐标光强分布和三维极坐标立体图测试结果界面图如图 8-63 和图 8-64 所示。

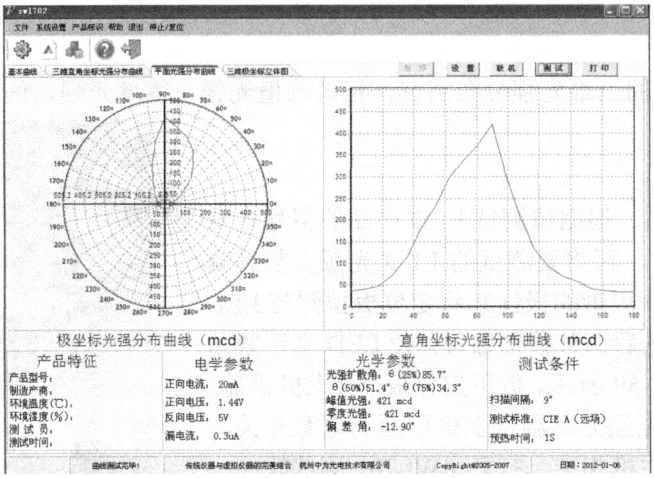

图 8-62　平面光强分布测试结束界面

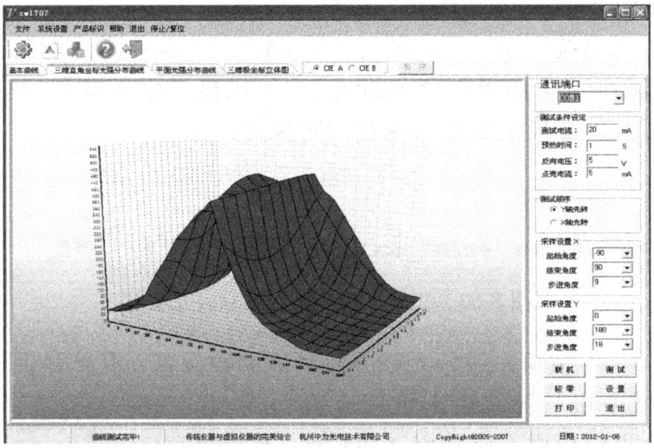

图 8-63　三维直角坐标光强分布测试结束界面图

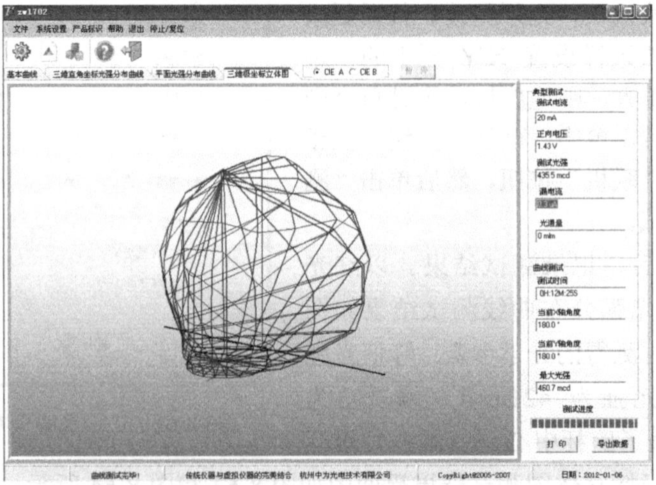

图 8-64　三维极坐标立体图测试结束界面图

4．测试注意事项

每次测试之前设置完需先联机再进行测试。

8.9 结温、热阻测试

1．热阻

热阻 R_{th} 的一般定义为：在热平衡条件下，导热介质在两个规定点处的温度差（即热源、周围环境之间的温差（T_1-T_2））与产生该温度差的耗散功率（P）之比，单位为℃/W 或 K/W。

$$R_{th}=\frac{T_1-T_2}{P}$$

在定义中，假设器件耗散功率全部产生热流，并且流经热阻，其耗散功率是直流功率或交流电在一周期内的平均功率，器件热阻的大小表征了器件负载能力的强弱。

对于 LED，热源是指 LED 的 P-N 结处通过电流时的发热，所以 LED 热阻抗的一般表示公式为

$$R\theta_{(J-A)}=\frac{\Delta T_{(J-A)}}{P}=\frac{T_J-T_A}{P}$$

式中，$\Delta T_{(J-A)}=T_J-T_A$ 表示结点与周围环境温度的差值，单位为摄氏度（℃）；P 为流经 LED 的热功率，$P=V_F I_F-P_{光}$，$V_F I_F$ 为 LED 正向电压与正向电流乘积，级 LED 消耗的功率，单位为 W，$P_{光}$为 LED 发光功率，单位为 W。

LED 热阻的测量原理为当把 LED 封装在金属板和一个外部热沉紧密接触并置于一定的温度环境 T_A 中，LED 从 P-N 结到外部环境—空气的热阻 $R^{\theta}{}_{(J-A)}$可根据下式计算：

$$R\theta_{(J-A)}=\frac{T_J-T_A}{P}=\frac{T_J-T_A}{V_F I_F(1-\eta_{光})}$$

式中，V_F 为 LED 通过电流 I_F 时的正向压降，η光为器件的出光效率，因此，为了测定 LED 的热阻，关键是要测量 LEDpn 结温度 T_J。在输入电流恒定的情况下，许多半导体器件的结电压与温度具有良好的线性关系，可以利用正向压降随温度变化关系测量 LED 器件（或组件）的结温及热阻。

当 LED 通过较小的正向电流时，P-N 结温度的变化量（$\Delta T_{(J-A)}=T_J-T_A$）与相应的正向电压的变化量就存在着很好的线性关系，即

$$T_J-T_A=K\Delta V_F$$

2．结温

LED 的基本结构是一个半导体的 P-N 结，实验指出，当电流流过 LED 器件时，P-N 结的温度将上升，严格意义上讲，将工作状态下，P-N 结的温度定义为结温。通常由于元件芯片均具有很小的尺寸，因此也可把工作状态下 LED 芯片的温度称为结温。关于 LED 芯片温

度的测试，理论上有多种方法，如红外光谱法、波长分析法和电压法等。目前实际使用的是电压法。1995 年 12 月，电子工业联合会/电子工程设计发展联合会议发布的《EIA/JESD511》标准对于电压法测量半导体结温的原理、方法和要求等都作了详细规范。

电压法测量 LED 结温的主要思想：特定电流下 LED 的正向压降 V_f 与 LED 芯片的温度呈线性关系，所以只要测试到两个以上温度点的 V_f 值，就可以确定该 LED 电压与温度的关系斜率，即电压温度系数 K 值，单位是 mV/℃。K 值可由公式 $K=\Delta V_f/\Delta T_j$ 求得。再通过测量实时的 V_f 值，计算出芯片的温度（结温）T_j。

为了减小电压测量带来的误差，《EIA/JESD511》标准规定测量系数 K 时，两个温度点温差应该大于等于 50℃。对于用电压法测量结温的仪器有几个基本的要求：

（1）电压法测量结温的基础是特定的测试电流下的 V_f 测量，而 LED 芯片由于温度变化带来的电压变化是毫伏级的，所以要求测试仪器对电压测量的稳定度必须足够高，连续测量的波动幅度应小于 1mV。

（2）这个测试电流必须足够小，以免在测试过程中引起芯片温度变化；但是太小时会引起电压测量不稳定，有些 LED 存在匝流体效应会影响 V_f 测试的稳定性，所以要求测试电流不小于 I-V 曲线的拐点位置的电流值。

（3）由于测试 LED 结温是在工作条件下进行的，从工作电流（或加热电流）降到测试电流的过程必须足够快和稳定，V_f 测试的时间也必须足够短，才能保证测试过程不会引起结温下降。

在测量瞬态和稳态条件的结温的基础上，可以根据下面公式算出 LED 相应的热阻值：

$$R_{ja}=\Delta T/P=[T_a \times T_j]/P$$

式中 T_a 是系统内参考点的温度（如基板温度），T_j 是结温，P 是使芯片发热的功率。

1．测试内容

测试待测光源的结温、热阻。

2．采用结温测试仪主机直接测试

1）热阻、结温测试

（1）将待测的 1WLED 白光光源安装在 LED 夹具箱体上，并固定，打开结温测试仪电源及夹具箱体电源，进入产品型号界面，如图 8-65 所示，按“设置”键，进行参数设置。

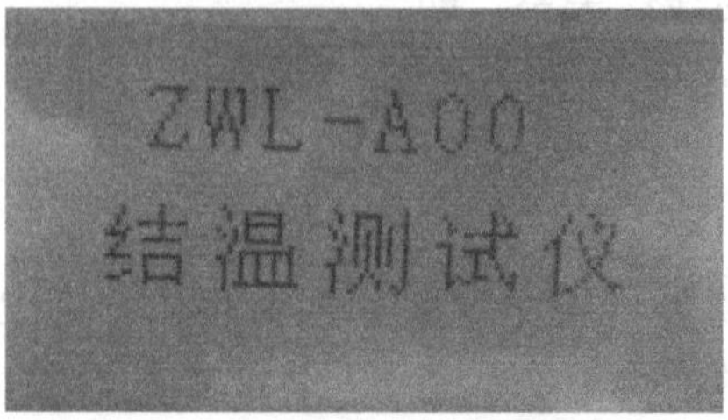

图 8-65　结温测试仪产品型号界面

（2）测试温度设置。按下“←”选项，删除键删除相应位，再按数字键设置相应位参数，一般设置在 30℃（温度的设置应根据具体环境温度而定，如果是在冬天温度可以低些）。具体界面如图 8-66 所示。

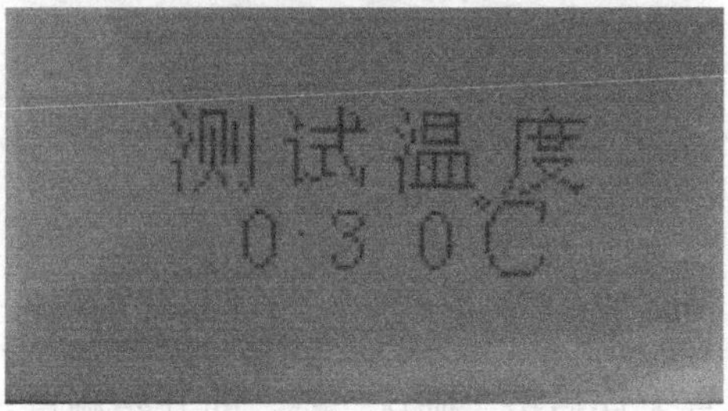

图 8-66　结温测试仪温度设置界面图

（3）按“<”键，进入加热时间设置界面，加热时间为测量时通过加热电流时间（即通大的脉冲电流时间），一般加热时间为 2min，具体界面如图 8-67 所示。

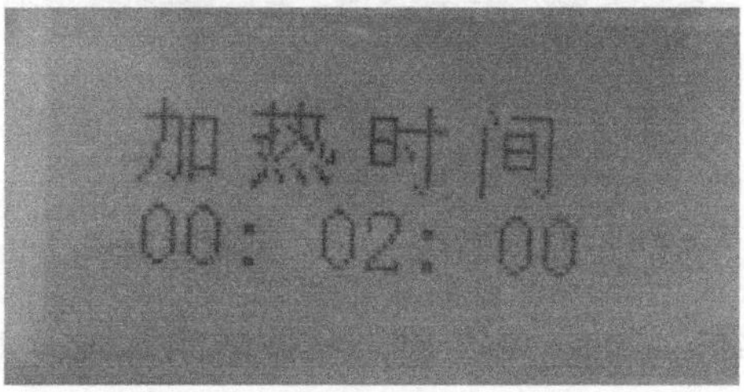

图 8-67　结温测试仪时间设置界面图

（4）按“>”键，进入电流设置界面，对于 1W 的大功率 LED，预热电流为 5mA，加热电流为 350mA。具体界面如图 8-68 所示的通常预热电流的选择取决于 LED 芯片的尺寸和类型，工业中采用 IF-VF 曲线转折点出所对应的电流值作为预热电流值，一般选取其正规值，如 1.0mA、5.0mA、10.0mA 等，加热电流为大功率 LED 的工作电流，本测试仪最大可设置 3A。

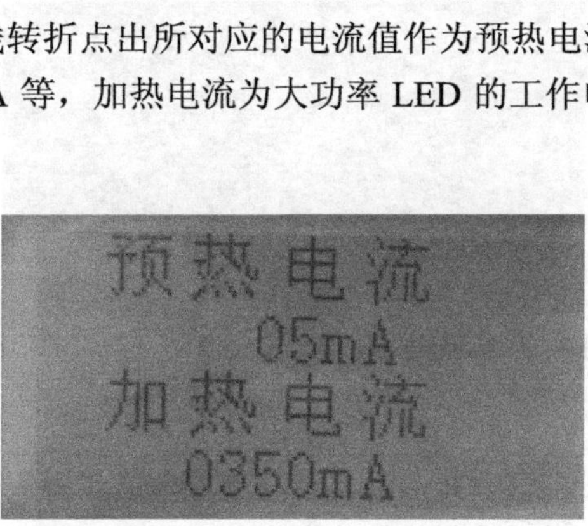

图 8-68　结温测试仪电流设置界面图

（5）再按“>”键，进入温度系数设置界面，在已知温度系数情况下便可直接设置。如需测量，则按温度系数测量的说明操作（通常设为 9.99℃/mV）。由厂家提供的信息可知本次待测光源的温度系数 0.21℃/mV，因而可直接设置，具体界面如图 8-69 所示。

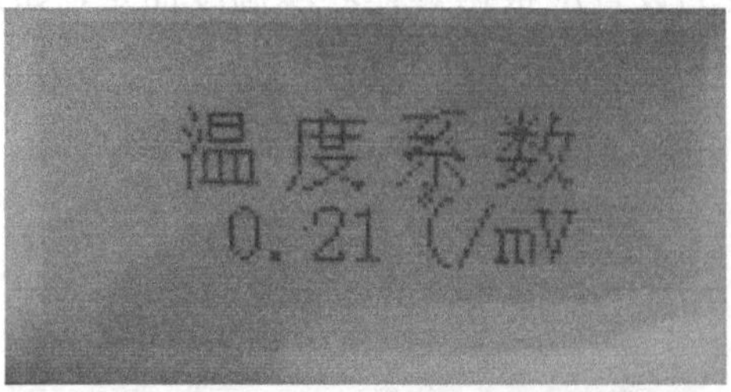

图 8-69　结温测试仪温度系数设置界面图

（6）设置完成后确定设置无误后按“确认”键，即开始测量，如图 8-70 所示，结温测试仪此时界面显示的是当前的测得的铜基板的温度。

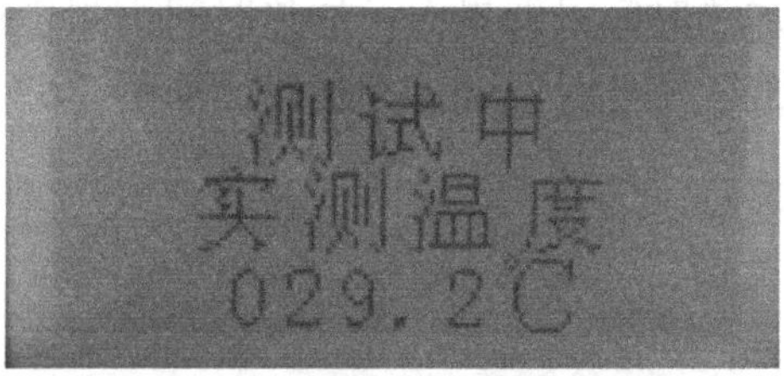

图 8-70　测试主机开始测试界面图

（7）一组数据测试完毕后，可按“>”键，待温度回升到设置环境温度以上 1°～2°时，再按“确认”（Enter）键，即进入下一次测量。如需对测量参数修改，则按“设置”（Set）键，重复（1）～（4）步测试结束后，记录显示的结温和热阻参数。本次待测光源测得的结温和热阻如图 8-71 所示，即结温为 61.9℃，热阻为 4.5℃/W。

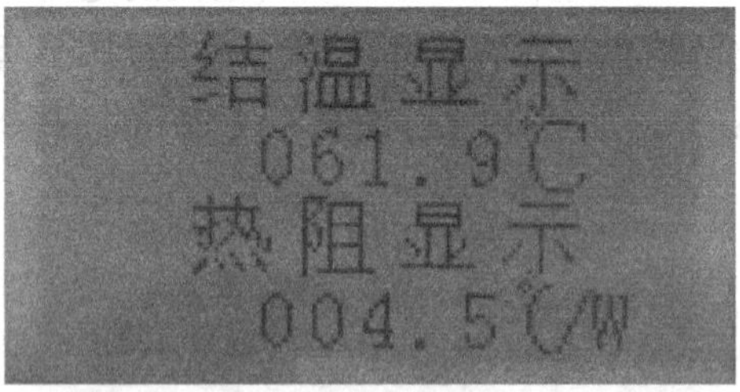

图 8-71 结温测试仪热阻和结温测试结果界面图

2）温度系数 K 的测试

（1）温度系数 K 的测量，首先按热阻、结温测量中的步骤（1）～（4）设置完成，具体参数值不变，在温度系数设置界面将温度系数设为 9.99℃/mV，再按“确认”（Enter）键即进入温度系数测量过程。

温度系数测量整个过程较慢，测量中首先温度会上升至 40℃，随后温度会升至 80℃以上，然后慢慢降至 80℃。温度系数测量完成后风扇会启动。

当风扇启动后可查看温度系数，查看按“设置”键（Set）键，再按“<”，进入温度系数界面即可。此时看到的不是原先的 9.99℃/mV，而是测量的温度系数。温度系数测量完成即自动进入结温和热阻测量。

（2）若想重复测量温度系数，则待温度下降到 40℃以下再将温度系数设为 9.99℃/mV。操作步骤同上。

补充说明：温度系数测量完成后到结温和热阻测量或到第二次温度系数测量的时间较长，请耐心等待。

3．采用测试软件与测试主机结合测量

（1）接通测试主机电源，打开 AOO 测试软件，如图 8-72 所示。

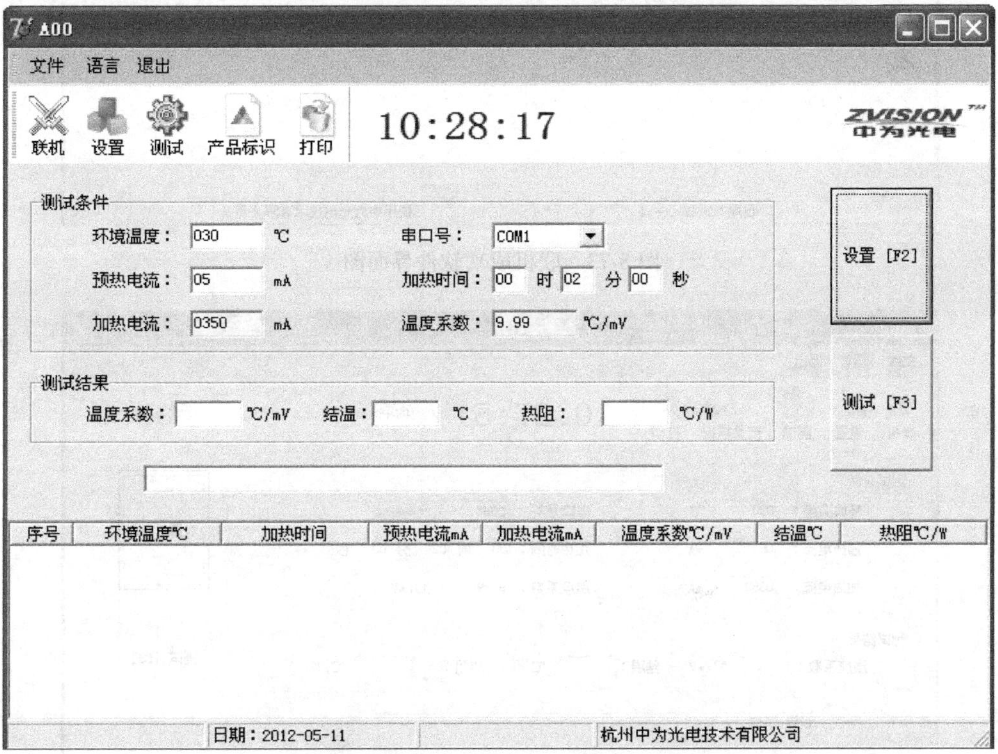

图 8-72 结温测试 AOO 软件初始界面

（2）单击“联机”键，提示栏显示“联机成功！”，说明联机正常，软件界面如图 8-73 所示。

（3）在如图 8-74 所示界面上对各项参数进行设置，具体参数可参考单机操作说明。单击“设置”键，提示栏返回“设置成功！”，请按“测试”键，提示栏返回信息“开始测试，请等待…”，如图 8-75 所示。

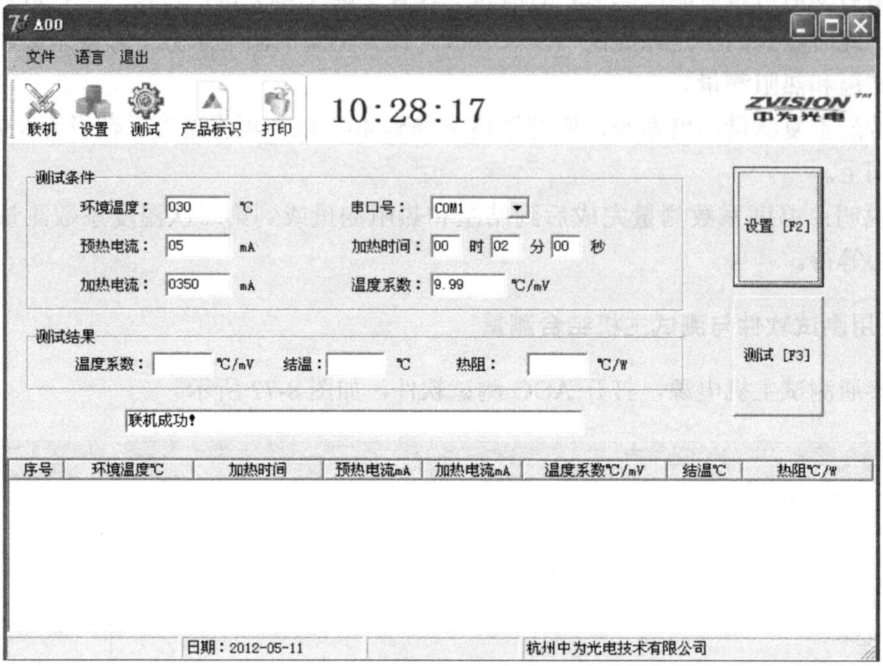

图 8-73 联机成功软件界面图

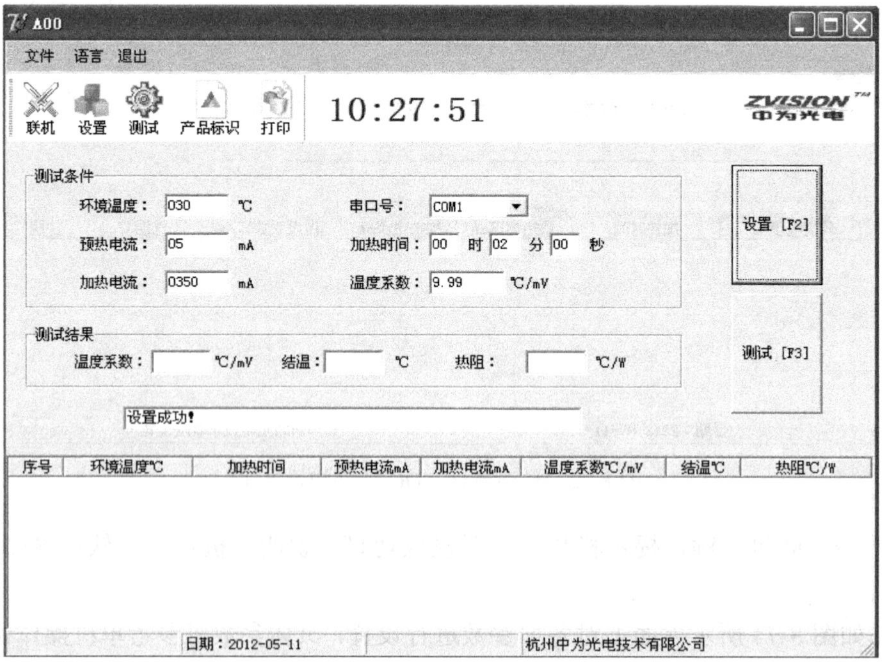

图 8-74 AOO 软件设置成功界面图

（4）测试完成后，提示栏返回“测试结束！”，显示测试结果。再按“测试”可进行下一次测试。同时结果添加到测试序列中，如图 8-76 所示。从图中可以了解到当前光源的温度系数为 0.21℃/mW，结温为 61.6℃，热阻为 4.7℃/W。如需打印测试结果，请单击工具栏上的“打印”选项。

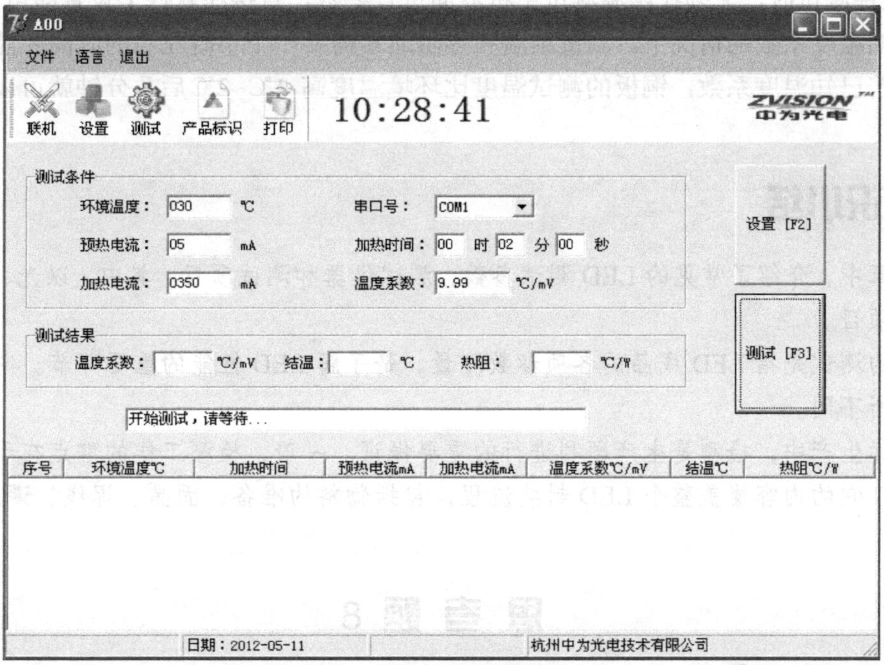

图 8-75　AOO 软件开始测试界面图

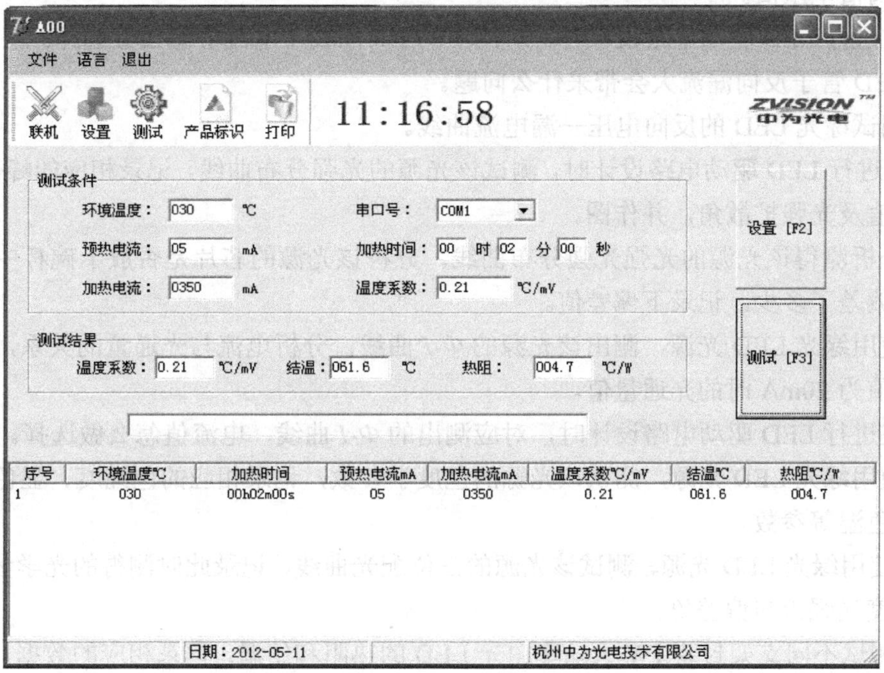

图 8-76　AOO 软件开始测试结束界面图

注意事项：

1．测量过程较慢尤其是温度系数的测量，要耐心等待。

2．软件测试时，无须在结温测试主机界面进行参数，直接在软件上设置即可。

在未知温度系数的情况下，测量结温和热阻通常需要一个小时左右的时间才能采集到测试结果，若已知温度系数，铜板的测试温度比环境温度高 1℃~2℃后几分钟就可以采集到测试结果。

知识小结

在本章中，介绍了常见的 LED 测试参数，测试仪器和测试项目。其中，以光、电参数为首要测试项目。

此处的测试是指 LED 成品的各项参数测量，是了解 LED 性能的重要环节。它和生产中的检测有所不同。

在实际生产中，检测是生产顺利进行的重要保证。一般，检测工作的重点在于首检，抽检。因此，它的内容覆盖整个 LED 封装流程，包括物料的准备、固晶、焊线、灌胶、切脚、分选等。

思考题 8

1．用不同颜色的小效率 LED 进行 *I-V* 特性测试，观察它们的 *I-V* 特性曲线，作图并读出相应的阈值电压值。

2．在进行 LED 驱动电路设计时，对测出的 *I-V* 曲线，电流值怎么做选择。

3．LED 管子反向漏流大会带来什么问题。

4．测试绿光 LED 的反向电压—漏电流曲线。

5．在进行 LED 驱动电路设计时，测试该光源的光强分布曲线，记录相应的峰值光强值、零度光强值及光强扩散角，并作图。

6．分析测得该光源的光强光强分布曲线，分析该光源的芯片是否放于碗杯中心，若没有，角度偏差了多少，记录下偏差值。

7．使用绿光 LED 光源，测出该光源的 *Φ-I* 曲线，分析电流与光通量的关系，作图，并记录电流值为 20mA 时的光通量值。

8．在进行 LED 驱动电路设计时，对应测出的 *Φ-I* 曲线，电流值怎么做选择。

9．使用绿光 LED 光源，测试该光源的色度学参数，记录相应的色纯度、显色指数、色品坐标、色温等参数。

10．使用绿光 LED 光源，测试该光源的三位配光曲线，记录此时测得的光学参数：峰值光强、零度光强为与偏差角。

11．测试不同支架封装 1W 大功率白光 LED 的热阻和结温，记录相应的数据，并分析比较不同支架封装的 LED 它们的结温和热阻是否相同，若不同，请阐述原因。

参考文献

[1] 陈振源，总主编. 战瑛，张逊民，主编. 半导体光电器件封装工艺. 北京：电子工业出版社，2011.

[2] 吴玲，傅文彪. 半导体照明. 沈阳：辽宁科学技术出版社，2006.

[3] 苏永道，吉爱华，赵超. LED 封装技术. 上海：上海交通大学出版社，2010.

[4] 方志烈. 半导体照明技术. 北京：电子工业出版社，2009.

[5] 李春茂. LED 结构原理与应用技术. 北京：机械工业出版社，2011.

[6] 宋露露，陈世伟. LED 封装检测与应用. 武汉：华中科技大学出版社，2011.

[7] 陈元灯，陈宇. LED 制造技术与应用. 北京：电子工业出版社，2009.

[8] 王赐然. 成为 LED 专家的秘籍基础篇. http://www.ledth.com/jishuziliao/n037638642.html, 2012-4-7

[9] LED 封装流程. 百度文库

[10] 杭州星谱光电科技有限公司. 光色电综合测试仪使用说明。

[11] ZWL-AOO 结温测试仪操作手册. 杭州中为光电技术有限公司

[12] LED 全系列三维配光曲线测试系统设备操作手册. 杭州中为光电技术有限公司